新起点电脑教程

Java Web 程序设计基础入门与实战 (微课版)

文杰书院　编著

清华大学出版社
北　京

内 容 简 介

Java 是当前市面中最为常用的编程语言之一，是 Web 开发领域的领军开发语言。本书以通俗易懂的语言、翔实生动的操作案例、精挑细选的使用技巧，指导初学者快速掌握 Java Web 开发的基础知识与使用方法。本书主要内容包括 Java Web 网站开发基础、HTML 技术概述、CSS 样式基础知识、JavaScript 脚本语言、JSP 基础入门、动作指令和内置对象、自定义标签和新特性、Servlet 详解、深入学习 JavaBean、JSTL 标签库、Ajax 开发技术、数据库编程、使用 JDBC、使用 JSF 技术、使用 JavaMail 发送邮件、在线商城系统(Spring Boot+MySQL)等方面的知识。全书循序渐进、结构清晰，以实战演练的方式介绍知识点，让读者一看就懂。

本书面向学习 Java Web 开发的初、中级用户，适合无基础又想快速掌握 Java Web 开发技能的读者，同时对有经验的 Java Web 使用者也有很高的参考价值，还可以作为高等院校专业课教材和社会培训机构的培训教材。

图书在版编目(CIP)数据

Java Web 程序设计基础入门与实战：微课版/文杰书院编著. —北京：清华大学出版社，2020.1
（2021. 10重印）
新起点电脑教程
ISBN 978-7-302-54084-7

Ⅰ. ①J… Ⅱ. ①文… Ⅲ. ①JAVA 语言—程序设计—教材 Ⅳ. ①TP312.8

中国版本图书馆 CIP 数据核字(2019)第 239166 号

责任编辑：魏 莹 杨作梅
封面设计：杨玉兰
责任校对：李玉茹
责任印制：杨 艳
出版发行：清华大学出版社
网 址：http://www.tup.com.cn, http://www.wqbook.com
地 址：北京清华大学学研大厦 A 座 邮 编：100084
社 总 机：010-62770175 邮 购：010-62786544
投稿与读者服务：010-62776969, c-service@tup.tsinghua.edu.cn
质量反馈：010-62772015, zhiliang@tup.tsinghua.edu.cn
印 刷 者：北京富博印刷有限公司
装 订 者：北京市密云县京文制本装订厂
经 销：全国新华书店
开 本：185mm×260mm **印 张**：23.25 **字 数**：556 千字
版 次：2020 年 1 月第 1 版 **印 次**：2021 年10月第 3 次印刷
定 价：69.00 元

产品编号：079826-01

前　言

随着电脑的推广与普及，电脑已走进了千家万户，成为人们日常生活、工作、娱乐和通信必不可少的工具。正因为如此，开发电脑程序成为一个很重要的市场需求。根据权威机构预测，在未来几年，国内外的高层次软件人才将处于供不应求的状态。而 Java Web 作为一门功能强大的 Web 开发技术，一直在业界处于领军地位。为了帮助大家快速地掌握 Java Web 这门编程语言的开发知识，以便在日常的学习和工作中学以致用，我们编写了《Java Web 程序设计基础入门与实战(微课版)》一书。

购买本书能学到什么

本书在编写过程中根据 Java Web 的基础语法和常见应用为导向，深入贴合初学者的学习习惯，采用由浅入深、由易到难的方式讲解，读者还可以通过随书赠送的多媒体视频教学学习。全书结构清晰，内容丰富，主要包括以下 4 个方面的内容。

1. 学习必备

本书第 1～4 章，逐一介绍了 Java Web 网站开发基础、CSS 样式基础知识、JavaScript 脚本语言等，主要目的是让读者掌握 Java Web 的基础知识。

2. 基础语法

本书第 5～10 章，循序渐进地介绍了 JSP 基础、动作指令和内置对象、自定义标签和新特性、Servlet、JavaBean、JSTL 标签库等内容，这些内容都是学习 Java Web 所必须具备的基础语法知识。

3. 进阶提高

本书第 11～15 章，介绍了 Java Web 的核心语法知识，主要包括使用 Ajax 技术、数据库编程、使用 JDBC、使用 JSF 技术、使用 JavaMail 发送邮件等相关知识及具体用法，并讲解了各个知识点的使用技巧。

4. 综合实战

本书第 16 章通过一个在线商城系统(Spring Boot+MySQL)的实现过程，介绍了使用前面所学的 Java Web 知识开发一个大型数据库软件的过程，对前面所学的知识融会贯通，了解 Java Web 在大型软件项目中的使用方法和技巧。

如何获取本书的学习资源

为帮助读者高效、快捷地学习本书的知识点，我们不但为读者准备了与本书知识点有关的配套素材文件，而且设计并制作了精品视频教学课程，还为教师准备了 PPT 课件资源。购买本书的读者，可以通过以下途径获取相关的配套学习资源。

1. 扫描书中二维码获取在线学习视频

读者在学习本书的过程中，可以使用微信的扫一扫功能，扫描本书标题左下角的二维码，在打开的视频播放页面中可以在线观看视频课程。这些课程读者也可以下载并保存到手机或电脑中离线观看。

2. 登录网站获取更多学习资源

本书配套素材和 PPT 课件资源，读者可登录网址 http://www.tup.com.cn(清华大学出版社官方网站)下载相关学习资料，也可关注“文杰书院”微信公众号获取更多的学习资源。

本书由文杰书院编著，薛小龙、李军组稿，李桂华负责本书内容编写，参与本书编写的工作人员还有叶维忠、燕成立、陈家政、王长青、袁帅、文雪、李强、高桂华、冯臣、宋艳辉等。

我们真切希望读者在阅读本书之后，可以开阔视野，增长实践操作技能，并从中学习和总结操作的经验和规律，达到灵活运用的水平。鉴于编者水平有限，书中纰漏和考虑不周之处在所难免，欢迎读者予以批评、指正，以便我们日后能为您编写出更好的图书。

编　者

新起点 电脑教程

目　录

新起点 电脑教程

第 1 章

Java Web 网站开发基础

本章要点

- 认识网页和网站
- Web 开发技术介绍和工作原理
- 初步认识 Java Web
- 搭建开发环境
- Tomcat 的安装与配置

本章主要内容

随着计算机的普及和网络技术的发展，互联网已经成为人们生活中不可缺少的一部分。正是在这个背景下，各种类型的站点纷纷建立起来。一时之间，网站建设成为当前炙手可热的市场需求。在本章的内容中，将简要介绍网页设计的基础知识，并详细阐述 Java Web 技术在当前网站建设领域的重要作用和地位，为读者步入本书后面知识的学习奠定基础。

1.1 认识网页和网站

随着互联网的飞速发展，网上冲浪已经成为现代人的生活中必不可少的一部分。网页和网站是有差别的，例如我们平常说的搜狐、新浪和网易等代表一个网站，而新浪上的一则体育新闻就是一个网页。在本节的内容中，将简单讲解网页和网站的基本概念，让大家对这两个概念有一个更加深入的认识。

↑扫码看视频

1.1.1 网页

网页是指目前在互联网上看到的丰富多彩的站点页面。从严格定义上讲，网页是 Web 站点中使用 HTML 等标记语言编写而成的单位文档，是 Web 中的信息载体。网页由多个元素构成，是这些构成元素的集合体。在大多数情况下，一个典型的网页由如下几个元素构成。

1. 文本

文本就是文字，是网页中最重要的信息，在网页中可以通过字体、大小、颜色、底纹、边框等来设置文本的属性。在网页概念中的文本是指文字，而并非图片中的文字。在网页制作中，文本都可以方便地设置成各种字体的大小和颜色。

2. 图像

图像是页面最为重要的构成部分，图像就是网页中的图，只有在网页中加入图像后才能使页面达到完美的显示效果。在网页设计中用到的图片一般为 JPG 和 GIF 格式。

3. 超链接

超链接是指从一个网页指向另一个目的端的链接，是从文本、图片、图形或图像映射到全球互联网上的网页或文件的指针。在全球广域网上，超链接是网页之间和 Web 站点之间主要的导航方法。

4. 表格

无论是小到日常生活中经常见到的值日轮流表，还是大到国家统计局的房价统计表，都是一个表格。其实表格在网页设计中的作用远不止如此，它还是传统网页排版的灵魂，即使在推出 CSS 标准后还能继续发挥不可限量的作用。通过表格可以精确地控制各元素在网页中的位置。

5．表单

表单是用来收集站点访问者信息的域集，是网页中站点服务器处理的一组数据输入域。当访问者单击按钮或图形来提交表单后，数据就会传送到服务器上。表单网页可以用来收集浏览者的意见和建议，以实现浏览者与站点之间的互动。

6．Flash 动画

Flash 一经推出便迅速成为重要的 Web 动画形式之一。Flash 利用其自身所具有的关键帧补间、运动路径、动画蒙版、形状变形和洋葱皮等动画特性，不仅可以建立 Flash 电影，而且可以把动画输出为不同文件格式的播放文件。

7．框架

框架是网页中的一种重要的组织形式，它能够将相互关联的多个网页的内容组织在一个浏览器窗口中显示。从实现方法上讲，框架是由一系列相互关联的网页构成的，并且相互间通过框架网页来实现交互。框架网页是一种特别的 HTML 网页，它可以将浏览器视窗分为不同的框架，而每一个框架则可显示一个不同的网页。

如图 1-1 所示的 ESPN 中文网主页是由上述元素构成的典型网页。

图 1-1　ESPN 主页

在本书后面的章节中，将开始我们的网页设计神奇之旅。

1.1.2　网站

我们经常浏览的搜狐、新浪、CSDN 和网易等站点都是网站，网站是由网页构成的，是一系列页面构成的整体。一个网站可能由一个页面构成，也可能由多个页面构成，并且这些页面相互间存在着某种联系。一个典型网站的具体结构如图 1-2 所示。

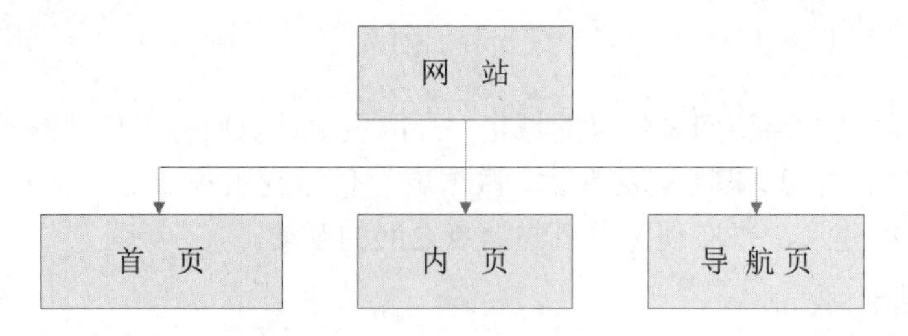

图 1-2　网站的基本结构

网站的不同元素，在服务器上将被保存在不同的文件夹内，一般如图 1-3 所示。

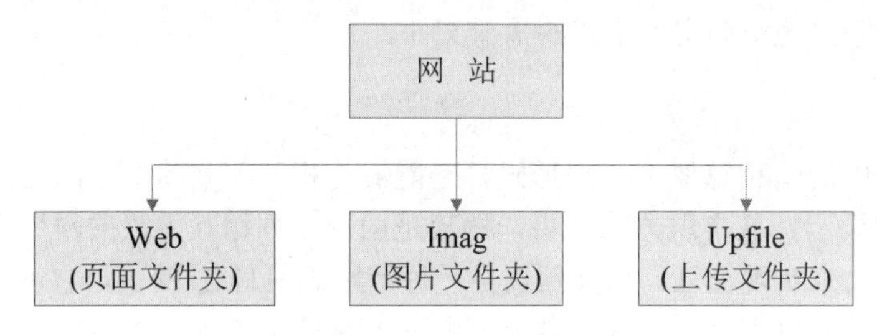

图 1-3　网站的存储结构

1.1.3　网站制作流程

网站是设计师和企业决策者的联合产物，所以要以决策者决定做网站的那一刻作为制作网站的开始。网站制作的基本流程如下。

(1) 初始商讨：决策者确定站点的整体定位和主题，明确建立此网站的真正目的，并确定网站的发布时机。

(2) 需求分析：充分考虑确定用户的需求和站点拥有者的需求，确定当前的业务流程。重点分析浏览用户的思维方式，并对竞争对手的信息进行分析。

(3) 综合内容：确定各个页面所要展示的信息，进行页面划分。

(4) 页面布局：根据页面内容进行对应的页面设计，在规划的页面上使内容合理地展现出来。

(5) 测试：对每个设计好的分页进行浏览测试，最后要对整个网站的页面进行整体测试。

1.1.4　网页设计流程

网页和网站技术是互联网技术的基础，通过合理的操作流程可以快速地制作出美观大方的站点。通常来说，制作网页的基本流程如下。

(1) 整体选题：选题要明确，例如要在网页中显示某款产品的神奇功效，那么就不能以公司简介为主题。

(2) 准备素材资料：根据页面的主题准备好素材，例如某款产品的图片。

(3) 规划页面布局：根据前两步确定的选题和准备的资料进行页面规划，确定页面的总体布局。上述工作可以通过画草图的方法实现，也可以直接在编辑器工具里规划，例如在 Dreamweaver 中。

(4) 插入素材资料：将处理过的素材和资料插入布局后页面的指定位置。

(5) 添加页面链接：根据整体站点的需求在页面上添加超级链接，实现站点页面的跨度访问。

(6) 页面美化：将上面完成的页面进行整体美化处理。例如，利用 CSS 将表格线细化，设置文字和颜色，对图片进行滤镜和搭配处理等操作。

1.1.5　发布站点

发布站点的具体操作流程如下。

(1) 申请域名：选择合理、有效的域名。

(2) 选择主机：根据站点的状况确定主机的方式和配置。

(3) 选择硬件：如果需要让站点表现出更为强大的功能，可以配置自己特定的设备产品。

(4) 软件选择：选择与自己购买的硬件相配套的软件，例如服务器的操作系统和安全软件等。

(5) 网站推广：充分利用搜索引擎和发布广告的方式对网站进行宣传。

(6) 网站维护：和传统产品一样，设计师和开发人员需要做售后服务的工作，以保证网站的正常运行。

1.2　Web 开发技术介绍和工作原理

学习 Web 开发，不得不提本地计算机和远程服务器的概念。顾名思义，本地计算机是指用户正在使用的、浏览站点页面的机器。对于本地计算机来说，最重要的构成模块是 Web 浏览器。在本节的内容中，将详细介绍 Web 开发技术和工作原理。

↑扫码看视频

浏览一个网站的过程很简单，具体说明如图 1-4 所示。

1.2.1　本地计算机和远程服务器

浏览器是 WWW 系统的重要组成部分，它是运行在本地计算机上的程序，负责向服务器发送请求，并且将服务器返回的结果显示给用户。用户通过浏览器窗口来分享网上丰富的资源。常见的网页浏览器包括微软的 Internet Explorer、Mozilla 的 Firefox、Opera 和 Safari 等。

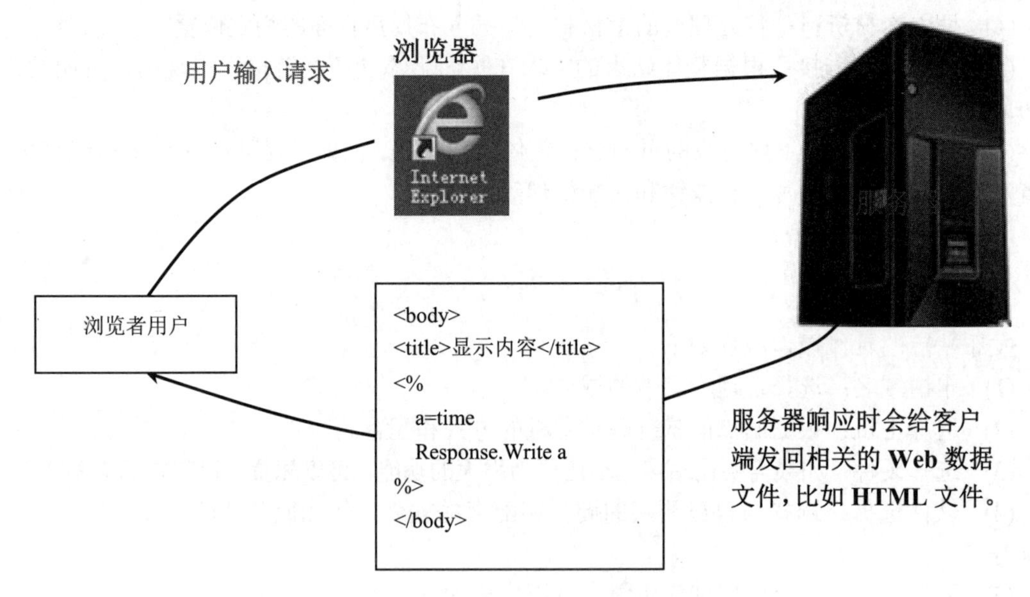

图 1-4 本地计算机和远程服务器的工作流程

远程服务器是一种高性能计算机，作为网络的节点，存储、处理网络上 80%的数据、信息，因此也被称为网络的灵魂。远程服务器是网络上一种为客户端计算机提供各种服务的高性能的计算机，它在网络操作系统的控制下，将与其相连的硬盘、磁带、打印机、Modem 及各种专用通信设备提供给网络上的客户站点共享，也能为网络用户提供集中计算、信息发表及数据管理等服务。它的高性能主要体现在高速度的运算能力、长时间的可靠运行、强大的外部数据吞吐能力等方面。

1.2.2 Web 应用程序的工作原理

用户访问互联网资源的前提是必须首先获取站点的地址，然后通过页面链接来浏览具体页面的内容。上述过程是通过浏览器和服务器进行的。下面以访问搜狐网为例来了解 Web 应用程序的工作原理。

(1) 在浏览器地址栏里输入搜狐网的首页地址 http://www.sohu.com。

(2) 用户浏览器向服务器发送访问首页的请求。

(3) 服务器获取客户端的访问请求。

(4) 服务器处理请求。如果请求的页面是静态文档，则只需将此文档直接传送给浏览器；如果是动态文档，则将处理后的静态文档发送给浏览器。

(5) 服务器将处理后的结果在客户端浏览器中显示。

站点页面按照性质划分为静态页面和动态页面。其中，静态页面是指网页的代码都在页面中，不需要执行动态程序生成客户端网页代码的网页，如 HTML 页面文件。

动态页面和静态页面是相对的，是指页面内容是动态交互的，可以根据系统的设置而显示不同的内容。例如，可以通过网站后台管理系统对网站的内容进行更新管理。

随着互联网的普及和电子商务的迅速发展，人们对站点的要求也越来越高。为此，开发动态、高效的 Web 站点已经成为社会发展的需求。在上述趋势下，各种动态网页技术应运而生。

早期的动态网页主要采用 CGI(Common Gateway Interface，公用网关接口)技术，其最大优点是可以使用不同的程序编写，如 Visual Basic、Delphi 或 C/C++等。虽然 CGI 技术已经发展成熟而且功能强大，但由于编程困难、效率低下、修改复杂，所以逐渐退出历史舞台。

在现实中，常用的动态网页技术有 ASP 技术、PHP 技术、JSP 技术和.NET 技术。这些技术充分结合 XML 以及新兴的 Ajax，可以帮助开发人员设计出功能强大、界面美观的动态页面。

1.2.3　常用的 Web 开发技术

因为网页分为静态网页和动态网页，所以可以将 Web 开发技术分为静态 Web 开发技术和动态 Web 开发技术。

1. 静态 Web 开发技术

静态 Web 开发技术只能开发出内容固定不变的网页和网站，现实中常用的 Web 静态技术有 HTML 和 XML 两种。

1)　HTML 技术

HTML 文件以<HTML>开头，以</HTML>结束。<head>…</head>间是文件的头部信息，除了<title>…</title>间的内容，其余内容都不会显示在浏览器上。<body>…</body>之间的代码是 HTML 文件的主体，客户浏览器显示的内容主要在这里定义。

HTML 是制作网页的基础，我们在现实中所见到的静态网页，就是以 HTML 为基础制作的网页。早期的网页都是直接用 HTML 代码编写的，不过现在有很多智能化的网页制作软件(常用的如 FrontPage、Dreamweaver 等)，通常不需要人工编写代码，而是由这些软件自动生成的。尽管不需要自己写代码，但了解 HTML 代码仍然非常重要，是学习 Web 开发技术的基础。

2)　XML 技术

XML 是 eXtensible Markup Language 的缩写，意为可扩展的标记语言。与 HTML 相似，XML 是一种显示数据的标记语言，它能使数据通过网络无障碍地进行传输，并显示在用户的浏览器上。XML 是一套定义语义标记的规则，这些标记将文档分成许多部件并对这些部件加以标识。它也是元标记语言，即定义了用于定义其他与特定领域有关的、语义的、结构化的标记语言的句法语言。

使用上述静态 Web 技术也能实现页面的绚丽效果，并且静态网页相对于动态网页来说，其显示速度比较快。所以在现实应用中，为了满足页面的特定需求，需要在站点中使用静态网页技术来显示访问速度比较快的页面。例如，国内综合站点搜狐和新浪的信息详情页面都采用静态页面显示实现。

但是静态网页技术只能实现页面内容的简单显示，而不能实现页面的交互效果。随着网络技术的发展和现实需求的提高，静态网页技术越来越不能满足客户的需求，因此更新、更高级的网页技术便登上了 Web 领域舞台。

2．动态 Web 开发技术

除了本书讲解的 Java Web 技术外，现实中常用的 Web 动态技术还有 ASP、ASP.NET、PHP 和 JSP 等。

1) ASP 技术

ASP(Active Server Pages，动态网页)是微软推出的一种用以取代 CGI 的技术。ASP 以微软操作系统的强大普及性，一经推出，便迅速成为最主流的 Web 开发技术。

ASP 是 Web 服务器端的开发环境，利用它可以创建和执行动态、高效和交互的 Web 服务应用程序。ASP 技术是 HTML、Script 与 CGI 的结合体，其运行效率却比 CGI 更高，程序编制也比 HTML 更方便且更有灵活性。

2) PHP 技术

PHP 也是流行的生成动态网页的技术之一。PHP 是完全免费的，可以从 PHP 官方站点(http://www.php.net)自由下载。用户可以不受限制地获得 PHP 源码，甚至可以加入自己需要的特色。PHP 在大多数 UNIX 平台、GUN/Linux 和微软 Windows 平台上均可以运行。

3) JSP 技术

JSP 是 Sun 公司为创建高度动态的 Web 应用提供的一个独特的开发环境。和 ASP 技术一样，JSP 提供了在 HTML 代码中混合某种程序代码，由语言引擎解释执行程序代码的能力。JSP 技术是本书讲解的 Java Web 技术的一部分。

4) ASP.NET 技术

ASP.NET 是微软公司动态服务网页技术的最新版本，提供了一个统一的 Web 开发模型，其中包括开发人员生成企业级 Web 应用程序所需的各种服务。ASP.NET 的语法在很大程度上与 ASP 兼容，同时它还提供了一种新的编程模型和结构，可以生成伸缩性和稳定性更好的应用程序，并提供更好的安全保护。

ASP.NET 是一个已编译的、基于.NET 的环境，可以用任何与.NET 兼容的语言创作应用程序。另外，任何 ASP.NET 应用程序都可以使用整个.NET Framework。开发人员可以方便地获得这些技术的优点，其中包括托管的公共语言运行库环境、类型安全、继承等。在微软推出.NET 框架后，ASP.NET 迅速火热起来，其各方面技术与 ASP 相比都发生了很大的变化。它不是靠解释执行语句程序，而是以编译为二进制数、以 DLL 形式存储在机器硬盘上，从而大大提高了程序的安全性和执行效率。

1.3 初步认识 Java Web

↑扫码看视频

Java Web 是 Java 技术的一个分支应用，是指利用 Java 开发 Web 项目。由此可见，要想学好 Java Web，首先得了解 Java 语言的相关知识。纵观当今各大主流招聘媒体，总是会看到多条招聘 Java 程序员的广告。由此可以看出，Java 程序员很受市场欢迎。本节将介绍 Java 这门神奇的语言，并逐步引领大家进入 Java Web 的开发世界。

1.3.1　Java 语言介绍

Java 语言最早诞生于 1991 年，起初被称为 OAK 语言，是 Sun 公司为一些消费性电子产品设计的一个通用环境。Sun 公司的最初目的是开发一种独立于平台的软件技术，而且在网络出现之前 OAK 是默默无闻的，甚至差一点夭折，但是随着网络的出现彻底改变了 OAK 的命运。在 Java 出现以前，Internet 上的信息内容都是一些乏味呆板的 HTML 文档，这对于那些迷恋 Web 浏览的人们来说简直不可容忍。他们迫切希望能在 Web 中看到一些交互式的内容，开发人员也非常希望能够在 Web 上创建一类无须考虑软硬件平台就可以执行的应用程序，当然这些程序还要有极大的安全保障。对于用户的这种要求，传统的编程语言显得无能为力。Sun 的工程师敏锐地察觉到了这一点，从 1994 年起，他们开始将 OAK 技术应用于 Web 上，并且开发出了 HotJava 的第一个版本。并最终在 1995 年，将 Java 技术展现在了世人的面前。

Java 语言的功能强大，具体来说可以分为如下三个体系。

- JavaSE：是 Java2 Platform Standard Edition 的缩写，即 Java 平台标准版。
- JavaEE：是 Java 2 Platform Enterprise Edition 的缩写，即 Java 平台企业版。
- JavaME：是 Java 2 Platform Micro Edition 的缩写，即 Java 平台微型版。

2009 年 4 月 20 日，Oracle(甲骨文)宣布成功收购 Sun 公司。

1.3.2　Java Web 体系介绍

Java Web 是本书将要讲解的知识，望名知意，Java Web 是指利用 Java 语言开发 Web 项目的一种技术，和 ASP、ASP.NET、PHP 等技术的功能类似。如果详细一点讲，Java Web 主要包括如下知识。

- JDBC
- JSP
- Servlet
- JavaBean
- HTML
- JavaScript
- Session/Cookie
- MVC 设计模式
- Tomcat
- Eclipse+MyEclipse

1.4 搭建开发环境

↑扫码看视频

俗话说“工欲善其事，必先利其器”，这一说法在编程领域同样行得通，学习 Java Web 开发也离不开好的开发工具。在进行 Java Web 开发之前，需要先搭建开发环境，只有这样才能开发并运行 Java Web 程序。

1.4.1 安装 JDK

JDK(Java Development Kit)是整个 Java 开发环境的核心，它包括 Java 运行环境(JRE)、Java 工具和 Java 基础类库，这是开发和运行 Java 程序的基础。所以，我们首先要获得与自己当前所用操作系统对应的 JDK，具体操作如下。

第 1 步 虽然 Java 语言是 Sun 公司开发的，但是 Sun 公司已经被 Oracle 收购，所以我们得从 Oracle 中文官方网站上查找相关的下载页面。Oracle 官网如图 1-5 所示。

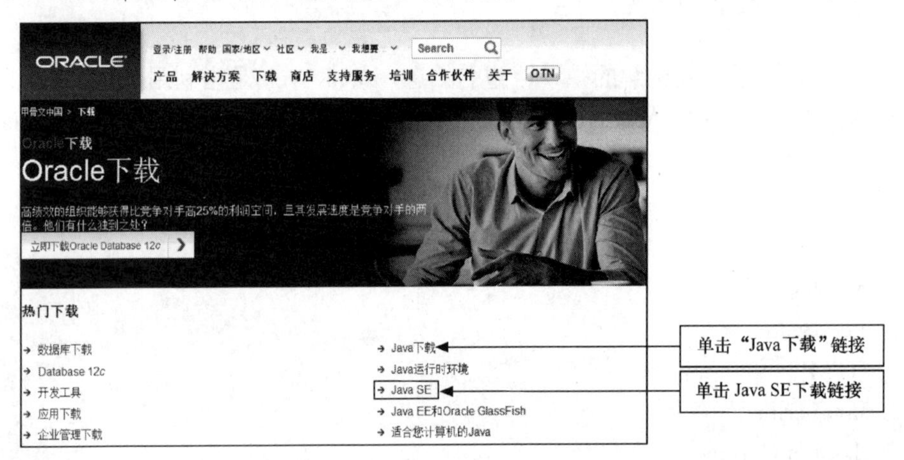

图 1-5 Oracle 官方下载页面

第 2 步 在图 1-5 所示页面上单击“Java 下载”链接，进入 Java 下载界面，如图 1-6 所示。

第 3 步 单击图 1-5 中的 Java SE 链接，进入 Java SE 下载界面，如图 1-7 所示。

第 4 步 继续单击 JDK 下方的 DOWNLOAD 按钮，进入 JDK 下载界面，如图 1-8 所示。

第 5 步 在图 1-8 中，可以看到有很多版本的 JDK，读者需要根据自己当前所用的操作系统来下载相应的版本。下面我们对各版本对应的操作系统做具体说明。

- Linux：基于 64 位 Linux 系统，官网目前提供了 bin.tar.gz 和 bin.rpm 两个版本的下载包。
- macOS：苹果操作系统。
- Windows x64：基于 x86 架构的 64 位 Windows 系统。
- Solaris SPARC：Oracle 官方的服务器系统。

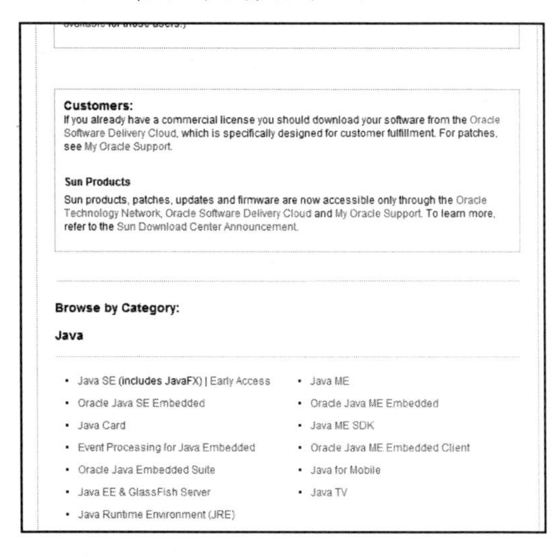

图 1-6　Java 下载界面

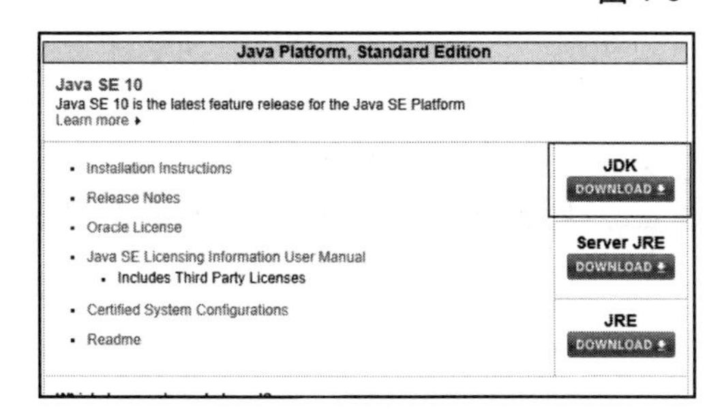

图 1-7　Java SE 下载界面

Java SE Development Kit 10

You must accept the Oracle Binary Code License Agreement for Java SE to download this software.

Accept License Agreement　Decline License Agreement

Product / File Description	File Size	Download
Linux	305.93 MB	jdk-10_linux-x64_bin.rpm
Linux	338.37 MB	jdk-10_linux-x64_bin.tar.gz
macOS	395.42 MB	jdk-10_osx-x64_bin.dmg
Solaris SPARC	206.77 MB	jdk-10_solaris-sparcv9_bin.tar.gz
Windows	390.08 MB	jdk-10_windows-x64_bin.exe

图 1-8　JDK 下载界面

知识精讲

随着官方对 Java 10 的更新，可能会对上述不同系统分别推出 32 位版本和 64 位版本，读者可以随时关注官网的变化。例如下面的情况。

(1) Linux x86：基于 x86 架构的 32 位 Linux 系统。

(2) Windows x86：基于 x86 架构的 32 位 Windows 系统。

因为作者计算机中的操作系统是 64 位的 Windows 系统，所以在选中图 1-8 中的 Accept License Agreement 单选按钮后，单击 Windows 右侧的 jdk-10_windows-x64_bin.exe 下载链接。如果下载的版本和自己的操作系统不对应，后续在安装 JDK 时会失败。

第 6 步 下载完毕后，就可以双击下载的.exe 文件进行安装了，将弹出安装向导，单击“下一步”按钮，如图 1-9 所示。

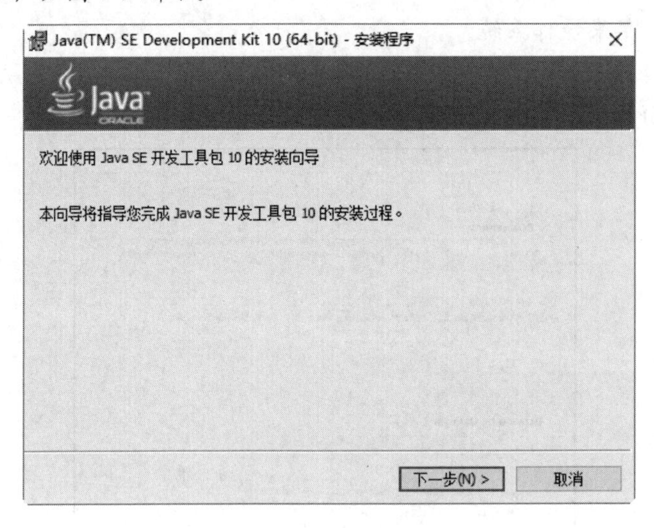

图 1-9　安装向导

第 7 步 安装程序将会弹出“定制安装”对话框，可以选择 JDK 的安装路径，作者设置的是“C:\Program Files\Java\jdk-10\”，如图 1-10 所示。

第 8 步 设置好安装路径后，单击“下一步”按钮，安装程序就会提取安装文件并进行安装，如图 1-11 所示。

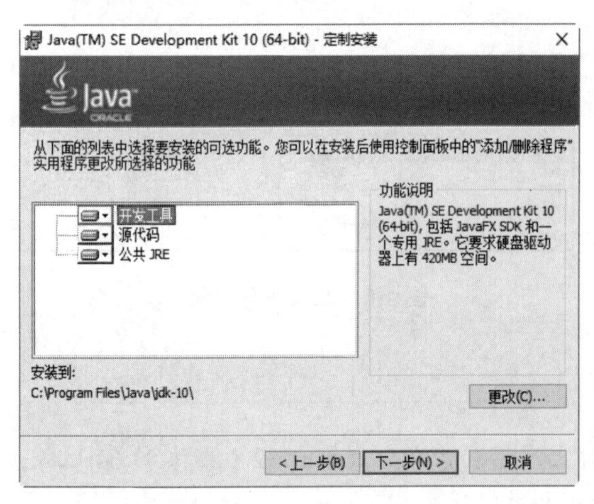

图 1-10　设置安装路径

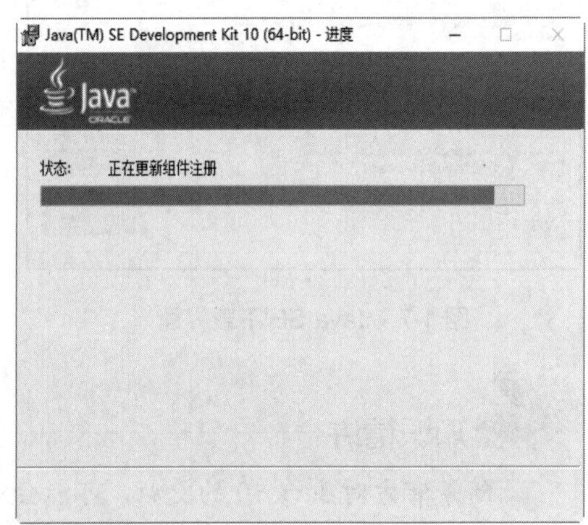

图 1-11　安装下载的文件

第 9 步 安装程序在完成上述过程后会弹出“完成”对话框，单击“关闭”按钮即可完成整个安装过程，如图 1-12 所示。

第 10 步 检测一下 JDK 是否真的安装成功了，具体做法是依次选择“开始”|“运行”命令，在“运行”对话框中输入“cmd”并按 Enter 键，在打开的 CMD 窗口中输入“java-version”。如果显示图 1-13 所示的提示信息，则说明安装成功。

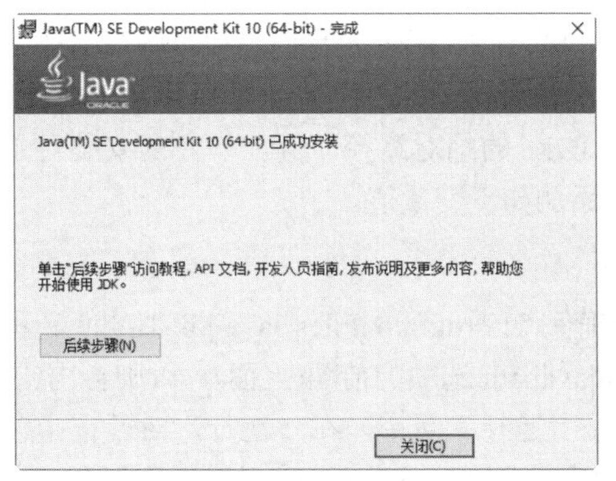

图 1-12　完成安装

图 1-13　验证 JDK 安装成功

1.4.2　配置开发环境——Windows 7

如果在 CMD 窗口中输入“java-version”命令后提示出错，则说明 Java JDK 并没有完全安装成功。这时候用户不用紧张，只需要将 JDK 所在目录的绝对路径添加到系统变量 PATH 中即可解决。下面介绍该解决办法的流程。

第 1 步 右击“我的电脑”，选择“属性”命令，单击“高级系统设置”按钮，打开“系统属性”对话框，单击下面的“环境变量”按钮，在下面的“系统变量”中单击“新建”按钮，在“变量名”文本框处输入“JAVA_HOME”，在“变量值”文本框处输入刚才的目录，比如作者使用的“C:\Program Files\Java\jdk-10\”，如图 1-14 所示。

第 2 步 另外，再新建一个变量，名为 PATH，变量值如下所示，注意最前面是英文格式的一个点和一个分号。

```
.;%JAVA_HOME%/lib/dt.jar;%JAVA_HOME%/lib/tools.jar
```

单击“确定”按钮，找到 PATH 变量，双击或单击进行编辑，在变量值的最前面添加如下值。

```
%JAVA_HOME%\bin;
```

具体如图 1-15 所示。

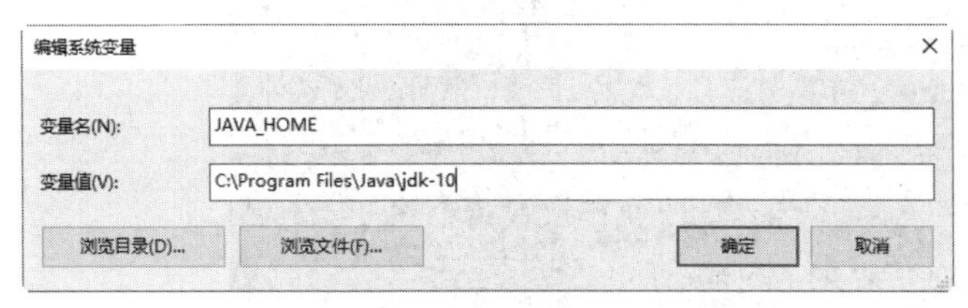

图 1-14　设置系统变量 JAVA_HOME

图 1-15　编辑系统变量

1.4.3　配置开发环境——Windows 10

如果使用的是 Windows 10 系统，在设置系统变量 PATH 时，操作会和上面的步骤有所区别。因为在 Windows 10 系统中，选中 PATH 变量并单击“编辑”按钮后，会弹出与之前

Windows 系统不同的“编辑环境变量”对话框，如图 1-16 所示。我们需要单击右侧的“新建”按钮，然后才能添加 JDK 所在目录的绝对路径，而不能用前面步骤中使用的“%JAVA_HOME%”，此处需要分别添加 Java JDK 的绝对路径，例如作者的安装目录是“C:\Program Files\Java\jdk-10\”，所以需要分别添加如下变量值。

```
C:\Program Files\Java\jdk-10\bin
```

注意，在图 1-16 所示的对话框中，一定要确保 C:\Program Files\Java\jdk-10\bin 选项在 C:\Program Files (x86)\Common Files\Oracle\Java\javapath 选项的前面(上面)，否则会出错。

完成上述操作后，我们可以选择“开始” | “运行”命令，在“运行”对话框中输入“cmd”并按回车键，然后在打开的 CMD 窗口中输入“java-version”，读者应该会看到如图 1-17 所示的提示信息，输入“javac”会显示图 1-18 所示的提示信息，这说明 Java JDK 安装成功了。

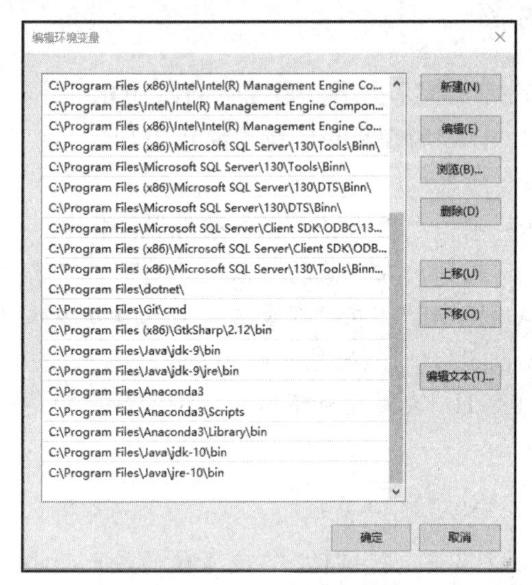

图 1-16　为 Windows 10 的系统变量 PATH 添加变量值

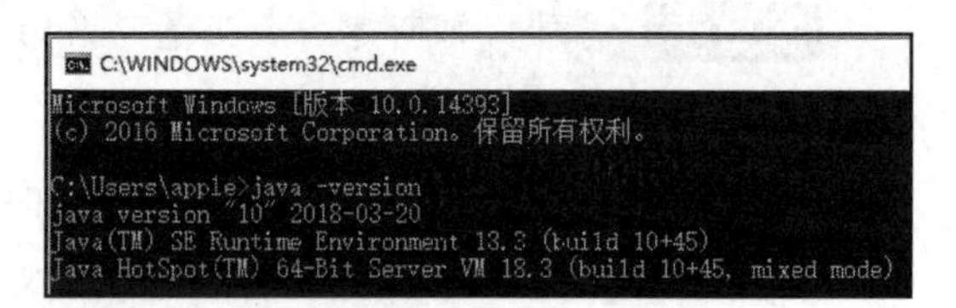

图 1-17　输入“java-version”

```
C:\WINDOWS\system32\cmd.exe
C:\Users\apple>javac
用法: javac <options> <source files>
其中, 可能的选项包括:
  @<filename>                  从文件读取选项和文件名
  -Akey[=value]                传递给注释处理程序的选项
  --add-modules <模块>(,<模块>)*
        除了初始模块之外要解析的根模块; 如果 <module>
                为 ALL-MODULE-PATH, 则为模块路径中的所有模块。
  --boot-class-path <path>, -bootclasspath <path>
        覆盖引导类文件的位置
  --class-path <path>, -classpath <path>, -cp <path>
        指定查找用户类文件和注释处理程序的位置
  -d <directory>               指定放置生成的类文件的位置
  -deprecation                 输出使用已过时的 API 的源位置
  -encoding <encoding>         指定源文件使用的字符编码
  -endorseddirs <dirs>         覆盖签名的标准路径的位置
  -extdirs <dirs>              覆盖所安装扩展的位置
  -g                           生成所有调试信息
  -g:{lines,vars,source}       只生成某些调试信息
  -g:none                      不生成任何调试信息
  -h <directory>               指定放置生成的本机标头文件的位置
  --help, -help                输出此帮助消息
  --help-extra, -X             输出额外选项的帮助
  -implicit:{none,class}       指定是否为隐式引用文件生成类文件
  -J<flag>                     直接将 <标记> 传递给运行时系统
  --limit-modules <模块>(,<模块>)*
        限制可观察模块的领域
  --module <module-name>, -m <module-name>
        只编译指定的模块, 请检查时间戳
搜狗拼音输入法 全 :th>, -p <path>
        指定查找应用程序模块的位置
```

图 1-18　输入“javac”

知识精讲

很多初学者对 JDK 和 JRE 两者的异同不很清楚，下面进行介绍。

(1) JRE：Java 运行时环境，全称是 Java Runtime Environment，是运行 Java 程序的必需条件。

(2) JDK：Java 标准版开发包，全称是 Java SE Development Kit，是一套用于开发 Java 应用程序的开发包，它提供了编译、运行 Java 程序所需的各种工具和资源，包括 Java 编译器、Java 运行时环境，以及常用的 Java 类库等。

一般来说，如果我们只是要运行 Java 程序，可以只安装 JRE，而无须安装 JDK。但是如果要开发 Java 程序，则应该安装 JDK。而安装的 JDK 中就包含 JRE，也可以运行 Java 程序。

1.5　Tomcat 的安装与配置

Tomcat 是 Java Web 运行的服务器软件，要想开发并运行 Java Web 程序，就必须先下载并安装 Tomcat。在安装 Tomcat 前，一定要先安装和配置 JDK。在本节的内容中，将详细讲解下载并配置 Tomcat 的基本知识。

↑扫码看视频

1.5.1　获取并安装 Tomcat

获取并安装 Tomcat 的基本流程如下所示。

第 1 步 打开浏览器，在地址栏中输入“http://tomcat.apache.org/”，进行浏览，如图 1-19 所示。

第 2 步 单击左边的 Tomcat 7.x 超级链接，在新打开的页面中，将网页滚动到最下面，如图 1-20 所示。

第 3 步 单击 32-bit/64-bit Windows Service Installer (pgp, sha512)超级链接，等待完成下载。

第 4 步 双击下载的 Tomcat 软件即可对它进行安装，在安装过程中建议使用默认设置。

第 5 步 在安装过程中需要设置安装目录，例如笔者设置的安装目录是 H:\jsp。

图 1-19 Tomcat 的首页

7.0.93

Please see the README file for packaging information. It explains what every distribution contains.

Binary Distributions

- Core:
  - zip (pgp, sha512)
  - tar.gz (pgp, sha512)
  - 32-bit Windows zip (pgp, sha512)
  - 64-bit Windows zip (pgp, sha512)
  - 32-bit/64-bit Windows Service Installer (pgp, sha512)
- Full documentation:
  - tar.gz (pgp, sha512)
- Deployer:
  - zip (pgp, sha512)
  - tar.gz (pgp, sha512)
- Extras:
  - JMX Remote jar (pgp, sha512)
  - Web services jar (pgp, sha512)
  - JULI adapters jar (pgp, sha512)
  - JULI log4j jar (pgp, sha512)
- Embedded:
  - tar.gz (pgp, sha512)
  - zip (pgp, sha512)

图 1-20 下载最新版本

第 6 步 在安装过程中需要设置服务器的端口。Tomcat 的默认端口是 8080，我们可以对其进行修改，例如笔者设置为“8089”，然后设置用户名和密码，如图 1-21 所示。

第 7 步 在打开的窗口中会选择 JDK 里的 JRE 文件，在默认情况下，会自动寻找到这个文件，如果寻找不到，用户需要对它进行设置，设置好后单击 Install 按钮进行安装，耐心等待安装完成即可。

第 8 步 安装完成后，在任务栏中双击 Tomcat 图标，然后单击 Start 按钮启动 Tomcat 服务器，如图 1-22 所示。

第 9 步 在浏览器中输入测试地址即可显示 Tomcat 服务器主页，测试地址是 http://127.0.0.1:8089，其中 8089 是在前面设置的 HTTP 端口号，如图 1-23 所示。

第 10 步 因为笔者设置的安装目录是 H:\jsp，打开此目录后会显示安装的服务器文件，在 webapps 子目录中保存了 Java Web 程序文件，如图 1-24 所示。

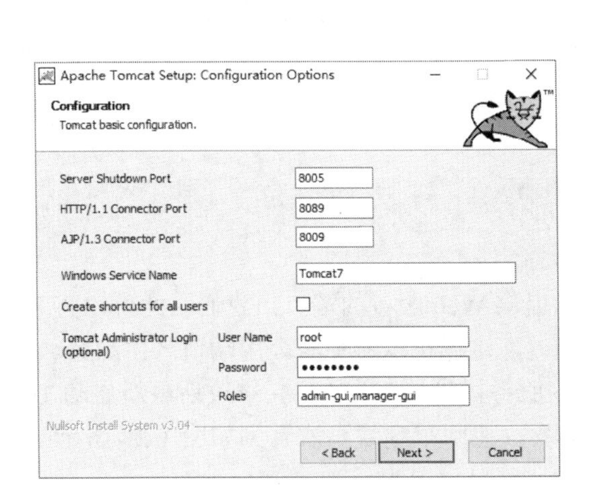

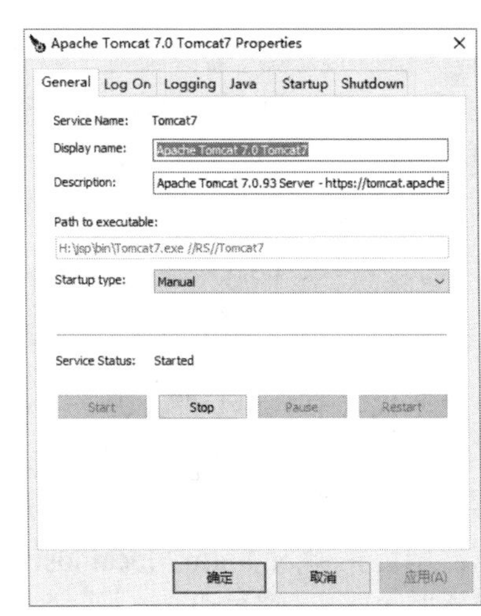

图 1-21　设置 Tomcat 服务器　　　　图 1-22　启动 Tomcat

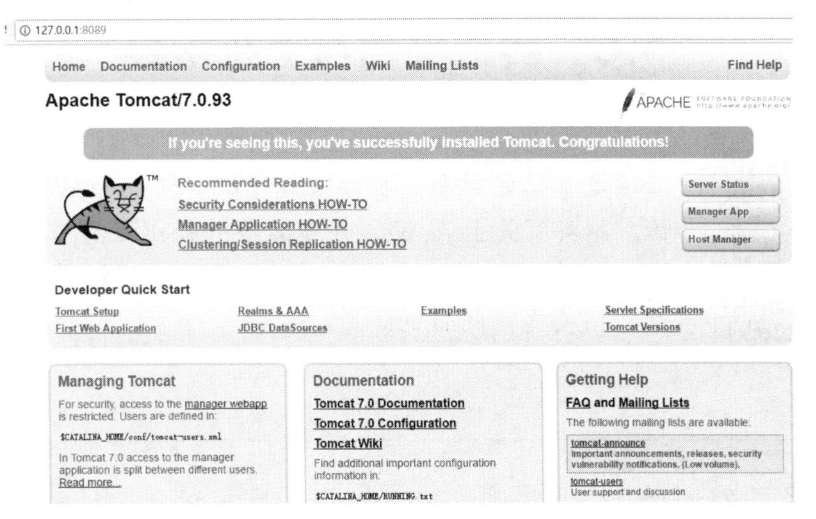

图 1-23　Tomcat 服务器主页

图 1-24　服务器文件

1.5.2　配置 Tomcat 的服务端口

Tomcat 默认的服务端口是 8080，其实我们可以通过管理 Tomcat 配置文件来改变该服务端口，甚至可以通过修改配置文件让 Tomcat 同时在多个端口提供服务。

在 conf 目录下保存了 Tomcat 的配置文件，在配置文件中可以设置 Tomcat 服务器的端口。我们可以使用记事本打开 conf 下的 server.xml 文件，在此文件的 71 行(7.0.23 版本)处会看到如下代码。

```
<Connector port="8080" protocol="HTTP/1.1"
           connectionTimeout="20000"
           redirectPort="8443" />
```

在上述代码中，port="8080"是 Tomcat 提供 Web 服务的端口。我们在此可以将 8080 修改成任意的端口，建议使用 1024 以上的端口，这样可以避免与公用端口产生冲突。例如，笔者将此处修改为 5858，即 Tomcat 的 Web 服务提供端口为 5858。修改后重新启动 Tomcat，在浏览器地址栏输入"http://localhost:5858"，按回车键将再次看到如图 1-23 所示的界面，这表明修改 Tomcat 端口成功。

1.6 实践案例与上机指导

通过本章的学习，读者基本可以掌握 Java Web 开发的基础知识。其实有关 Java Web 开发必备的知识还有很多，这需要读者通过课外渠道来加深学习。下面通过练习操作，以达到巩固学习、拓展提高的目的。

↑扫码看视频

1.6.1 登录控制台

在图 1-23 所示的右上角显示了如下三个控制台。

- Server Status：用于监控服务器的状态。
- Manager App：可以部署、监控 Web 应用，因此我们通常只使用 Manager 控制台。
- Host Manager：用于实现站点管理。

单击 Manager App 按钮后会弹出一个登录对话框，如图 1-25 所示。

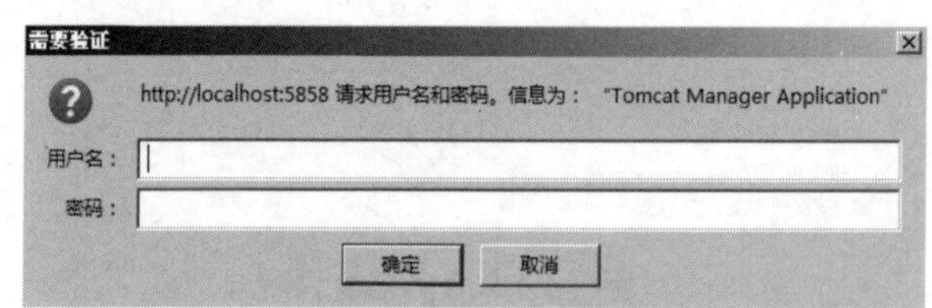

图 1-25　登录对话框

这个控制台必须输入用户名和密码才可以登录，控制台的用户名和密码是通过 Tomcat 的 JAAS 控制的。下面介绍如何为这个控制台配置用户名和密码。

我们知道，目录 webapps 是 Web 应用的存放位置，而 Manager 控制台对应的 Web 应用也放在该路径下。进入 webapps/manager/WEB-INF 目录，可以看到 Manager 应用的配置文件。用记事本打开 web.xml 文件，在此文件的后半部分 Security 中会看到如下代码。

```
<!-- Security roles referenced by this web application -->
<security-role>
  <description>
    访问 HTML 的权限
  </description>
  <role-name>manager-gui</role-name>
</security-role>
<security-role>
  <description>
    访问 text 的权限
  </description>
  <role-name>manager-script</role-name>
</security-role>
<security-role>
  <description>
    访问 HTML JMX Proxy 的权限
  </description>
  <role-name>manager-jmx</role-name>
</security-role>
<security-role>
  <description>
    访问所有 Status 资源的权限
  </description>
  <role-name>manager-status</role-name>
</security-role>
```

由此可见，登录 Manager 控制台可能需要不同的 manager 角色权限。例如对于普通开发者来说，通常需要访问匹配 text、Status 的资源，因此只需为该用户分配一个 manager-gui 角色即可。

Tomcat 服务器默认采用文件安全域，即以文件存放用户名和密码，Tomcat 的用户由 conf 目录下的 tomcat-users.xml 文件来控制。使用记事本打开该文件，会发现该文件的内容如下。

```
<?xml version='1.0' encoding='utf-8'?>
<tomcat-users>
<!--
  <role rolename="tomcat"/>
  <role rolename="role1"/>
  <user username="tomcat" password="tomcat" roles="tomcat"/>
  <user username="both" password="tomcat" roles="tomcat,role1"/>
  <user username="role1" password="tomcat" roles="role1"/>
-->
</tomcat-users>
```

从上述代码中可以看出，Tomcat 默认没有配置任何用户，所以无论我们在图 1-25 所示的登录对话框中输入任何内容，系统都不会让我们成功登录。为了正常登录 Manager 控制台，可以通过修改文件 tomcat-users.xml 来增加一个角色用户，并让该用户属于 manager 角色。Tomcat 允许在<tomcat-users>元素中增加<user>元素，从而增加用户，在此假设将文件 tomcat-users.xml 中的内容进行如下修改。

```
<?xml version='1.0' encoding='utf-8'?>
<tomcat-users>
  <role rolename="manager-gui"/>
  <user username="aaaaaa" password="aaaaaa" roles="manager-gui"/>
</tomcat-users>
```

通过上述代码增加了一个用户，此用户的用户名为 aaaaaa，密码为 aaaaaa，角色属于 manager-gui。这样就可以在如图 1-25 所示的登录对话框中输入用户名和密码来登录 Manager 控制台了。成功登录后可看到如图 1-26 所示的界面。

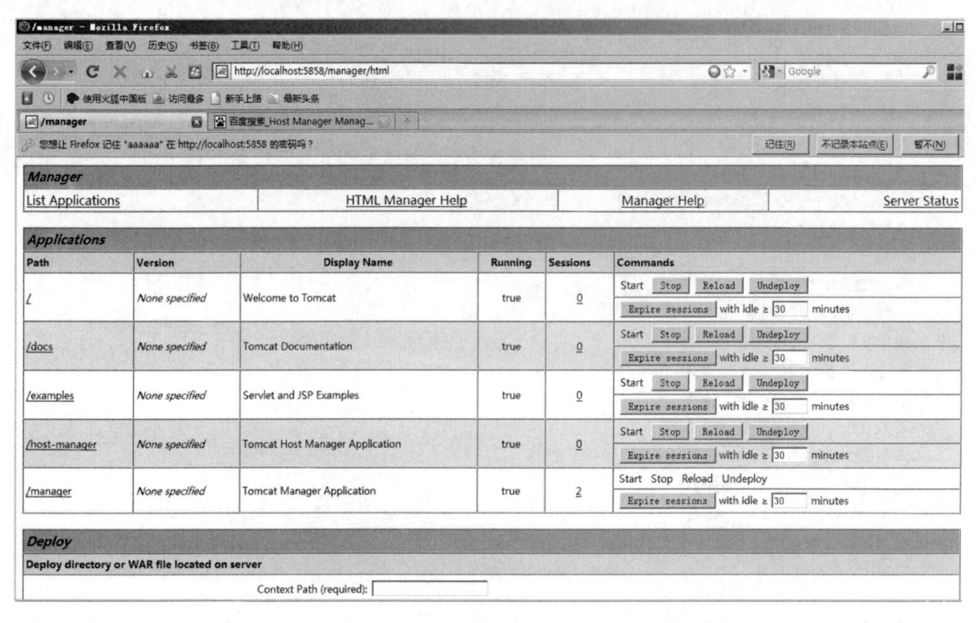

图 1-26　成功登录后的控制台界面

在图 1-26 所示的控制台界面中，可以监控所有部署在该服务器下的 Web 应用，其左侧列出了所有部署在该 Web 容器内的 Web 应用，而右边的按钮则分别实现启动、停止和重启等控制。在控制台下方的 Deploy 区用于部署 Web 应用。Tomcat 控制台提供了如下两种方式来部署 Web 应用。

- 将整个路径部署成 Web 应用。
- 将 WAR 文件部署成 Web 应用，但是在图 1-26 中看不到这种方式。其实在 Deploy 的下方有一个 WAR file to deploy 模块，此模块用于部署 WAR 文件，如图 1-27 所示。

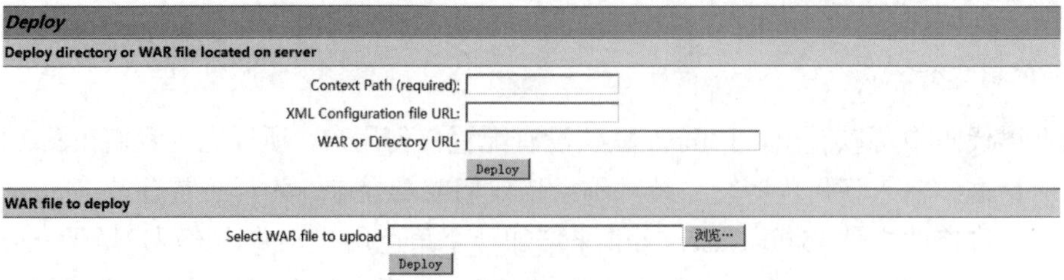

Deploy
Deploy directory or WAR file located on server
Context Path (required):
XML Configuration file URL:
WAR or Directory URL:
Deploy
WAR file to deploy
Select WAR file to upload　浏览…
Deploy

图 1-27　WAR file to deploy 模块

1.6.2　设置虚拟目录

对于开发 Web 应用来说，设置虚拟目录是必不可少的工作，为 Tomcat 设置虚拟目录的具体操作过程如下。

第 1 步 在任意一个盘中新建一个文件夹，例如在 E 盘新建一个名为“javaweb”的文件夹，然后复制\webapps\ROOT 目录下的文件夹 WEB-INF 到 E:\javaweb 目录下，如图 1-28 所示。

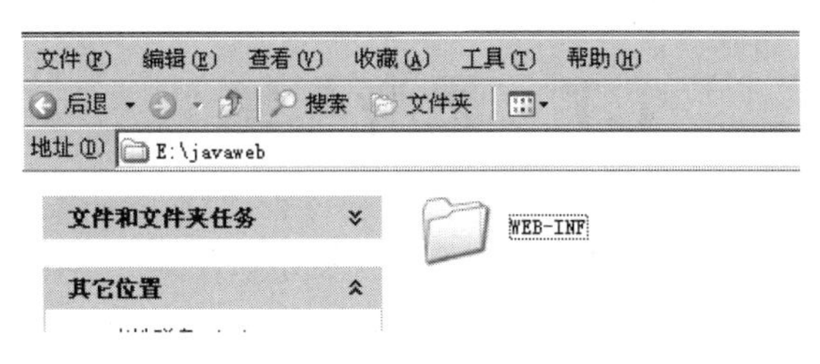

图 1-28　复制 WEB-INF 文件夹

第 2 步 打开 E:\javaweb\WEB-INF 目录下的 web.xml 文件，在</description>的后面加入下面的代码。

```
<!--JSPC servlet mappings start -->
<!--JSPC servlet mappings end -->
```

第 3 步 打开 conf 目录下的 server.xml 文件，在<Host> 和 </Host> 之间加入下面的代码。

```
<Context path="/javaweb" docBase="E:\javaweb"></Context>
path="/site"
docBase="E:\javaweb">
```

第 4 步 新建一个记事本文档，在记事本文档里输入“虚拟目录配置成功”，然后将其保存，修改其文件名为“index.html”。此时在浏览器中输入“http://localhost:5858/javaweb/”，即可浏览此目录中的文件，如图 1-29 所示。

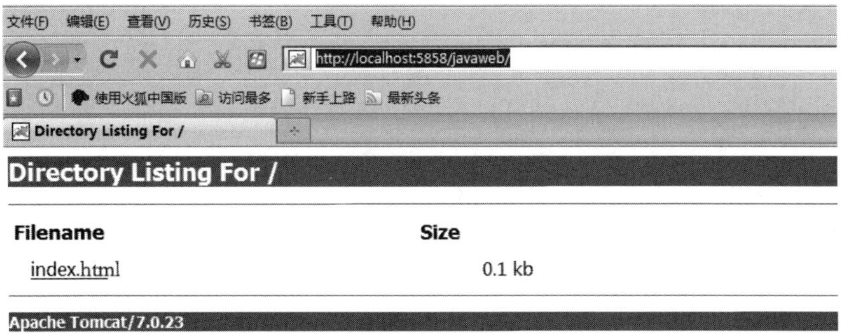

图 1-29　测试页面

单击文件名 index.html 后可以浏览此文件的内容，如图 1-30 所示。

图 1-30 浏览虚拟目录中的文件

1.7 思考与练习

本章循序渐进地讲解了网页和网站、Web 开发技术及其工作原理、Java Web、搭建开发环境、Tomcat 的安装与配置等知识。通过本章的学习，读者应该熟悉 Java Web 开发的基础知识。

1. 判断对错

(1) 在进行任何 Java 开发之前，我们都必须先安装好 JDK，并配置好相关的环境，这样我们才能开始编译并运行 Java 程序。 ( )

(2) 服务器的主要功能是接收用户浏览器发来的请求，分析请求，并给予响应，响应的信息通过网络返回给用户浏览器。 ( )

2. 上机练习

练习下载与安装 Dreamweaver 作为 HTML 的编写工具。

新起点 电脑教程

第 2 章

HTML 技术概述

本章要点

- 创建基本静态页面
- HTML 页面布局
- 表单处理

本章主要内容

HTML 是制作网页的基础，现实中的各种网页都是建立在 HTML 基础之上的。通过 HTML，可以实现对页面元素的显示处理。Java Web 开发需要用 HTML 来表现网页元素，我们肉眼可见的网页内容都是通过 HTML 表现出来的。本章将简要介绍 HTML 技术的基本知识，并通过具体的实例来介绍其使用方法，为读者步入本书后面知识的学习奠定基础。

2.1 创建基本静态页面

静态网页中的内容是静态不变的，它是网站技术的基础。静态网页能够快速地将页面内容展现在用户面前，是网站技术不可缺少的重要组成部分。在本节内容里，将简要介绍创建静态网页所需要的基本知识。

↑扫码看视频

2.1.1 设置网页头部和标题

网页头部用来设置和网页相关的信息。例如，页面标题、关键字和版权等信息。当页面执行后，不会在页面正文中显示头部元素信息。在 HTML 网页头部有如下 3 种设置信息。

1. 文档类型

文档类型(DOCTYPE)的功能是，定义当前页面所使用标记语言(HTML 或 XHTML)的版本。合理选择当前页面的文档类型是设计标准 Web 页面的基础。只有定义了页面的文档类型，页面里的标记和 CSS 才会生效。

2. 编码类型

编码类型的功能是设置页面正文中字符的格式，确保页面文本内容正确地在浏览器中显示。常用的编码类型有如下 3 种。

- GB2312 编码：简体中文页面使用的编码类型。
- UTF-8 编码：当前 Web 标准所推荐的正规编码类型，使用后不但可以正确地显示中文字符，而且其他地区如香港和台湾的浏览用户，无须安装简体中文支持就能正常地观看页面中的文字。
- HZ 编码：HZ 编码是简体中文码中的一种，使用后可以对页面上的中文字符进行编码处理，在现实中的特定领域有着广泛的应用。

3. 页面标题

页面标题(title)的功能是设置当前网页的标题，设置后的标题不在浏览器正文中显示，而是在浏览器的标题栏中显示。

2.1.2 设置页面正文和注释

正文和注释是页面的主体，网页通过正文向浏览者展示页面的基本信息，而注释是编程语言和标记语言中不可缺少的要素。通过注释不但可以方便用户对代码的理解，并且便

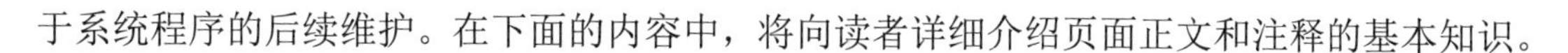

于系统程序的后续维护。在下面的内容中，将向读者详细介绍页面正文和注释的基本知识。

1．正文

网页正文定义了其显示的主要内容和显示格式，是整个网页的核心。在 HTML 等标记语言中设置正文的标记是<body>...</body>，使用此标记的语法格式如下。

```
<body>页面正文内容</body>
```

页面正文位于头部之后，<body>标示正文的开始，</body>标示正文的结束。正文 body 通过其本身的属性实现指定的显示效果，body 的常用属性如表 2-1 所示。

表 2-1　body 的常用属性列表

属 性 值	描　述
background	设置页面的背景图像
bgcolor	设置页面的背景颜色
text	设置页面内文本的颜色
link	设置页面内未被访问过的链接颜色
vlink	设置页面内已经被访问过的链接颜色
alink	设置页面内链接被访问时的颜色

body 属性中的颜色取值既可以是表示颜色的英文字符，例如 red(红色)，也可以是用十六进制数字表示的颜色值，例如#9900FF。

2．注释

注释的主要作用是方便用户对代码的理解，以方便对系统程序的后续维护。在 HTML 中插入注释的语法格式如下。

```
<!--注释内容 -->
```

实例 2-1：创建一个基本的 HTML 页面。
源文件路径：daima\2\2-1

实例文件 HTML.html 的主要代码如下。

```
<!DOCTYPE HTML PUBLIC "-//W3C//DTD HTML 4.01 Transitional//EN"
"http://www.w3.org/TR/html4/loose.dtd">
    <!--文档类型-->
<html>
<head>
<meta http-equiv="Content-Type" content="text/html; charset=utf-8">
    <!--编码类型-->
<title>HTML 网页</title>
</head>
<body>                              <!--正文开始-->
<p>这是一个简单的 HTML 网页</p>     <!--正文注释-->
<p>这是一个简单的 HTML 网页</p>     <!--正文注释-->
</body>
</html>
```

上述代码执行后，将在页面中显示<body>…</body>标记内的文本，如图 2-1 所示。

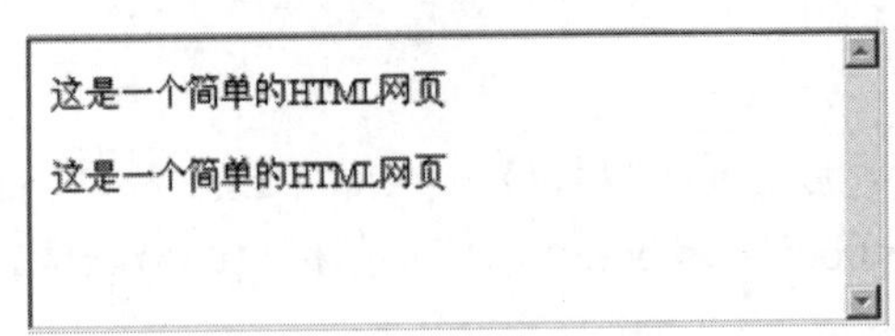

图 2-1　显示效果

2.1.3　文字和段落处理

文档和文字是网页技术中的核心内容之一。网页通过文档和图片等元素向用户展示站点的信息。在下面的内容中，将简要介绍页面文字和段落处理的基本知识。

1. 设置标题文字

网页设计中的标题是指页面中文本的标题，而不是 HTML 中的<title>标题。标题在浏览器的正文中显示，而不是在浏览器的标题栏中显示。

在 Web 页面中，标题是一段文字内容的概览和核心，所以通常使用特殊效果显示。现实网页中的信息不但可以进行主、次分类，而且可以通过设置不同大小的标题，使文章更有条理。

在页面中使用标题文字的语法格式如下。

```
<hn align=对齐方式 > 标题文字 </hn>
```

其中，“hn”中的 n 可以是 1～6 的整数值。取 1 时文字的字体最大，取 6 时最小。align 是标题文字中的常用属性，其功能是设置标题在页面中的对齐方式。align 属性值的具体说明如表 2-2 所示。

表 2-2　align 属性值列表

属 性 值	描　述
left	设置文字居左对齐
center	设置文字居中对齐
right	设置文字居右对齐

2. 设置文本文字

HTML 标记语言不但可以给文本标题设置大小，而且可以给页面内的其他文本设置显示样式，如字体大小、颜色和所使用的字体等。在下面的内容中，将分别介绍设置各种文本类型的方法。

➢　文本标记：<font >

在网页中为了增强页面的层次，针对其中的文本可以用<font>标记以不同的大小、字体、字型和颜色显示。使用此标记的语法格式如下。

```
<font size=数字 face=字体名 color=颜色> 被设置的文本 </font >
```

其中，size 的功能是设置文本字体的大小，取值为数字；face 的功能是设置文本所使用的字体，例如宋体、幼圆等；color 的功能是设置文本字体的颜色。

➢　字型设置

网页中的字型是指页面文字的风格，例如，文字加粗、斜体、带下划线、上标和下标等。现实中常用字型标记的具体说明如表 2-3 所示。

表 2-3　常用字型标记列表

字型标记	描　述
<B></B>	设置文本加粗显示
<I></I>	设置文本倾斜显示
<U></U>	设置文本加下划线显示
<TT></TT>	设置文本以标准打印字体显示
	设置文本下标
	设置文本上标
<BIG></BIG>	设置文本以大字体显示
<SMALL></SMALL>	设置文本以小字体显示

3. 设置段落标记

段落标记<p>的功能是定义一个新段落的开始。标记<P>不但能使后面的文字换到下一行，还可以使两段之间多一空行。由于一段的结束意味着另一段的开始，所以使用<P>也可省略结束标记。

使用段落标记<P>的语法格式如下。

```
<P align = 对齐方式>
```

其中，属性 align 的功能是设置段落文本的对齐方式，如表 2-2 所示。

实例 2-2：演示设置文字和段落处理的方法。
源文件路径：daima\2\2-2

实例文件 wenben.html 的主要代码如下。

```
<html xmlns="http://www.w3.org/1999/xhtml">
<head>
<meta http-equiv="Content-Type" content="text/html; charset=utf-8" />
<title>无标题文档</title>
</head>
<body>
<p>          <!--段落标记-->
<font size="40" color="#CCCCCC" face="黑体">第一行文本</font>
<!--设置大小和颜色-->
</p>
<p align="center"> <!--设置段落居中-->
<font size="5" color="#000000" face=" 宋 体 "><em> 第 二 行 文 本 </em></font>
    <!--设置大小和颜色-->
</p>
```

```
</body>
</html>
```

上述代码执行后，将按设置样式显示正文内容，如图 2-2 所示。第一行文本没有设置对齐方式，则默认显示为左对齐，设置第二行文本居中对齐。

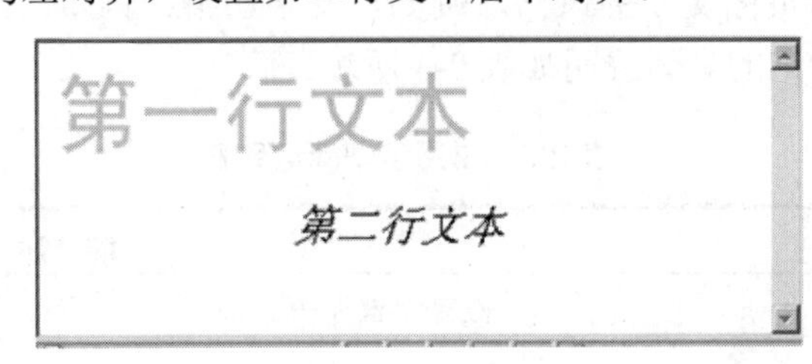

图 2-2　显示效果

2.1.4　超级链接处理

超级链接是指从一个网页指向另一个目的端的转换标记，是从文本、图片、图形或图像映射到全球文域网上网页或文件的指针。在当今万维网(WWW)上，超级链接是网页之间和 Web 站点之间主要的导航方法。在下面的内容中，将对超级链接的基本知识进行简要介绍。

1．建立页面链接

网页中的超级链接功能是由<a>标记实现的。标记<a>可以在网页上建立超文本链接，通过单击一个词、句或图片从此处转到目标资源，并且这个目标资源有唯一的 URL 地址。

使用标记<a>的语法格式如下。

```
< a  href=地址  name=字符串  target=打开窗口方式> 热点 </ a >
```

上述各属性的具体说明如下。

- href 为超文本引用，取值为一个 URL，是目标资源的有效地址。在书写 URL 时需要注意，如果资源放在自己的服务器上，可以写相对路径。否则应写绝对路径，并且 href 不能与 name 同时使用。
- name：指定当前文档内的一个字符串作为链接时可以使用的有效目标资源地址。
- target：设定目标资源所要显示的窗口。其主要取值的具体说明如表 2-4 所示。

表 2-4　target 属性值列表

取　值	描　述
target="_blank"或 target="new"	将链接的画面内容，显示在新的浏览器窗口
target="_parent"	将链接的画面内容，显示在直接父框架窗口中
target="_self"	默认值，将链接的画面内容，显示在当前窗口中
target="_top"	将框架中链接的画面内容，显示在没有框架的窗口中
target="框架名称"	只运用于框架中，若被设定则链接结果将显示在该框架名称指定的框架窗口中，框架名称事先由框架标记所命名

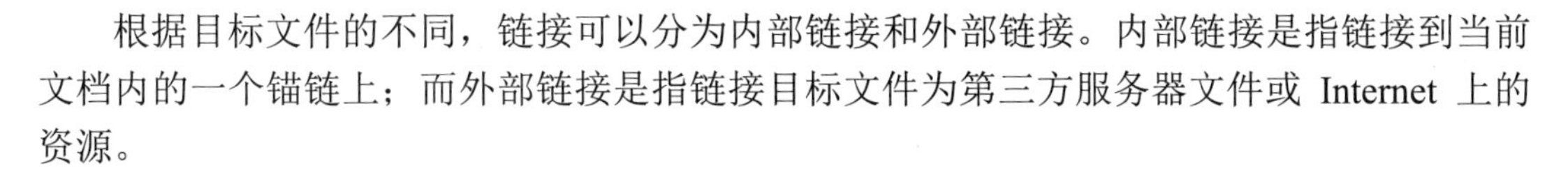

根据目标文件的不同，链接可以分为内部链接和外部链接。内部链接是指链接到当前文档内的一个锚链上；而外部链接是指链接目标文件为第三方服务器文件或 Internet 上的资源。

2. 其他形式的链接

除了上面介绍的内部链接和外部链接外，在网站中还经常会用到其他链接方式。在下面的内容中，将对其他链接方式进行简要介绍。

1) Telnet 链接

Telnet 允许用户登录远程计算机，通过一个到远程计算机的 Telnet 链接，来访问远程计算机的内容。在本节的内容中，将向读者讲解 Telnet 链接的创建方法。创建一个到远程站点的 Telnet 链接需要对锚链的引用元素进行修改，用户要将“http:”修改为“Telnet:”，并且将锚链的 URL 引用修改为主机名。

使用 Telnet 链接的语法格式如下。

```
<a href= "Telnet:地址" > 热点 </A>
```

其中，“地址”是指目标计算机的地址。

2) E-mail 链接

E-mail 是互联网上应用最广泛的服务之一。通过 E-mail，可以帮助各地不同用户实现跨地域性的信息交流，并且不受时间和环境的影响。

创建一个 E-mail 链接和建立一个普通的页面链接类似，区别仅在于锚链元素的引用。创建一个典型 E-mail 链接的语法格式如下。

```
<a href= "mailto:邮件地址" > 热点 </A>
```

其中，“邮件地址”是指邮件接收者的地址。

3) FTP 链接

FTP 即文件传输协议，它可以让用户将一台计算机上的文件复制到自己的计算机上，就像通过网上邻居访问一样。建立一个到 FTP 站点的链接，允许用户从一个特定地点获得一个特定的文件，这种方法在公司或软件发布者进行信息发布时特别有用。

用户可以像建立普通链接一样来建立 FTP 链接，而区别仅在于锚链元素的引用。创建一个典型 E-mail 链接的语法格式如下。

```
<A href= "FTP:目标地址" > 热点 </A>
```

其中，“目标地址”是指建立链接的主机地址。

4) 新闻组链接

新闻组链接即通常所说的 UseNet 链接。UseNet 是新闻自由的象征，它允许任何人发表自己的看法。任何人在 Net 上的任何地方都可以畅所欲言。UseNet 新闻组提供给用户一个信息发布的平台，实现个人信息的免费发布。

创建一个 UseNet 链接的方法十分简单，和创建普通的链接方式类似，只是在锚链引用的写法上不同。创建一个典型 UseNet 链接的语法格式如下。

```
<A href= "news:目标地址" > 热点 </A>
```

其中，“目标地址”是指建立链接的新闻组地址。

5) WAIS 链接

WAIS 是 Wide Area Information System 的缩写，意思是可以搜索的很多大数据库。WAIS 是通过搜索引擎访问的，并且可以通过链接来实现其功能。创建 WAIS 链接的方法十分简单，和创建普通的链接方式类似，只是在锚链引用的写法上不同。

创建一个典型 WAIS 链接的语法格式如下。

```
<A  href= "WAIS:目标地址" > 热点 </A>
```

其中，“目标地址”是指建立链接的 WAIS 地址。

实例 2-3：设置超级链接。

源文件路径：daima\2\2-3

实例文件 lianjie.html 的主要代码如下。

```
<html xmlns="http://www.w3.org/1999/xhtml">
<head>
<meta http-equiv="Content-Type" content="text/html; charset=utf-8" />
<title>无标题文档</title>
</head>
<body bgcolor="#CCCCCC">
<p><a href="HTML.html">页面链接</a></p>                 <!--页面链接-->
<p><a href="Telnet:202.112.137.7">Telnet 链接</a></p>   <!--Telnet 链接-->
<p><a href="mailto:birzny123@126.com">E-mail 链接</a></p> <!--E-mail 链接-->
<p><a href="FTP://127.0.0.1/">FTP 链接</a> </p>          <!--FTP 链接-->
</body>
</html>
```

在上述代码中，分别为页面文本设置了 4 种链接方式。执行效果如图 2-3 所示。

页面链接

Telnet链接

E-mail链接

FTP链接

图 2-3　显示效果

2.1.5　插入图片

图片是网页中的重要组成元素之一，下面介绍网页中图片处理的基本知识。

1. 设置背景图片

背景图片是指作为网页背景的图片。在网页设计过程中，经常为满足特定需求而将一幅图片作为背景。无论是背景图片，还是背景颜色，都可以通过<body>标记的相应属性来设置。

使用<body>标记的 background 属性，可为网页设置背景图片。使用此标记的语法格式如下。

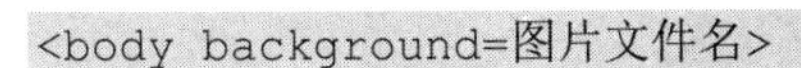

```
<body background=图片文件名>
```

其中，“图片文件名”是指图片文件的存放路径，可以是相对路径，也可以是绝对路径。图片文件可为 GIF 格式或 JPEG 格式。

2. 插入指定图片

如果要在页面中插入图片，通常使用图片标记<img>。使用图片标记后，可以设置图片的替代文本、尺寸、布局等属性。

使用<img>标记的语法格式如下。

```
<img src=文件名 alt=说明 width=x height=y border=n hspace=h vspace=v align=
对齐方式>
```

上述<img>标记中主要属性的具体说明如下。

- src：指定要加入的图片文件名，即“图片文件的路径\图片文件名”格式。
- alt：在浏览器尚未完全读入图片时，在图片位置显示的文字。
- width：图片的宽度，单位是像素或百分比。通常为避免图片失真只设置其真实大小，若需要改变大小最好事先使用图片编辑工具进行处理。
- height：设定图片的高度，单位是像素或百分比。
- hspace：设定图片边沿空白和左右的空间水平方向，间距单位是像素，以免文字或其他图片过于贴近。
- vspace：设定图片上下的空间，空白高度以像素为单位。
- align：设置图片在页面中的对齐方式，或图片与文字的对齐方式。
- border：设置图片四周边框的粗细，单位是像素。

插入图片后，还要进行各方面的设置，这样才能使图片符合指定的显示样式。对插入图片的设置主要体现在如下几个方面。

1) 图片的布局处理

本节下面的内容，将对图片布局处理的知识进行简要介绍，并通过具体的实例来介绍其实现流程。

所谓布局，是指将图片放在网页中指定的位置，这可以通过<img>标记的 align 属性来实现。align 属性值的具体说明如表 2-5 所示。

表 2-5　align 属性值列表

属 性 值	描　述
left	设置图片居左，文本在图片的右边
center	设置图片居中
right	设置图片居右，文本在图片的左边
top	设置图片的顶部与文本对齐
middle	设置图片的中央与文本对齐
bottom	设置图片的底部与文本对齐

2) 设置图片链接

在网页设计过程中，有时为满足特定需求需要给页面图片加上超级链接。设置图片链接就是为页面图片加上链接标记，使用此标记的语法格式如下。

```
<A href=地址><IMG src=图片文件名></A>
```

其中，“地址”是指超级链接的目标地址；“图片文件名”是指被加上超级链接的图片。

实例 2-4：在页面内插入图片。

源文件路径：daima\2\2-4

实例文件 tupian.html 的主要代码如下。

```
<html xmlns="http://www.w3.org/1999/xhtml">
<head>
<meta http-equiv="Content-Type" content="text/html; charset=utf-8" />
<title>无标题文档</title>
</head>
<body background="2.jpg">                                    <!--背景图片-->
<a href="HTML.html">                                         <!--插入图片的链接-->
 <img src="1.jpg" width="279" height="238" align="top" />   <!--插入的图片-->
</a>
这是一段文字
</body>
</html>
```

在上述代码中，在页面中设置了背景图片，并在网页中插入了一幅指定的图片。执行效果如图 2-4 所示。

图 2-4　显示效果

2.1.6　列表处理

列表是 HTML 页面中常用的基本标记，常用的列表分为无序列表和有序列表。带序号标志(如数字、字母等)的表项就是有序列表；否则为无序列表。在下面的内容中，将分别介绍上述两种列表的实现方法。

1. 无序列表

无序列表中每个表项的最前面是项目符号，例如●、■等。在页面中通常使用标记<UL>

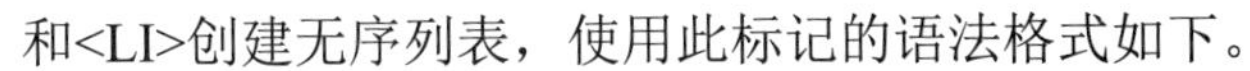

和<LI>创建无序列表，使用此标记的语法格式如下。

```
<UL type=符号类型>
    <LI type=符号类型 1> 第一个列表项
    <LI type=符号类型 2> 第二个列表项
    …
</UL>
```

其中，type 属性的功能是，指定每个表项左端的符号类型。并且在<UL>后指定符号的样式，可设定直到</UL>；在<LI>后指定符号的样式，可以设置从该<LI>起直到</LI>。

常用的 type 属性值及具体说明如表 2-6 所示。

表 2-6　type 属性值列表

取　值	描　述
disc	设置样式为实心圆显示
circle	设置样式为空心圆显示
square	设置样式为实心方块显示
decimal	设置样式为阿拉伯数字显示
lower-roman	设置样式为小写罗马数字显示

表 2-6 中的前三个取值被应用于无序列表。

2. 有序列表

有序列表是指，列表前的项目编号是按照有序顺序样式显示的。例如，1、2、3 等。带序号的列表可以更清楚地表达信息的顺序。使用<OL>标记可以建立有序列表，表项的标记仍为<LI>。使用此标记的语法格式如下。

```
<OL type=符号类型>
  <LI type=符号类型 1> 表项 1
  <LI type=符号类型 2> 表项 2
    …
</OL>
```

通过<OL>中的 type 可以设置列表符号的样式，常用的 type 属性值及具体说明如表 2-7 所示。

表 2-7　type 属性值列表

取　值	描　述
1	设置为数字显示，例如 1、2、3 等
A	设置为大写英文字母显示，例如 A、B、C 等
a	设置为小写英文字母显示，例如 a、b、c 等
I	设置为大写罗马字母显示，例如 Ⅰ、Ⅱ等
i	设置为小写罗马字母显示，例如 ⅰ、ⅱ等

实例 2-5：使用列表标记。

源文件路径：daima\2\2-5

实例文件 liebiao.html 的主要实现代码如下。

```
<html xmlns="http://www.w3.org/1999/xhtml">
......................................
<body>
<ul>
  <li>第一行文本</li>                        <!--列表-->
  <li>第二行文本</li>                        <!--列表-->
  <li>第三行文本</li>                        <!--列表-->
</ul>
</body>
</html>
```

执行后将在页面中显示 3 行无序列表，如图 2-5 所示。

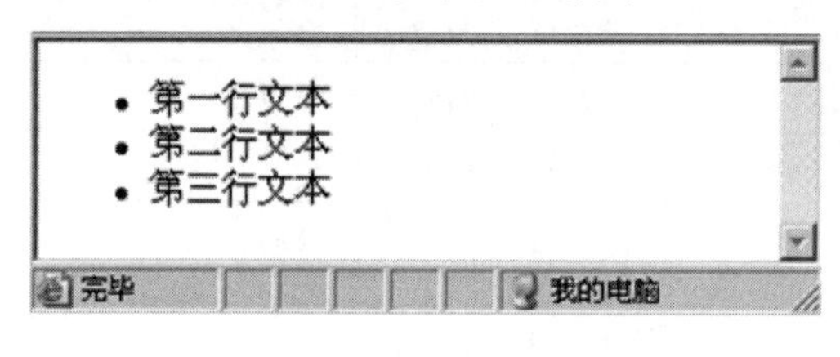

图 2-5　显示效果

2.2　HTML 页面布局

页面布局是整个网页技术的核心，通过 HTML 标记可以对页面进行布局处理，分配各元素在网页中的显示位置。在本节的内容中，将详细讲解 HTML 布局标记的基本知识。

↑扫码看视频

2.2.1　使用表格标记

表格是 Web 网页中的重要组成元素之一，页面通过表格的修饰可以提供用户需求的显示效果。在下面的内容中，将简要介绍页面中表格处理的基本知识。

1. 创建表格

在页面中创建表格的标记是<table>，创建行的标记为<tr>，创建表项的标记为<td>。表格中的内容写在<td>…</td>之间。<tr>…</tr>用来创建表格中的行，它只能放在<table>…</table>标记对之间使用，并且直接在里面加入的文本是无效的。

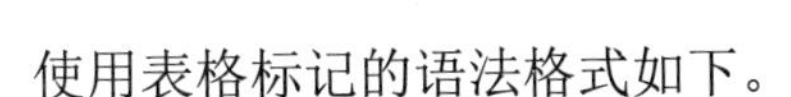

使用表格标记的语法格式如下。

```
<table align=left|center|right border=n width=值 height=值%>
  <tr> <th>表头 1<th>表头 2…<th>表头 n
  <tr> <td>表项 1<td>表项 2…<td>表项 n
   …
  <tr> <td>表项 1<td>表项 2…<td>表项 n
</table >
```

表格的整体外观显示效果由<table>标记的属性决定，常用的<table>属性值及具体说明如表 2-8 所示。

表 2-8　<table>属性值列表

取　值	描　述
bgcolor	设置表格的背景色
border	设置边框的宽度，若不设置此属性，则边框宽度默认为 0
bordercolor	设置边框的颜色
bordercolorlight	设置边框明亮部分的颜色(当 border 的值大于等于 1 时才有用)
bordercolordark	设置边框昏暗部分的颜色(当 border 的值大于等于 1 时才有用)
cellspacing	设置表格单元格之间的间距
cellpadding	设置表格单元边界与单元内容之间的间距
width	设置表格的宽度，单位用绝对像素或总宽度的百分比

2．设置表格标题

在设计页面时，可以给页面中的表格加上标题。表格的标题功能可以用标记<caption>实现，使用此标记的语法格式如下。

```
<caption align=值 valign=值 >标题</caption>
```

标记<caption>常用的属性值如表 2-9 所示。

表 2-9　<caption>属性值列表

取　值	描　述
align	设置表格标题在 center(默认值)、left 还是 right
valign	设置表格标题放在表的上部(top)(默认值)，还是下部(bottom)

3．表格设置和处理

在网页设计过程中，有时为了满足特定需求需要对单元格进行特殊处理。

1)　跨行和跨列处理

在网页设计过程中，有时为满足特定需求需要对某单元格进行合并处理。使用表格标记中的 colspan 和 rowspan 属性，可以实现表格的跨列和跨行处理。

实现表格跨列处理的语法格式如下。

```
<td colspan=mm>表项</td> | <tr colspan=x>表项</tr> | <th colspan=x>表项</th>
```

其中，mm 表示合并的列数。

实现表格跨行处理的语法格式如下。

```
<td rowspan=mm>表项</td> | <tr rowspan=y>表项</tr> | <th rowspan=y>表项</th>
```

其中，mm 表示合并的行数。

在页面中可以同时实现表格的跨行、跨列处理，其具体的语法格式如下：

```
<th rowspan=mm  colspan=nn>
```

其中，mm 表示合并的行数，nn 表示合并的列数。

2) 设置表格页眉和背景图像

表格页眉相当于表格内的标题，是表格某行或某列的概括标记。使用表格页眉的语法格式如下。

```
<th scope="col/row"></th>
```

其中，col 表示表格列的页眉，row 表示表格行的页眉。

在页面中插入表格后可以对其进行修饰，设置表格背景图像的语法格式如下。

```
<table background="地址">
```

其中，“地址”是指背景图像的地址，可以是相对地址，也可以是绝对地址。

3) 表格对齐处理

在默认情况下，页面表格是居左对齐的。在现实表格应用中，可以通过其属性设置对齐方式。根据表格元素的不同，可以将表格对齐划分为整体对齐和内元素对齐两种。

表格的整体对齐是指，统一指定表格的对齐方式。整体对齐有居左、居右和居中三种类型，其具体实现的语法格式如下。

```
<table align="取值" >
```

整体对齐属性有如下 3 个取值。

- left：设置为居左对齐。
- center：设置为居中对齐。
- right：设置为居右对齐。

表格的内元素对齐是指，设置单元格内元素的对齐方式，例如表格内文本和图像等元素的对齐。内元素对齐有居左、居右和居中三种类型，其具体实现的语法格式如下。

```
<td align="取值"></td>
```

内元素对齐属性有如下 3 个取值。

- left：设置为居左对齐。
- center：设置为居中对齐。
- right：设置为居右对齐。

4) 设置表格大小

通过页面表格属性，可以设置表格的大小。设置网页表格大小的语法格式如下。

```
<table width/height="数值" >
  <tr>
    <td width="数值" height="数值"> </td>
```

```
    <td> </td>
  </tr>
  <tr>
    …
</table>
```

其中，width 设置表格的宽度，height 设置表格的高度。

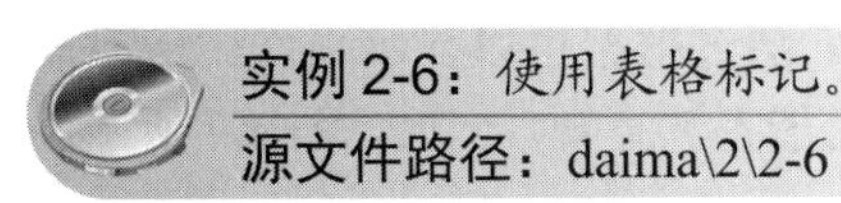

实例 2-6：使用表格标记。

源文件路径：daima\2\2-6

实例文件 biaoge.html 的主要代码如下。

```
<html xmlns="http://www.w3.org/1999/xhtml">
......................................
<body bgcolor="#CCCCCC">
<p>表格内容</p>
<table width="600" border="1">                         <!--表格宽度-->
  <tr>
    <th bgcolor="#666666" scope="col">代号</th> <!--单元格背景颜色-->
    <th bgcolor="#666666" scope="col">姓名</th>
    <th bgcolor="#666666" scope="col">年龄</th>
  </tr>
  <tr>
    <th scope="row">A</th>
    <td><div align="center">丽丽</div></td>        <!--表格元素居中-->
    <td><div align="center">20</div></td>
  </tr>
  <tr>
    <th scope="row">B</th>
    <td><div align="center">老老</div></td>        <!--表格元素居中-->
    <td><div align="center">100</div></td>
  </tr>
  <tr>
    <th scope="row">C</th>
    <td><div align="center">轻轻</div></td>        <!--表格元素居中-->
    <td><div align="center">30</div></td>
  </tr>
  <tr>
    <th scope="row">D</th>
    <td colspan="2"><div align="center">不知道</div></td>     <!--表格合并-->
  </tr>
</table>
</body>
</html>
```

在上述代码中，分别设置了表格的大小、背景颜色、内元素对齐方式，并进行了合并单元格处理。执行效果如图 2-6 所示。

表格内容

代号	姓名	年龄
A	丽丽	20
B	老老	100
C	轻轻	30
D	不知道	

图 2-6　显示效果

2.2.2 使用框架标记

框架是 Web 网页中的重要组成元素之一，通过框架可以设置满足用户特定需求的显示效果。在下面的内容中，将介绍页面中框架处理的基本知识。

通过框架页面，可以将信息分类显示在浏览者面前。通过框架可以显示页面中的不同层次结构的内容，而这种层次结构在文档窗口中的显示可能不够直观。例如，图 2-7 所示为一个典型的分为左右两部分的框架页面。

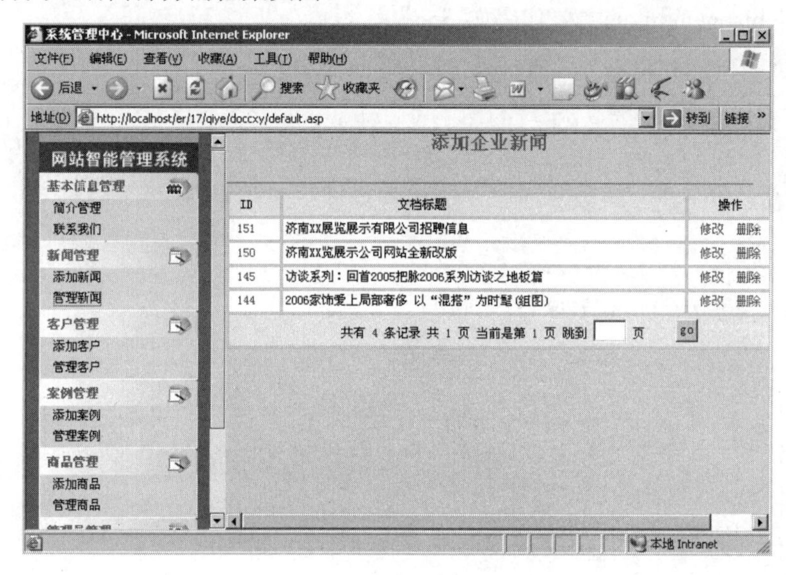

图 2-7　框架页面效果图

在页面中实现框架功能的标记有框架组标记<FRAMESET>…</FRAMESET>和框架标记<frame>两个。其中，前者用于划分一个整体的框架；而<frame>的功能是设置整体框架中的某一个框架，并声明框架页面中的内容。

使用上述框架标记的语法格式如下。

```
<frameset>
  <frame  src="url">
  <frame  src="url">
   …
</frameset>
```

1. 框架组标记

使用框架组标记的语法格式如下。

```
<frameset 属性=属性值 >
…
</frameset>
```

框架组标记的常用属性及其具体说明如表 2-10 所示。

表 2-10　框架组的常用属性列表

属　性	描　述
rows	设置横向分割的框架数目
cols	设置纵向分割的框架数目
border	设置边框的宽度
bordercolor	设置边框的颜色
frameborder	设置有/无边框
framespacing	设置各窗口间的空白

表中 rows 和 cols 属性值的单位可以是像素，也可以是百分比。

2．框架标记

因为框架标记<frame>可以指定页面的内容，所以它可以将各个框架和包含其内容的文件联系在一起。使用框架标记的语法格式如下。

```
<frame src="文件名" name="框架名" 属性=属性值 noresize >
…
<frame src="文件名" name="框架名" 属性=属性值 noresize >
```

框架标记中的常用属性及其具体说明如表 2-11 所示。

表 2-11　框架的常用属性列表

属　性	描　述
src	设置框架对应的源文件
name	设置框架的名称
border	设置边框的宽度
bordercolor	设置边框的颜色
frameborder	设置有/无边框
marginwidth	设置框架内容与左右边框的空白
marginheight	设置框架内容与上下边框的空白
scrolling	设置是否加入滚动条
noresize	设置是否允许各窗口改变大小，默认设置是允许改变

表中 scrolling 的具体取值说明如表 2-12 所示。

表 2-12　scrolling 取值列表

取　值	说　明
yes	设置加入滚动条
no	设置不加入滚动条
auto	设置自动加入滚动条

知识精讲

<frame>标记的个数应等于在<frameset>标记中定义的框架数，并按在文件中出现的次序从行到列对框架进行初始化。如果<frame>标记的数目少于<frameset>中定义的框架数量，则多余的框架为空。

另外，由于<frameset>与<body>标记的作用相同，所以在 HTML 文件中一般不能同时出现，否则可能会导致无法正常显示框架。

2.3 表单处理

表单是 Web 网页中的重要组成元素之一，是实现动态网页效果的基础。在本节的内容中，将介绍页面中表单处理的基本知识，并通过简单的实例来介绍其具体的使用方法。

↑扫码看视频

2.3.1 表单标记介绍

在网页设计应用中，为满足动态数据的交互需求，需要使用表单来处理这些数据。通过页面表单，可以将数据进行传递处理，实现页面间的数据交互。例如，通过会员注册表单可以将会员信息在站点内保存，通过登录验证表单可以对用户数据进行验证。

总体上说，现实中常用的创建表单字段标记有如下三类。

- Textarea：定义一个终端用户可以键入多行文本的字段。
- Select：允许终端用户在一个滚动框或弹出菜单中的一些选项中做出选择。
- Input：提供所有其他类型的输入，如单行文本、单选按钮、提交按钮等。

2.3.2 使用 form 标记

form 标记是众多表单标记中的重要一种，它出现在任何一个表单窗体的开始，其功能是设置表单的基础数据。使用 form 标记的语法格式如下。

```
<form action="" method="post" enctype="application/x-www-form-urlencoded"
name="form1" target="_parent">
```

其中，name 是表单的名字，method 是数据的传送方式，action 是处理表单数据的页面文件，enctype 是传输数据的 MIME 类型，target 是处理文件的打开方式。

传输数据的 MIME 类型有如下两种。

- application/x-www-form-urlencode：默认方式，通常和 post 一起使用。

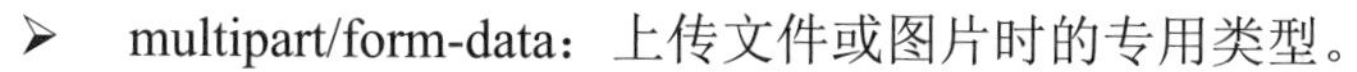

- multipart/form-data：上传文件或图片时的专用类型。

表单中数据传送的方式有如下两种。

- post：从发送表单内直接传输数据。
- get：将发送表单数据附加到 URL 的尾部。

2.3.3 使用表单文本域

表单文本域主要用于收集页面的信息，它包含获取信息需要的所有选项。例如，文本字段、口令字段、单选按钮和复选框等。网页文本域功能是通过<input>标记实现的，其具体使用的语法格式如下：

```
<label>我们的数据
<input type="类型" name="文本域" id="标识" >
</label>
```

其中，name 是文本域的名字，type 是文本域内的数据类型，id 是文本域的标识。

2.3.4 使用文本区域和按钮

文本区域常用于收集页面的多行文本信息，它也包含获取信息需要的所有选项。例如，文本字段、口令字段、单选按钮和复选框等。在文本区域内可以键入多行文本信息。

网页文本区域功能是通过<textarea>标记实现的，使用此标记的语法格式如下。

```
<label>我们的数据
<textarea name="文本域" id="值" cols="宽度" rows="行数"></textarea>
</label>
```

其中，name 是文本区域的名字，cols 是文本区域内可以显示的字符数，rows 是文本区域内可以显示字符的行数，id 是文本区域的标识。

按钮是表单交互中的重要元素之一。当用户在表单内输入数据后，可以通过单击按钮来激活处理程序，实现对数据的处理。在网页中加入按钮的方法有多种，具体格式如下所示。

```
<label>我们的数据
<input type="类型" name="名称" id="标识" value="值">
</label>
```

其中，name 是按钮的名字，type 是按钮的类型，value 是在按钮上显示的文本，id 是按钮的标识。

按钮常用的 type 类型有如下三种。

- button：按钮的通用表示方法，表示是一个按钮。
- submit：设置为提交按钮，单击后数据将被处理。
- reset：设置为重设按钮，单击后将表单数据清除。

2.3.5 使用单选按钮和复选框

单选按钮和复选框是表单交互过程中的重要元素之一。通过提供单选按钮和复选框，可以使用户对页面数据进行选择，帮助用户快速传送数据。

单选按钮是指只能选择一项相关设置，其具体使用的语法格式如下。

```
<label>我们的数据
<input type="radio" name="名字" id="标识" value="值">
</label>
```

其中，name 是按钮的名字，type="radio"标示按钮的类型是单选按钮，value 是在按钮上传送的数据值，id 是按钮的标识。

复选框是指能够同时选择多项相关设置，用户可以随意选择。使用复选框的语法格式如下。

```
<label>我们的数据
<input type="checkbox" name="名字" id="标识" value="值" >
</label>
```

其中，name 是按钮的名字，type="checkbox"标示按钮的类型是复选框，value 是在复选框上传送的数据值，id 是按钮的标识。

智慧锦囊

下拉列表或菜单是页面表单交互过程中的重要元素。下拉列表或菜单能够在页面中提供下拉样式的表单效果，并且在下拉列表中可以提供多个选项，帮助用户快速实现数据传送处理。使用下拉列表或菜单的语法格式如下。

```
<label>数据选择
<select name="11" id="11">
  <option value="值">选项 1</option>
  <option value="值">选项 2</option>
 …
</select>
</label>
```

其中，name 是下拉列表或菜单的名字，“选项”表示下拉列表或菜单中某选项的名称，value 是在下拉列表或菜单上传送的数据值，id 是下拉列表或菜单的标识。

2.4 实践案例与上机指导

通过本章的学习，读者基本可以掌握 HTML 技术的基本知识。其实有关 HTML 技术的知识还有很多，这需要读者通过课外渠道来深入学习。下面通过练习操作，以达到巩固学习、拓展提高的目的。

↑扫码看视频

2.4.1　使用表单标记

实例 2-7：表单标记的使用方法。
源文件路径：daima\2\2-7

实例文件 caidan.html 的主要代码如下。

```
<html>
......................................
<body>
<form id="form1" name="form1" method="post" action="">
  <label>夺冠
  <select name="aa" id="aa">
    <option>德国</option>
    <option>意大利</option>
    <option>西班牙</option>
  </select>
  </label>
</form>
</body>
</html>
```

在上述代码中，在 form 内插入了一个下拉列表菜单，执行效果如图 2-8 所示。

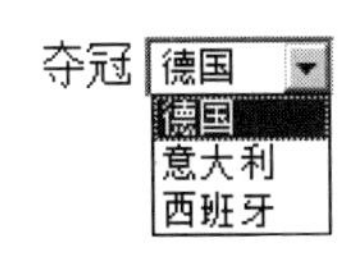

图 2-8　显示效果

2.4.2　在页面内插入 Flash

Flash 在网页中有着十分重要的作用，通过 Flash 可以制作丰富的动态显示效果。在下面的内容中，将向读者详细介绍在网页中插入 Flash 的方法。

在页面中可以通过<embed>标记插入 Flash，使用此标记的语法格式如下。

```
<object classid="clsid:D27CDB6E-AE6D-11cf-96B8-444553540000"
codebase= "http://download.macromedia.com/pub/shockwave/cabs/Flash/
swFlash.cab#version=6,0,29,0" width="700" height="500">
<param name="movie" value=http://www.88wan.com/sadfasfd/top.swf>
<param name="wmode" value="transparent">
<embed src="地址" type="application/x-shockwave-Flash">
</embed>
</object>
```

其中，<object>标记的功能是设置 Flash 的注册信息，width 设置 Flash 的宽度，height 设置 Flash 的高度，wmode 设置 Flash 背景为透明格式显示，src 指定 Flash 文件的位置路径。

实例 2-8：在页面内插入 Flash

源文件路径：daima\2\2-8

实例文件 flash.html 的主要代码如下。

```
..................................
<script type="text/javascript">
AC_FL_RunContent('codebase','http://download.macromedia.com/pub/shockwave/
cabs/flash/swflash.cab#version=9,0,28,0','width','777','height','258','s
rc','F1','quality','high','pluginspage','http://www.adobe.com/shockwave/
download/download.cgi?P1_Prod_Version=ShockwaveFlash','movie','F1'     );
//end AC code
</script><noscript>
<object classid="clsid:D27CDB6E-AE6D-11cf-96B8-444553540000" codebase=
"http://download.macromedia.com/pub/shockwave/cabs/flash/swflash.cab#
version=9,0,28,0" width="777" height="258">
  <param name="movie" value="F1.swf" />
  <param name="quality" value="high" />
  <embed src="F1.swf" quality="high" pluginspage="http://www.adobe.com/
shockwave/download/download.cgi?P1_Prod_Version=ShockwaveFlash"
type="application/x-shockwave-flash" width="777" height="258">
</embed>
</object>
</noscript>
</body>
</html>
```

上述代码执行后，将在页面中显示指定的 Flash，效果如图 2-9 所示。

图 2-9　显示效果

2.5　思考与练习

本章详细讲解了 HTML 标记语言的知识，循序渐进地讲解了创建基本静态页面、HTML 页面布局、表单处理等知识。在讲解过程中，通过具体实例介绍了使用 HTML 标记语言的方法。通过本章的学习，读者应该熟悉 HTML 标记语言，掌握其使用方法和技巧。

1. 选择题

(1) 在 HTML 中，用于加粗文字的标记是(　　)。

A. <B></B>　　B. <I></I>　　C. <U></U>

(2) 在 HTML 框架组标记中，设置横向分割的框架数目的属性是(　　)。

A. rows　　B. cols　　C. border

2. 判断对错

(1) 在 HTML 页面中，创建表格的标记是<table>，创建行的标记为<tr>，创建表项的标记为<td>。表格中的内容写在<td>和</td>之间。　(　　)

(2) 在 HTML 页面中，单选按钮是指在选择时只有一项相关设置。　(　　)

3. 上机练习

(1) 编写一个 HTML 程序，设置单元格边距(Cell padding)。

(2) 编写一个 HTML 程序，使用浏览器插件播放背景音乐。

[illegible]

C. bold

（2）[illegible]

[illegible]

3. 上机实训

（1）[illegible] HTML [illegible]

（2）[illegible] HTML [illegible]

第 3 章

CSS 样式基础知识

本章要点

- CSS 的语法结构
- CSS 选择符
- 调用 CSS 的方式
- 定位布局
- 使用 CSS 属性

本章主要内容

CSS(层叠样式表)是 Cascading Style Sheets 的缩写，是一种样式修饰技术，通常用来修饰 HTML、XML 或脚本等元素的样式。通过 CSS 不但可以控制页面中某个元素的显示样式，而且可以统一设置整个站点内某元素的样式。在 Java Web 程序中，也需要使用 CSS 来修饰程序中的元素。本章将简要介绍 CSS 技术的基本知识，并通过具体实例的实现来讲解其各知识点，为读者步入本书后面知识的学习奠定基础。

3.1 什么是 CSS 技术

CSS 的主要功能是定义网页的外观，例如字体大小、字体颜色、网页背景颜色等显示样式。CSS 可以和 JavaScript 等浏览器端脚本语言结合使用，从而实现美观大方的显示效果。

↑扫码看视频

3.1.1 CSS 技术介绍

当需要在 Java Web 网页中以指定样式显示内容时，我们可以使用 CSS 技术来实现。在网页中有如下两种使用 CSS 的方式。

- 页内直接设置 CSS：即在当前使用页面直接指定样式。
- 第三方页面设置：即在别的网页中单独设置 CSS，然后通过调用这个 CSS 文件来实现指定的显示效果。

网页设计中常用的 CSS 属性如表 3-1 所示。

表 3-1 常用 CSS 属性列表

取　值	描　述
color	设置文字或元素的颜色
background-color	设置背景颜色
background-image	设置背景图像
font-family	设置字体
font-size	设置文字的大小
list	设置列表的样式
cursor	设置鼠标的样式
border	设置边框的样式
padding	设置元素的内补白
margin	设置元素的外边距

CSS 可以用任何书写文本的工具进行开发，例如，常用的文本工具和 Dreamweaver 等。CSS 也是一种语言，这种语言要和 HTML 或者 XHTML 语言相结合后才起作用。简单来说，CSS 是用来美化网页用的，用 CSS 语言可以控制网页的外观表现。

3.1.2　CSS 的特点和意义

作为一种网页样式显示技术，CSS 主要有如下几个特点。

- CSS 语言是一种标记语言，它不需要编译，可以直接由浏览器执行。
- 在标准网页设计中，CSS 负责网页内容的表现。
- CSS 文件也可以说是一个文本文件，它包含一些 CSS 标记，CSS 文件必须使用.css 作为文件名的后缀。
- 可以通过简单地更改 CSS 文件来改变网页的整体表现形式，从而减少我们的工作量，所以学习 CSS 是每一个网页设计人员的必修课。
- CSS 是由 W3C 的 CSS 工作组产生和维护的。

CSS 技术给 Web 技术的发展带来了巨大的冲击，给 Web 的整体发展带来了革新，并且为网页设计者提供了更为强大的支持。CSS 引入网页制作领域后主要具有如下意义。

- 实现了内容与表现分离：使网页的内容与表现完全分开。
- 表现的统一：网页的表现统一，后期容易修改。
- CSS 可以支持多种设备，比如手机、PDA、打印机、电视机、游戏机等。
- 使用 CSS 可以减少网页的代码量，提高网页的浏览速度，减少硬盘的占用空间。

3.2　CSS 的语法结构

因为在现实应用中，最常用的 CSS 元素有选择符、属性和值。所以在 CSS 的应用语法中，涉及的应用格式也主要是上述 3 种元素。在本节的内容中，将详细讲解 CSS 的基本语法结构知识。

↑扫码看视频

在 Java Web 程序中，使用 CSS 的基本语法如下。

```
<style type="text/css">
<!--
.选择符{属性：值}
-->
</style>
```

其中，CSS 选择符的种类有多种，并且命名机制也不相同。

实例 3-1：说明 CSS 在网页中的使用过程。

源文件路径：daima\3\3-1

实例文件 css.html 的主要实现代码如下。

```
<html>
......................................
<style type="text/css">
<!--
p {
    font-family: "Times New Roman", Times, serif;       /*设置字体*/
    font-size: 36px;                                    /*设置字体大小*/
    font-style: italic;                                 /*设置斜体*/
    font-weight: bolder;                                /*设置字体加粗*/
    color: #666666;                                     /*设置字体颜色*/
    text-decoration: underline;                         /*设置字体下划线*/
}
-->
</style>
</head>
<body>
<p>欢迎使用 CSS</p>
<p>CSS 有很多好处</p>
</body>
</html>
```

在上述代码中，设置了页面内 p 标记元素中文本的样式。执行效果如图 3-1 所示。

欢迎使用CSS

CSS有很多好处

图 3-1　显示效果

知识精讲

在使用 CSS 时应该遵循如下 3 个原则。

(1) 当有多个属性时，属性之间必须用“;”隔开。

(2) 设置的属性必须被包含在“{}”中。

(3) 如果一个属性有多个值，必须用空格将它们隔开。

3.3　使用 CSS 选择符

在 CSS 样式表技术中，选择符表示某个页面样式的名字，它是 CSS 中的最重要元素之一。通过选择符可以灵活地对页面样式进行命名处理，并且可以更加有针对性地设置某个元素的样式。

↑扫码看视频

在 CSS 程序中，选择符可以使用如下所示的几类字符。

- 大小写的英文字母：A～Z，a～z。
- 数字：例如 0～9。
- 连字号(-)。
- 下划线(_)。
- 引号(")。
- 句号(。)。

常用的 CSS 选择符有通配选择符、类型选择符、群组选择符、包含选择符、id 选择符、class 选择符、组合选择符等。在下面的内容中，将对上述各类选择符进行详细介绍。

1. 通配选择符

通配选择符的书写格式是*，功能是设置页面内所有元素的样式。使用通配选择符的语法格式如下。

```
* {属性=属性值}
```

2. 类型选择符

类型选择符是指以网页中已有的标记作为名称的选择符。例如，将 body、div、p、span 等网页标签作为选择符名称。使用类型选择符的语法格式如下。

```
类型选择符 {属性=属性值}
```

在具体应用时，类型选择符名称前没有字符“.”，读者在书写时一定要注意，否则设置的样式将不会起作用。

3. 群组选择符

群组选择符是指对于 XHTML 中一组对象同时进行相同的样式指派。在具体使用时，要使用逗号对选择符进行分隔，来实现样式设置。这种方法的优点是对于同样的样式只需要书写一次，减少了代码量，改善了 CSS 代码结构。使用群组选择符的语法格式如下。

```
选择符 1,选择符 2,选择符 3,选择符 4
```

4. 包含选择符

包含选择符的功能是，对网页中某个对象中的子对象进行样式指定。使用包含选择符的语法格式如下。

```
选择符 1 选择符 2
```

其中，选择符 2 包含在选择符 1 中。

5. id 选择符

id 选择符是根据 DOM 文档对象模型原理所设计的选择符。在标记文件中，其中的每一个标签都可以使用 id=""的形式进行一个名称指派。在 div css 布局的网页中，可以针对不同的用途进行随意命名。使用 id 选择符的语法格式如下。

```
#选择符
```

在具体应用时，在id选择符前面必须有标记“#”。

6. class选择符

从本质上讲，上面介绍的id选择符是对XHTML标签的扩展。而class选择符的功能和id选择符类似，class是对XHTML多个标签的一种组合。class选择符可以在XHTML页面中使用class=""进行样式名称指派。与id相区别的是，class可以重复使用，页面中多个样式的相同元素可以直接定义为一个class。

使用class选择符的语法格式如下。

```
.选择符
```

使用class的好处是，众多的页面标签均可以使用一个样式来定义，而不需要为每一个标签编写一个样式代码。

7. 组合选择符

组合选择符是对前面6种选择符的组合使用，例如在下面的代码组合中使用了上述几种方法。

```
h1 .p1 {}//设置h1下的所有class为p1的标签
#content h1 {}//设置id为content的标签下的所有h1标签
```

知识精讲

在使用包含选择符时需要注意如下两点。

(1) 样式设置仅对此对象的子对象标签有效，对于其他单独存在或位于此对象以外的子对象，不应用此样式设置。

(2) 选择符1和选择符2之间必须用空格隔开。

3.4 调用CSS的方式

↑扫码看视频

在网页中需要调用CSS来实现指定页面样式的显示功能。在现实的应用中，通常使用内部调用和外部调用两种方式。本节简要介绍调用CSS的方式，为读者步入本书后面知识的学习奠定基础。

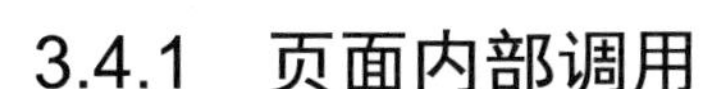

3.4.1　页面内部调用

页面内部调用是指直接在当前页面内编写 CSS 样式代码。例如在下面的代码中，就演示了在页面内部调用 CSS 的过程。

```
<style type="text/css">
<!--
.mm {
    height: 200px;
    width: 400px;
}
-->
</style>
<body>
<div class="mm"></div>
```

智慧锦囊

在使用此方法时，外部样式表不能含有任何像<HEAD>或<STYLE>这样的 HTML 的标记，并且样式表仅仅由样式规则或声明组成。

3.4.2　外部文件调用

外部文件调用是指，设计人员专门编写第三方 CSS 文件，然后在页面中通过专门方法实现对外部文件的调用。在最新推出的 Web 标准中，建议用户使用外部文件调用 CSS，目的是实现表现和内容的分离。外部文件调用 CSS 文件的语法格式如下。

```
<link href="文件名" rel="stylesheet" type="text/css" />
```

其中的“文件名”是定义的外部 CSS 文件，通常以.css 为后缀。

3.5　实现布局定位

↑扫码看视频

网页设计的第一步要实现页面内容的整体布局，只有布局后才能将内容填充到页面当中。定位在 CSS 中有着十分重要的作用，通过 CSS 定位可以实现页面元素的指定效果。

实现页面元素定位的方式有两种，分别是浮动属性定位和元素属性定位。在页面制作过程中，可以根据具体情况选择合适的方式。在元素属性定位应用中，一般可以通过排列和元素浮动来实现元素的定位。在本节的内容中，将对上述两种方式的具体实现进行简要介绍。

3.5.1 元素排列

元素的排列方式有块元素排列、内联元素排列和混合排列三种方式，下面将对这三种排列方式进行详细介绍。

1. 块元素排列

当页面中的块元素在没有使用任何布局样式时，默认的排列方式是换行排列。

2. 内联元素排列

当页面中的内联元素在没有使用任何布局样式时，默认的排列方式是顺序同行排列，直到宽度超出包含它容器本身的宽度时才自动换行。

3. 混合排列

混合排列是指在页面中既有块元素又有内联元素时的排列方式。在没有使用任何布局样式时，块元素不允许任何元素排列在它两边，所以每当遇到块元素时将自动另起一行显示。

实例 3-2：指定两个内联元素的排列样式。
源文件路径：daima\3\3-2

实例文件 3.html 的主要代码如下。

```
<html xmlns="http://www.w3.org/1999/xhtml">
......................................
<style type="text/css">
<!--
.mm {                                /* 样式 mm 定义第一个内联元素 */
    background-color: #999999;  /* 设置背景颜色 */
    color:#000000;               /* 设置字体颜色 */
}
.nn {                                /* 样式 nn 定义第二个内联元素 */
    background-color: #333333;  /* 设置背景颜色 */
    color:#000000;               /* 设置字体颜色 */
}
-->
</style>
</head>
<body>
<span class="mm">我的内容</span><!--调用样式-->
<span class="nn">我的内容我的内容我的内容我的内容</span>          <!--调用样式-->
</body>
</html>
```

上述实例代码的执行效果如图 3-2 所示。从上述代码的显示效果中可以看出，当页面内的两个元素块都没有指定任何布局属性时，后一个元素块将在第一个元素块后面排列显示。

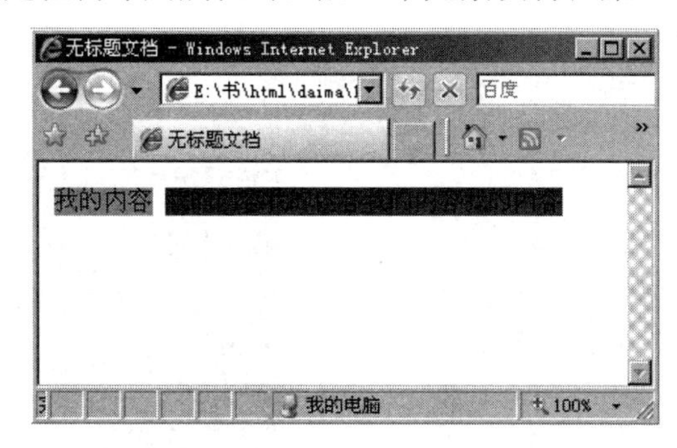

图 3-2　显示效果

3.5.2　浮动属性定位

在页面中实现元素定位最简单的方法是使用浮动属性 float。float 有 auto、left 和 right 三个取值，没有继承性属性。

实例 3-3：用 mm 和 nn 样式分别指定两个 div 元素的浮动样式。

源文件路径：daima\3\3-3

实例文件 5.html 的主要实现代码如下。

```
<html xmlns="http://www.w3.org/1999/xhtml">
............................................
<style type="text/css">
<!--
.mm {                                       /* 设置元素向左浮动 */
    background-color: #999999;
    color:#000000;
    width:200px;                            /* 设置宽度 */
    height:300px;                           /* 设置高度 */
    float:left;                             /* 设置浮动 */
}
.nn {                                       /* 设置元素向右浮动 */
    background-color: #333333;
    color:#000000;
    width:200px;                            /* 设置宽度 */
    height:300px;                           /* 设置高度 */
    float:right;                            /* 设置浮动 */
}
-->
</style>
</head>
<body>
<div class="mm">我的内容</div>             <!--调用样式-->
<div class="nn">我的内容</div>             <!--调用样式-->
</body>
</html>
```

执行后的效果如图 3-3 所示。从执行效果可以看出，div 元素默认换行显示的效果变成了并排显示。float 属性可以配合其他 CSS 属性使用，可以完全控制页面元素的显示。

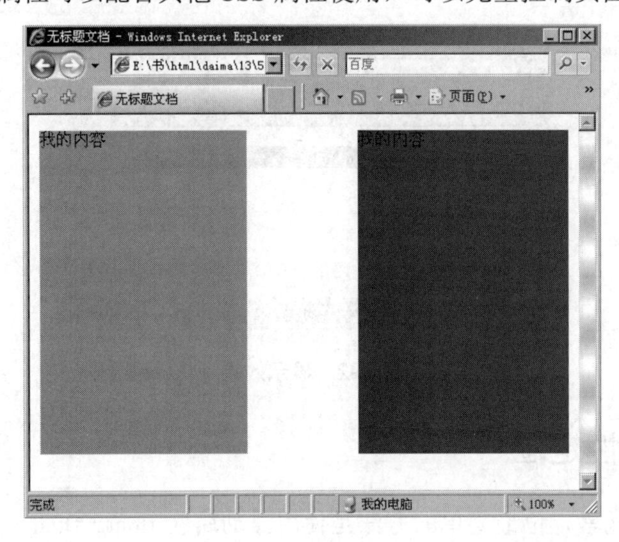

图 3-3　显示效果

在使用 CSS 时，最好将 CSS 保存为独立文件，而不是把其书写在 HTML 页面中。这样做的好处是，便于 CSS 样式的统一管理，便于代码的维护。在编码时，建议读者先书写类型选择符和重复使用的样式，然后再书写伪类代码，最后书写自定义选择符。这样做的好处是，在程序维护时方便查找样式，提高工作效率。

3.6　使用 CSS 属性

属性是 CSS 样式表中的核心内容之一，通过使用设置 CSS 属性的方法，可以对页面元素进行修饰。本节将简要介绍 CSS 属性的基本知识，为读者步入本书后面知识的学习奠定基础。

↑扫码看视频

3.6.1　属性类别

在 CSS 样式技术中，主要有 7 类常用的属性。

1．字体属性

字体属性的功能是设置页面字体的显示样式，常用的字体属性如表 3-2 所示。

表 3-2　字体属性列表

属　性	描　述
font-family	设置使用什么字体
font-style	设置字体的样式
font-variant	设置字体大小写
font-weight	设置字体的粗细
font-size	设置字体的大小

2．颜色和背景属性

颜色和背景属性的功能是设置页面元素的颜色和背景颜色，常用的颜色和背景属性如表 3-3 所示。

表 3-3　颜色和背景属性列表

属　性	描　述
color	设置元素的前景色
background-color	设置元素的背景色
background-image	设置背景图片
background-repeat	设置背景图案重复方式
background-attachment	设置一个固定的背景图片
background-position	设置背景图案的初始位置

3．文本属性

文本属性的功能是设置页面文本的显示效果，常用的文本属性如表 3-4 所示。

表 3-4　文本属性列表

属　性	描　述
text-align	设置文字的对齐方式
text-indent	设置文本的首行缩进
line-height	设置文本的行高
a:link	设置链接未访问过的状态
a:visited	设置链接访问过的状态
a:hover	设置链接的鼠标激活的状态

4．块属性

块属性的功能是设置页面内块元素的显示效果，常用的块属性如表 3-5 所示。

表 3-5　块属性列表

属　性	描　述
margin-top	设置顶边距
margin-right	设置右边距
padding-top	设置顶端填充距
padding-right	设置右侧填充距

5. 边框属性

边框属性的功能是设置页面内边框元素的显示效果，常用的边框属性如表 3-6 所示。

表 3-6　边框属性列表

属　性	描　述
border-top-width	设置顶端边框宽度
border-right-width	设置右端边框宽度
width	设置图文混排的宽度属性
height	设置图文混排的高度属性

6. 项目符号和编号属性

项目符号和编号属性的功能是，设置页面内项目符号和编号元素的显示效果。常用的项目符号和编号属性如表 3-7 所示。

表 3-7　项目符号和编号属性列表

属　性	描　述
display	设置是否显示符号。
white-space	设置空白部分的处理方式

7. 层属性

层属性的功能是设置页面内层元素的定位方式，常用的层属性如表 3-8 所示。

表 3-8　层属性列表

属　性	描　述
Absolute	设置绝对定位
Relative	设置相对定位
Static	设置无特殊定位

3.6.2　定位属性

在 Java Web 程序中，CSS 定位属性包括定位模式、边偏移和层叠定位属性三种，下面主要讲解前两种。

1. 定位模式

定位模式即 position 属性，是一个不可继承的属性。使用属性 position 的语法格式如下。

```
position:取值
```

属性 position 取值的具体说明如下。

- static：设置元素按照普通方式生成，按照 HTML 规定的规则进行定位。
- relative：设置元素将保持原来的大小偏移一定的距离。
- absolute：设置元素将从页面元素中独立出来，使用边偏移来定位。
- fixed：设置元素将从页面元素中独立出来。但其位置不是相对于文档本身，而是相对于屏幕本身。

2. 边偏移

CSS 边偏移主要包括 top、right、bottom 和 left 四个属性，使用这些属性的语法格式如下。

```
top/right/bottom/left: auto/长度值/百分比值
```

- top：定义元素相对于其父元素上边线的距离。
- right：定义元素相对于其父元素右边线的距离。
- bottom：定义元素相对于其父元素下边线的距离。
- left：定义元素相对于其父元素左边线的距离。

实例 3-4：设置页面元素定位模式。
源文件路径：daima\3\3-4

实例文件 6.html 的主要代码如下。

```
<html xmlns="http://www.w3.org/1999/xhtml">
.....................................
<style type="text/css">
<!--
.mm {        /* 依次设置元素的背景颜色、定位方式、宽度和高度 */
    background-color: #666666;
    position: absolute;
    height: 300px;
    width: 400px;
}
-->
</style>
</head>
<body>
<div class="mm">我 的内容</div>       <!--调用样式-->
</body>
</html>
```

上述实例代码的执行效果如图 3-4 所示。

图 3-4　显示效果

知识精讲

list-style-type 属性的功能是，定义 LI 列表的项目符号样式，对其进行修饰。list-style-type 是一个不可继承的属性，使用此属性的语法格式如下。

```
list-style-type: 属性值
```

3.6.3　内容控制属性

经过前面内容的学习，了解了基本的 CSS 元素和定位属性。接下来将进一步讲解内容控制属性的基本知识。

1. 控制页面内容属性 display

属性 display 的功能是控制页面内容的显示方式，并确定某页面元素是否显示。display 属性是一个不可继承的属性，使用属性 display 的语法格式如下。

```
display:属性值
```

常用的 display 属性值如表 3-9 所示。

表 3-9　display 属性值列表

属 性 值	描　述
block	定义元素为块对象
inline	定义元素为内联对象
list-item	定义元素为列表项目

2．控制显示属性 visibility

属性 visibility 的功能是决定页面的某元素是否显示。visibility 属性也是一个不可继承的属性，使用此属性的语法格式如下。

```
visibility:属性值
```

visibility 有多个属性值，其中常用的属性值如表 3-10 所示。

表 3-10 visibility 属性值列表

属 性 值	描 述
visible	定义元素可见
hidden	定义元素不可见
collapse	隐藏表格中的行和列

当属性 visibility 取值为 hidden 时，仅仅是隐藏元素的可见性，而此元素所占用的空间依旧存在。

3．控制居中显示属性 text-align

在使用传统的 table 进行布局时，可以使用其 center 值实现元素的居中显示效果。而在 XHTML 中，并不使用 center 实现页面居中，而是通过使用对应属性的定义来实现。实现页面居中最简单的方法是，在页面主体中设置对齐属性 text-align=center。

4．控制边界属性 margin

在 CSS 页面布局应用中，属性 margin 的功能是设置页面元素之间的距离，通过 margin 也可以实现页面元素的居中显示。使用属性 margin 的语法格式如下。

```
属性：属性值
```

CSS 有如下 5 个常用的 margin 属性值。

- margin：设置元素的四边边界。
- margin-top：设置上边界。
- margin-left：设置左边界。
- margin-right：设置右边界。
- margin-bottom：设置底部边界。

3.6.4 浮动属性

浮动属性是网页布局中的常用属性之一，通过浮动属性不但可以很好地实现页面布局，而且可以制作导航条等页面元素。浮动属性 float 是一个不可继承的属性，使用此属性的语法格式如下。

```
float:none/left/right
```

float 取值的具体说明如下。

- none：设置元素不浮动。
- left：设置元素在左侧浮动。
- right：设置元素在右侧浮动。

因为在不同的浏览器中，浮动属性的显示效果也不同，所以为满足特殊需求，有时需要清除这些浮动属性。清除浮动属性 clear 的功能是清除页面元素的浮动。clear 属性是一个不可继承的属性，使用此属性的语法格式如下。

```
clear：属性值
```

属性 clear 的常用属性值如表 3-11 所示。

表 3-11 clear 属性值列表

属 性 值	描 述
none	设置两边都有浮动属性
left	设置左边有浮动属性
right	设置右边有浮动属性
both	设置两边都没有浮动属性

3.7 CSS 修饰

CSS 除了能够对页面进行常规样式指定外，还能够进行扩展领域的操作。例如，实现文本修饰处理和链接处理。在本节的内容中，将详细讲解 CSS 修饰页面元素的基本知识。

↑扫码看视频

3.7.1 文本修饰

文本修饰属性即 text-decoration 属性，其功能是对页面文本进行修饰处理。text-decoration 属性是一个不可继承的属性，使用此属性的语法格式如下。

```
text-decoration:属性值
```

text-decoration 的各个属性值的具体说明如下。

- none：默认值，设置不使用任何修饰。
- underline：设置文本下划线。
- overline：设置文本上划线。

- line-through：设置文本删除线。
- blink：设置文本闪烁效果。

知识精讲

在网页制作中，经常需要对段首文本进行缩进。在 CSS 布局中，通常使用 text-indent 属性来实现文本缩进。text-indent 属性的功能是，指定页面首行按照指定长度样式进行缩进。text-indent 属性是一个可以继承的属性，其具体使用的语法格式如下。

```
text-indent:长度值/百分比值
```

3.7.2　图片修饰

在网页制作中的图片处理分为如下两种情况：图片作为背景内容和图片作为页面内容。在下面的内容中，将对各种不同情况下的图片修饰方法进行简要介绍。

1．背景图片修饰

在 CSS 处理中，对背景图片的修饰属性很少。只能通过 background-position 属性控制背景图片的位置，用 background-repeat 属性控制背景图片的重复。但是无法控制背景图片的大小，也不能在其上添加链接。

2．内容图片修饰

在网页设计领域，浏览器为了区分页面中含有的超链接内容，会给链接内容定义不同的显示样式。对于文本中的内容，通过改变颜色和添加下划线的方法来区分。而对于图片元素，会增加一个有颜色的边框来区分。如果想取消边框颜色的显示，可以通过 border 属性值来处理。

另外，改变行内图片的垂直位置可以通过修改 padding 属性值来实现，也可以通过 margin 属性值来实现。

知识精讲

在网页设计过程中，经常需要将图片作为背景，并且使图片水平垂直居中显示。单纯将背景图片实现水平垂直居中的方法比较简单，只需指定其背景位置为居中即可。

3.7.3　修饰表单

在制作网页的过程中，经常会使用表单实现页面数据的动态交互。例如，会员注册、登录表单等。在下面的内容中，将详细介绍使用 CSS 修饰表单的知识。

1. 修饰表单文本域

使用 CSS 修饰表单文本域，最简单的方法是使用类选择符来实现，另外，也可以单独定义样式进行修饰。

实例 3-5：使用 CSS 修饰表单文本域。
源文件路径：daima\3\3-5

实例文件 biaodan.html 的主要代码如下。

```
<style type="text/css">
<!--
 .text{
    width:160px;
    height:20px;
    border:1px solid #333333;
    background:#eeeeee;
    font-size:12px;
    font-weight:bold;
    line-height:20px;
    padding-left:10px; }
-->
</style>
</head>
<body bgcolor="#CCCCCC">
<form  name="form1" method="post" action="">
<input type="text" name="textfield" class="text" />
</form>
</body>
```

在上述代码中设置了表单内文本的显示样式，执行效果如图 3-5 所示。

图 3-5　显示效果

2. 修饰表单按钮

在现实应用中，用 CSS 修饰表单按钮最简单的方法是使用类选择符来实现，另外，也可以单独定义样式进行修饰。看下面一段代码：

```
<style type="text/css">
<!--
 .text{
    width:45px;
    height:24px;
    border:2px solid #666666;
    background:#FFFFFF;
    font-size:12px;
    font-weight:bold;
    line-height:20px;
    padding:3px;
    text-algin:center;
    margin:0;
```

```
    color:#000000; }
-->
</style>
</head>
<body bgcolor="#CCCCCC">
<form id="form1" name="form1" method="post" action="">
  <input type="submit" name="button" class="text" value="浏览" />
</form>
```

在上述代码中设置了表单按钮的显示样式，执行效果如图 3-6 所示。

图 3-6　显示效果

智慧锦囊

和表单的其他元素修饰一样，使用类选择符可以实现对复选框的修饰，另外，也可以单独定义样式进行修饰。因为表单列表分为 select 和 option 两部分，所以需要定义两个样式分别对其进行修饰。

3.8　实践案例与上机指导

通过本章的学习，读者基本可以掌握 CSS 样式技术的基本知识。在本节的内容中，将通过具体实例的演练过程，讲解在网页项目中使用 CSS 技术的方法，为读者步入本书后面知识的学习打下基础。

↑扫码看视频

3.8.1　在文档中植入 CSS

文档中植入法是指，通过<style>标记元素将设置的样式信息作为文档的一部分用于页面中。所有样式表都应列于文档的头部，即包含在<HEAD> 和</HEAD>之间。在<HEAD>中，可以包含一个或多个<style>标记元素，但须注意<style>和</style>成对使用，并注意将 CSS 代码置于“<!--”和“-->”之间。

实例 3-6：直接在文档中植入 CSS 代码。

源文件路径：daima\3\3-6

实例文件 zhiru.html 的具体实现代码如下。

```
<head>
<meta http-equiv="Content-Type" content="text/html; charset=utf-8" />
<title>这里是我的标题</title>
<style type="text/css">
<!--
.STYLE1 {/*页面内定义样式*/
    color: #990000;
    font-size: 24px;
}
-->
</style>
<body>
<span class="STYLE1">我的 CSS 样式</span><!--调用样式显示-->
</body>
```

上述代码执行后的效果如图 3-7 所示。

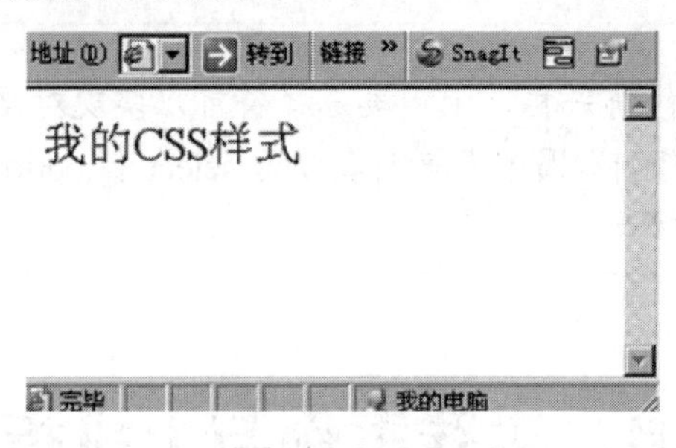

图 3-7　执行效果

3.8.2　调用优先级

在前面介绍的常用的页面调用方法中，在具体使用时的作用顺序是不同的。一般来说，在页面元素中使用的 CSS 样式是优先级最高的，其次是在页面头部定义的 CSS 样式，最后是使用链接形式调用的样式。

实例 3-7：使用样式优先级。

源文件路径：daima\3\3-7

本实例包含两个文件，分别是 waibu.html 和 style.css。其中，实例文件 style.css 的代码如下。

```
/*设置 P 元素的外部样式 P */
p {
   font:Arial, Helvetica, sans-serif;
   font-size:14px;
   color:#0000CC;
   background-color:#FFCC33;
}
```

实例文件 waibu.html 的主要代码如下。

```
<title>无标题文档</title>
<link href="style.css" type="text/css" rel="stylesheet"/>
<style type="text/css">
```

```
<!--
.STYLE1 {/*设置内部样式的文字大小和字体颜色*/
    font-size: 18px;
    color: #FF0000;
}
-->
</style>
</head>
<body>
<p class="STYLE1">花褪残红青杏小。燕子飞时，绿水人家绕。</p>
<!--调用上面设置的内部样式--STYLE1>
<p>枝上柳绵吹又少，天涯何处无芳草！</p>
<p>墙里秋千墙外道。墙外行人，墙里佳人笑。</p>
<p>笑渐不闻声渐悄，多情却被无情恼。</p>
</body>
```

执行上述代码后，首行字符按照 P 样式显示，其余行按照外部样式 STYLE 显示。执行效果如图 3-8 所示。

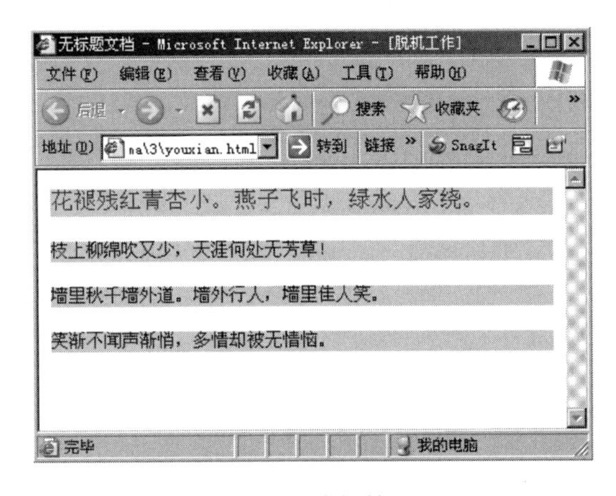

图 3-8　执行效果

智慧锦囊

如果某个页面元素同时被设置了多个样式，并且样式内元素重复(例如上例中的两个样式都设置了字体颜色和字体大小)，则应该首先遵循页面元素中直接调用的样式，然后再遵循其他样式。

思考与练习

本章首先介绍了 CSS 的主要概念和特点，然后详细阐述了如何调用 CSS 方式和实现 CSS 定位方式，并且通过具体实例介绍了使用 CSS 的过程。通过本章的学习，读者应该熟悉使用 CSS 修饰页面元素的方法，并且能够举一反三。

1. 选择题

(1) (   )是修饰页面元素样式的。

A. HTML B. XML C. CSS D. JavaScript

(2) 字体大小功能是由属性(   )实现的。

A. font-size B. font- family C. font- color D. font-weight

2. 判断对错

(1) 在实现加粗效果应用中，应用最为广泛的不是使用数字值加粗，而是使用 bold 等非数字值加粗。 (   )

(2) 字体样式属性即 font-style 属性，其功能是指定页面字体的显示样式。 (   )

3. 上机练习

(1) 使用 CSS 增加或减少单词间距(字间隔)。

(2) 使用 CSS 修饰页面链接的显示样式。

新起点
电脑教程

第 4 章

JavaScript 脚本语言

本章要点

- JavaScript 简介
- 数据类型
- 表达式和运算符
- JavaScript 循环语句
- JavaScript 函数

本章主要内容

JavaScript 是一种脚本技术，网页通过脚本程序可以实现数据的传输和动态交互。本章将简要介绍 JavaScript 技术的基本知识，包括基本语法和常用特效技术，并通过演示实例来介绍各个知识点的使用方法，为读者步入本书后面知识的学习奠定基础。

4.1 JavaScript 简介

JavaScript 是一种基于对象(Object)和事件驱动(Event Driven)并具有安全性能的脚本语言。其目的是与 HTML 超文本标记语言、Java 脚本语言(Java 小程序)相互结合，实现 Web 页面中链接多个对象，并与 Web 客户交互的效果，从而实现客户端应用程序的开发。

↑扫码看视频

4.1.1 运行环境

运行 JavaScript 所需的最低软件环境如下。

- Windows 95/98 或 Windows NT。
- Netscape Navigator x.0 或 Internet Explorer x.0。
- 用于编辑 HTML 文档的字符编辑器(WS、WPS、Notepad、WordPad 等)或 HTML 文档编辑器。

运行 JavaScript 所需的最低硬件环境如下。

- 基本内存 32MB。
- CRT 至少需要 256 种颜色，分辨率在 640 像素×480 像素以上。

4.1.2 JavaScript 的格式

使用 JavaScript 的语法格式如下。

```
<Script Language ="JavaScript">
JavaScript 脚本代码 1
JavaScript 脚本代码 2
......
</Script>
```

4.1.3 一个典型的 JavaScript 文件

下面通过一个具体实例来认识 JavaScript 文件的基本结构。

实例 4-1：演示 JavaScript 在页面中的作用。
源文件路径：daima\4\4-1

实例文件 1.html 的具体实现代码如下。

```
<html>
<head>
```

```
<Script Language ="JavaScript">
// JavaScript 开始
alert("这是第一个 JavaScript 例子!");                //提示语句
alert("欢迎你进入 JavaScript 世界!");                //提示语句
alert("今后我们将共同学习 JavaScript 知识! ");         //提示语句
</Script>
</Head>
</Html>
```

在上述实例代码中，<Script Language="JavaScript"></Script>之间的部分是 JavaScript 脚本语句。执行后的效果如图 4-1 所示。

图 4-1　执行效果

知识精讲

上述实例文件是 HTML 文档，为标准的 HTML 格式。而在现实应用中，JavaScript 脚本程序将被专门编写并保存为.js 格式文件。当 Web 页面需要这些脚本程序时，只需通过<script src="文件名"></script>调用即可。

4.2　数据类型

JavaScript 脚本语言同其他语言一样，有其自身的基本数据类型、表达式和算术运算符以及程序的基本框架结构。JavaScript 通过数据类型来处理数字和文字，通过变量提供存放信息的地方，通过表达式完成较复杂的信息处理。本节将简要介绍 JavaScript 数据类型的基本知识，为读者步入本书后面知识的学习奠定基础。

↑扫码看视频

4.2.1 数据类型概述

在 JavaScript 中有如下 4 种基本数据类型。

- 数值类型：包括常用的整数和实数。
- 字符串类型：用双引号或单引号括起来的字符或数值。
- 布尔型：使用 True 或 False 表示的值。
- 空值。

在 JavaScript 的基本类型中的数据可以是常量，也可以是变量。由于 JavaScript 采用弱类型的形式，因而一个数据的变量或常量不必首先作声明，而是在使用或赋值时确定其数据类型，当然也可以先声明数据的类型。

4.2.2 JavaScript 常量

常量是一种固定不变的数据类型，程序中的常量一旦定义数值，则一直保持固定的数值直至程序模块结束。JavaScript 中主要包括如下类型的常量。

1. 整型常量

JavaScript 的整型常量通常又称为字面常量，它是不能改变的数据。其整型常量可以使用十六进制、八进制和十进制数值来表示。

2. 实型常量

实型常量由整数部分和小数部分共同表示，如 12.32 和 193.98 等。也可以使用科学或标准方法表示，如 5E7 和 4e5 等。

3. 布尔常量

布尔常量只有 True 或 False 两种状态，其主要功能是用来说明或代表一种对象的状态或标志，以说明操作流程。

智慧锦囊

JavaScript 中的布尔常量与 C++中的不同。C++可以用 1 或 0 表示其状态，而 JavaScript 只能用 True 或 False 来表示其状态。

4. 字符型常量

字符型常量即使用单引号(')或双引号(")括起来的一个或几个字符。例如，"This is a book of JavaScript"、"3245"和"ewrt234234"等。

5. 空值

JavaScript 中只有一个空值 null，表示什么也没有。如果试图引用没有定义的变量，则将返回一个 null 值。

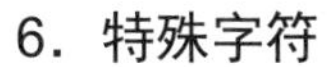

6. 特殊字符

同 C 语言一样，JavaScript 中同样有以反斜杠符号(/)开头的不可显示的特殊字符。通常称为控制字符，可以作为脚本代码的注释。

4.2.3 JavaScript 变量

变量是一种可以变化的数据类型，变量一经定义可以根据程序的需要而代表不同的数值。变量的主要功能是存取数据和提供存放信息的容器。在使用变量时必须明确变量的命名、类型、声明和其作用域。在下面的内容中，将对这些知识进行简要介绍。

1. 变量的命名

JavaScript 中的变量命名与其他编程语言相比，主要应遵循如下两点。

- 必须是一个有效的变量，即变量以字母开头，后面可以出现数字如 test1、text2 等。除下划线(_)作为连字符外，变量名称不能有空格、+、−、,等其他符号。
- 不能使用 JavaScript 中的关键字作为变量。

在 JavaScript 中定义了 40 多个关键字，这些关键字不能作为变量的名称，而只能在 JavaScript 的内部使用。例如，var、int、double、true 不能作为变量的名称。同时在对变量命名时，最好把变量的意义与其代表的意思对应起来，以免出现错误。

2. 变量的类型

JavaScript 中的变量声明通常使用命令 var，使用此命令的语法格式如下。

```
var 变量名="变量值";
```

在上述格式中定义了一个变量名，并同时赋予了变量的值。

在 JavaScript 中，变量可以不作声明，在使用时再根据数据的类型来确定变量的类型。例如下面的一段代码。

```
x=100
y="125"
xy= True
cost=19.5
```

其中，x 为整数，y 为字符串，xy 为布尔型，cost 为实型。

3. 变量的声明和作用域

JavaScript 的变量可以在使用前先作声明并赋值。JavaScript 是采用动态编译的，而动态编译的缺点是不易发现代码中的错误，特别是在变量命名方面。而对变量进行声明后，可以及时发现代码中的错误。

在 JavaScript 中有全局变量和局部变量。全局变量定义在所有函数体之外，其作用范围是整个函数；而局部变量定义在函数体之内，只对该函数是可见的，而对其他函数则是不可见的。

4.3 表达式和运算符

在 JavaScript 应用程序中，通常使用表达式和运算符来实现对数据的处理。本节将简要介绍 JavaScript 表达式和运算符的基本知识，并通过具体实例来实现。

↑扫码看视频

4.3.1 JavaScript 表达式

定义完变量后，就可以对其进行赋值、改变和计算等一系列处理，而这些过程通常由表达式来完成。由上述描述可以看出，JavaScript 表达式是变量、常量、布尔和运算符的集合。所以，表达式可以分为算术表述式、字符串表达式、赋值表达式以及布尔表达式等。

4.3.2 JavaScript 运算符

运算符是能够完成某种操作的一系列符号。在 JavaScript 中常用的运算符有如下几种：算术运算符、比较运算符和布尔逻辑运算符。

JavaScript 中的运算符使用方式有双目运算符和单目运算符两种。其中，双目运算符具体使用的语法格式如下。

```
操作数 1 运算符 操作数 2
```

由上述格式可以看出，双目运算符由两个操作数和一个运算符组成。例如，50+40 和 "This"+"that"等。而单目运算符只需一个操作数，并且其运算符可在前或在后。

1. 算术运算符

JavaScript 中的算术运算符有单目运算符和双目运算符两种。JavaScript 中常用的双目运算符如表 4-1 所示。

表 4-1 常用的双目运算符列表

元 素	描 述	元 素	描 述
+	表示加	-	表示减
*	表示乘	/	表示除
|	表示按位或	&	表示按位与
<<	表示左移	>>	表示右移
>>>	表示零填充	%	表示取模

JavaScript 中常用的单目运算符如表 4-2 所示。

表 4-2　常用的单目运算符列表

元　素	描　述	元　素	描　述
–	表示取反	~	表示取补
++	表示递加 1	--	表示递减 1

2．比较运算符

JavaScript 中比较运算符的基本操作过程是，首先对它的操作对象进行比较，然后返回一个 true 或 false 值来表示比较结果。

JavaScript 中常用的比较运算符如表 4-3 所示。

表 4-3　常用的比较运算符列表

元　素	描　述	元　素	描　述
<	表示小于	>	表示大于
<=	表示小于等于	>=	表示大于等于
=	表示等于	!=	表示不等于

3．布尔逻辑运算符

JavaScript 中常用的布尔逻辑运算符如表 4-4 所示。

表 4-4　常用的布尔逻辑运算符列表

<table>
<tr><th>元　素</th><th>描　述</th><th>元　素</th><th>描　述</th></tr>
<tr><td>!</td><td>表示取反</td><td>&=</td><td>表示取与之后赋值</td></tr>
<tr><td>&</td><td>表示逻辑与</td><td>|=</td><td>表示取或之后赋值</td></tr>
<tr><td>|</td><td>表示逻辑或</td><td>^=</td><td>表示取异或之后赋值</td></tr>
<tr><td>^</td><td>表示逻辑异或</td><td>? :</td><td>表示三目操作符</td></tr>
<tr><td>||</td><td>表示或</td><td>==</td><td>表示等于</td></tr>
<tr><td>|=</td><td>表示不等于</td><td></td><td></td></tr>
</table>

使用三目操作符的语法格式如下。

```
操作数？结果 1：结果 2
```

如果操作数的结果为真，则表述式的结果为“结果 1”，否则为“结果 2”。

实例 4-2：用 JavaScript 在页面中实现跑马灯效果。
源文件路径：daima\4\4-2

文件 2.html 是一个测试页面，功能是调用文件 2.js 中定义的特殊效果，其主要代码如下。

```
<html xmlns="http://www.w3.org/1999/xhtml">
……………………………………
<style type="text/css">
<!--
body {
    background-color: #666666;                       /* 设置页面背景颜色 */
}
-->
</style>
<Script src ="2.js"></Script>                        <!--调用脚本程序-->
</head>
<body>
</body>
</html>
```

文件 2.js 的功能是定义页面的特效样式，实现页面跑马灯显示的效果。其主要实现代码如下。

```
var msg="这是一个跑马灯效果的 JavaScript 文档";
var interval = 100;                                  //开始定义变量
var spacelen = 120;
var space10=" ";
var seq=0;
function Scroll() {                                  //定义一个滚动函数
len = msg.length;                                    //提示语句长度
window.status = msg.substring(0, seq+1);             //窗体状态
seq++;
if ( seq >= len ) {
seq = spacelen;
window.setTimeout("Scroll2();", interval );          //根据长度设置时间
}
else
window.setTimeout("Scroll();", interval );           //根据长度设置时间
}
function Scroll2() {
var out="";
for (i=1; i<=spacelen/space10.length; i++) out +=
space10;
out = out + msg;                                     //输出设置
len=out.length;                                      //获取长度
window.status=out.substring(seq, len);
seq++;
if ( seq >= len ) { seq = 0; };
window.setTimeout("Scroll2();", interval );          //设置时间
}
Scroll();
```

上述代码通过设置变量和函数，并结合窗体和载入提示语句的长度实现了跑马灯效果。执行效果如图 4-2 所示。

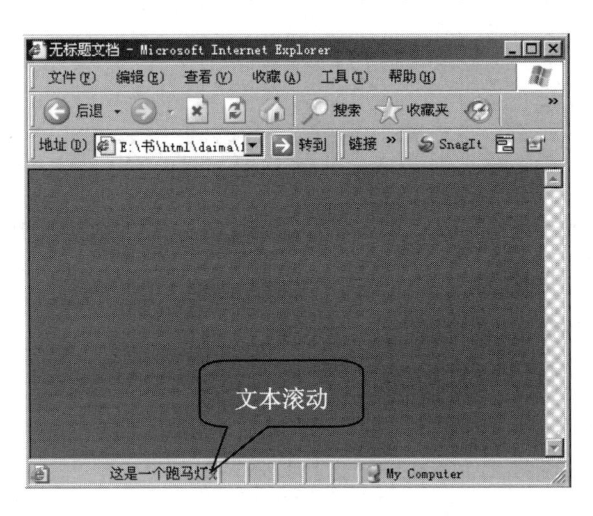

图 4-2　执行效果

4.4　JavaScript 循环语句

JavaScript 程序是由若干语句组成的，循环语句是编写程序的指令。JavaScript 提供了完整的基本编程语句，本节将简要介绍常用的 JavaScript 循环语句知识，为读者步入本书后面知识的学习奠定基础。

↑扫码看视频

4.4.1　if 条件语句

if 条件语句的功能是，根据系统用户的输入值作出不同的反应提示。例如，可以编写一段特定程序实现对不同输入文本的反应。使用 if 条件语句的语法格式如下。

```
if(表述式)
语句段 1;
...
else
语句段 2;
...
```

if...else 语句是 JavaScript 中最基本的控制语句，通过它可以改变语句的执行顺序。在其表达式中必须使用关系语句来实现判断，并且是作为一个布尔值来估算的。若 if 后的语句有多行，则必须使用花括号将其括起来。

另外，通过 if 条件语句可以实现条件的嵌套处理。使用嵌套 if 语句的语法格式如下。

```
if(布尔值)语句1;
else(布尔值)语句2;
else if(布尔值)语句3;
…
else 语句4;
```

在上述格式中，每一级的布尔表达式都会被计算。若为真，则执行其相应的语句；若为假，则执行 else 后的语句。

实例 4-3：根据用户输入的字符显示提示。

源文件路径：daima\4\4-3

实例文件 3.html 的主要代码如下。

```
<html xmlns="http://www.w3.org/1999/xhtml">
……………………………………………
<style type="text/css">
<!--
body {
    background-color: #666666;
}
-->
</style>
<Script Language ="JavaScript">
var monkey_love = prompt("你喜欢吗？","敲入是或否。");      //判断语句
if (monkey_love == "是") then                               //如果值为是
{
alert("谢谢！很高兴您能来这儿！请往下读吧！");               //根据长度设置时间
}
</Script>
</head>
<body>
</body>
</html>
```

执行上述实例代码后，首先显示一个提问语句，当输入字符“是”并单击“确定”按钮后将显示 alert 中的提示。执行效果如图 4-3 所示。

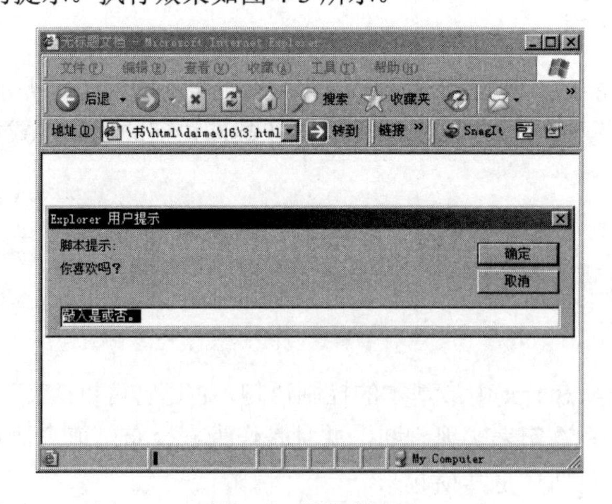

图 4-3　执行效果

4.4.2　for 循环语句

for 循环语句的功能是实现条件循环，当条件成立时执行特定语句集，否则将跳出循环。使用 for 循环语句的语法格式如下。

```
for(初始化;条件;增量)
语句集;
```

其中，“条件”是用于判别循环停止时的条件。若条件满足，则执行循环体，否则将跳出。“增量”用来定义循环控制变量在每次循环时按什么方式变化。三个主要语句之间，必须使用分号分隔。

实例 4-4：根据定义变量的长度在页面中显示指定数量的文本。

源文件路径：daima\4\4-4

实例文件 5.html 的主要代码如下。

```
<script language="JavaScript">
var a_line="";                                    //初始变量为空
var width="100";                                  //定义变量大小
for (loop=0; loop < width; loop++)
{
 a_line = a_line + "看我的数量";                    //变量变化
}
</script>
</head>
<body>
<body>
<script language="JavaScript">
document.write (a_line);                          //输出变量
</script>
```

在上述代码中，首先定义变量 a_line 的初始值为空值，变量 width 的值为 100；然后使用 for 循环语句设置 loop=0 并持续加 1 直到 loop<width；最后在 a_line 上加 width 次文本“看我的数量”，并在页面上输出 width 个文本“看我的数量”。执行效果如图 4-4 所示。

图 4-4　执行效果

4.4.3 while 循环语句

while 循环语句与 for 循环语句一样，当条件为真时则重复循环，否则将退出循环。使用 while 循环语句的语法格式如下。

```
while(条件)
语句集;
```

实例 4-5：根据用户输入的数值在页面中显示指定数量的文本。

源文件路径：daima\4\4-5

实例文件 6.html 的主要代码如下。

```
<script language="JavaScript">
var width = prompt("想显示几个 x 呀?","5");          //提示对话框
var a_line="";                                        //变量赋值
var loop=0;
while (loop < width)
{
 a_line = a_line + "看我的数量";                      //变量处理
 loop=loop+1;
}
</script>
</head>
<body>
<script language="JavaScript">
document.write (a_line);                              //变量显示
</script>
```

在上述代码中，首先定义了变量 a_line 的初始值为空值，变量 loop 值为空；然后，使用 while 循环语句设置当 loop 小于所请求的 width 时，在 a_line 上加入一次文本“看我的数量”，并在循环值上加 1；最后，在页面上输出请求个数的文本“看我的数量”。执行效果分别如图 4-5 和图 4-6 所示。

图 4-5　输入显示文本个数为 49

图 4-6　输出 49 个“看我的数量”文本

4.4.4　do…while 循环语句

在 JavaScript 中，do…while 的中文解释是“执行……当……继续执行”。在“执行(do)”后面跟随命令语句，在“当(while)”后面跟随一组判断表达式。如果判断表达式的结果为真，则执行后面的程序代码。

使用 do…while 循环语句的语法格式如下。

```
do {
<程序语句区>
}
while(<逻辑判断表达式>)
```

4.4.5　break 控制语句

break 控制语句的功能是终止循环结构的执行，通常将 break 放在循环语句的后面。使用 break 语句的语法格式如下。

```
循环语句
break
```

例如下面的一段代码。

```
<script>
a=new array(5,4,3,2,1);                      //数组初始值
sum=0                                        //变量初始值
for(i=0,i<a.length;++i)                      //小于数组长度则变量递增
{
if (i==3 ) break;                            //变量为 3 则停止
sum+=a[i]
}
</script>
```

在上述代码中，for 语句在 i 等于 0、1、2、3 时执行。当 i 等于 3 时，if 条件为真，执行 break 语句，使 for 语句立刻终止，停止执行后面的循环代码。

4.4.6　switch 循环语句

switch 的中文解释是“切换”，其功能是根据不同的变量值来执行对应的程序代码。如果判断表达式的结果为真，则执行后面程序代码。使用 switch 语句的语法格式如下。

```
switch(<变量>){
case<特定数值 1>:程序语句区;
break;
case<特定数值 2>:程序语句区;
break;
…
case<特定数值 n>:程序语句区;
break;
default          :程序语句区;
}
```

其中，default 语句是可以省略的。省略后，当所有的 case 都不符合条件时，便退出 switch 语句。

4.5 JavaScript 函数

函数为程序设计人员提供了一个功能强大的处理功能。通常在进行一个复杂的程序设计时，总是根据所要完成的功能，将程序划分为一些相对独立的部分，每部分编写一个函数。从而，使各部分充分独立，任务单一，程序清晰，易懂、易读、易维护。

↑扫码看视频

4.5.1 JavaScript 函数的构成

JavaScript 函数由如下 5 部分构成。

- 关键字：function。
- 函数或变量。
- 函数的参数：用小括号“( )”括起来，如果有多个，则用逗号“,”分开。
- 函数的内容：通常由一些表达式构成，外面用大括号“ { } ”括起来。
- 关键字：return。

其中，参数和 return 不是构成函数的必要条件。

实例 4-6：通过函数在页面上输出指定的文本。
源文件路径：daima\4\4-6

实例文件 9.html 的具体实现代码如下。

```
<html>
..........................................
<style type="text/css">
<!--
body {
    background-color: #9966CC;
}
-->
</style>
</head>
<body>
<Script>
function showname(name)  {
  return "我叫"+name;
 }
document.write(showname("aaa"));
</Script>
</body>
</html>
```

在上述代码中定义了一个名为 showname 的函数，name 是函数的参数变量，然后通过 document 在页面上显示输出结果。执行效果如图 4-7 所示。

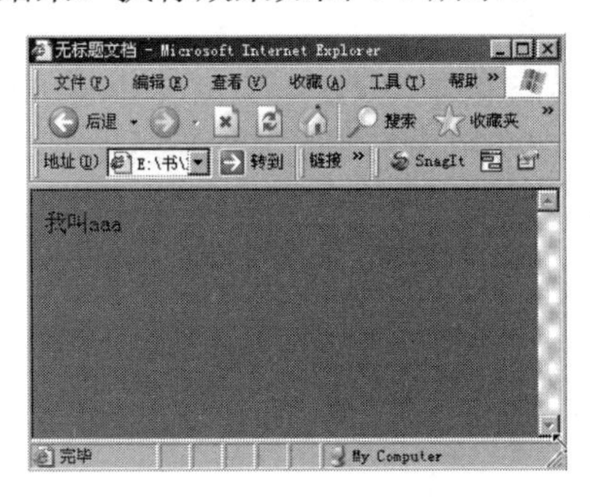

图 4-7　执行效果

4.5.2　JavaScript 常用函数

在 JavaScript 中有如下几类常用的函数。

- 编码函数：编码函数即函数 escape()，功能是将字符串中的非文字和数字字符转换成 ASCII 值。
- 译码函数：译码函数即函数 unescape()，和编码函数完全相反，功能是将 ASCII 字符转换成一般数字。
- 求值函数：求值函数 eval()有两个功能，一是进行字符串的运算处理，二是用来指出操作对象。
- 数值判断函数：数值判断函数 isNan()的功能是判断自变量参数是不是数值。
- 转整数函数：转整数函数 parseInt()的功能是将不同进制的数值转换成以十进制表示的整数值。使用 parseInt()具体的语法格式如下。

```
parseInt(字符串[,底数])
```

  通过上述格式可以将其他进制数值转换成为十进制数值。如果在执行过程中遇到非法字符，则立即停止执行，并返回已执行处理后的值。
- 转浮点函数：转浮点函数即函数 parseFloat()，功能是将指定字符串转换成浮点数值。如果在执行过程中遇到非法字符，则立即停止执行，并返回已执行处理后的值。

4.6　实践案例与上机指导

通过本章的学习，读者基本可以掌握 JavaScript 语言的知识。其实有关 JavaScript 语言的知识还有很多，这需要读者通过课外渠道来加深学习。下面通过练习操作，以达到巩固学习、拓展提高的目的。

↑扫码看视频

4.6.1 使用对象

JavaScript 中的对象是由属性(properties)和方法(methods)两个基本的元素构成的。其中，属性用来表示对象的特性，而方法用来实现具体的功能，方法通常与特定的函数相关联。

实例 4-7：从对象事件处理程序中调用函数。

源文件路径：daima\4\4-7

实例文件 dui.html 的主要实现代码如下。

```
<!DOCTYPE html>
<html>
<head>
<script>
function changetext(id)
{
id.innerHTML="hello!";
}
</script>
</head>
<body>

<h1 onclick="changetext(this)">请点击这段文本！</h1>

</body>
</html>
```

执行后的效果如图 4-8 所示。

请点击这段文本！

初始效果

hello!

点击后显示文本

图 4-8　执行效果

4.6.2 使用事件

在 JavaScript 中，通常将鼠标或热键的动作称为事件(Event)，而由鼠标或热键引发的一连串程序的动作，称为事件驱动(Event Driver)。而对事件进行处理的程序或函数，被称为事件处理程序(Event Handler)。

实例 4-8：将输入的文本转换为大写字母。

源文件路径：daima\4\4-8

本实例的实现文件为 da.html，具体实现代码如下。

```
<!DOCTYPE html>
<html>
<head>
<script>
function myFunction()
```

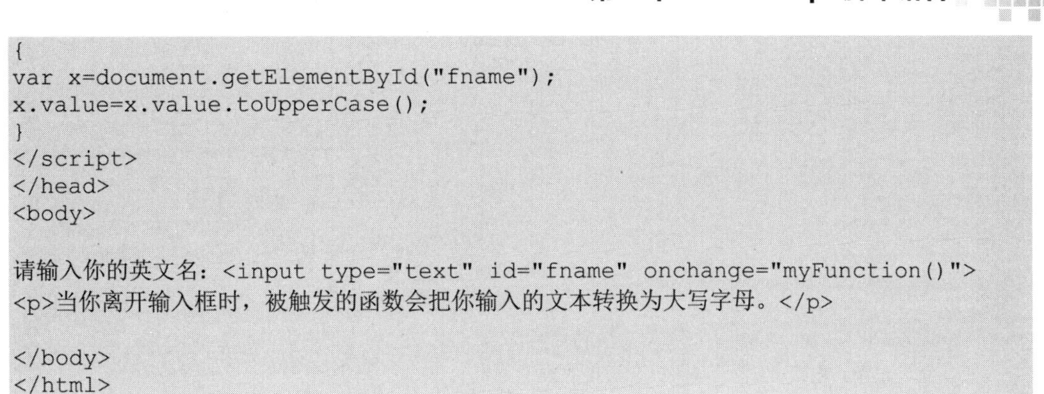

```
{
var x=document.getElementById("fname");
x.value=x.value.toUpperCase();
}
</script>
</head>
<body>

请输入你的英文名：<input type="text" id="fname" onchange="myFunction()">
<p>当你离开输入框时，被触发的函数会把你输入的文本转换为大写字母。</p>

</body>
</html>
```

执行后发现在文本框中不能输入小写字母，例如输入小写字母 aaa 后的效果如图 4-9 所示。

请输入你的英文名：AAA

当你离开输入框时，被触发的函数会把你输入的文本转换为大写字母。

图 4-9　执行效果

思考与练习

本章详细讲解了 JavaScript 语言的知识，循序渐进地讲解了 JavaScript 简介、数据类型、表达式和运算符、JavaScript 循环语句、JavaScript 函数等知识。在讲解过程中，通过具体实例介绍了使用 JavaScript 的方法。通过本章的学习，读者应该熟悉使用流程控制语句的知识，掌握它们的使用方法和技巧。

1. 选择题

(1) 事件(　　)的功能是，响应用户单击表单中的 Reset 按钮。

A. Reset　　B. Resize　　C. Unload

(2) 属性(　　)的功能是设置状态工具栏的临时性信息。

A. status　　B. Parent　　C. defaultstatus

2. 判断对错

(1) 通过 JavaScript 中的窗口对象的多个方法可以实现信息的输出功能，主要有方法 window.alert()、document.write 和 document.writln()。　　(　　)

(2) for...in 是将一个已知对象的所有属性反复置给一个变量，使用计数器实现。　　(　　)

3. 上机练习

(1) 编写一个简单的 onmouseover-onmouseout 实例。

(2) 编写一个简单的 onmousedown-onmouseup 实例。

第 5 章

JSP 基础入门

本章要点

- JSP 概述
- 构建 Web 应用
- 配置描述符 web.xml
- JSP 需要 Servlet
- JSP 的基本语法

本章主要内容

JSP(Java Server Pages)最初是由 Sun Microsystems 公司倡导、许多公司参与一起建立的一种动态网页技术标准。JSP 技术与 ASP 技术有点类似，它是在传统的网页文件(*.htm、*.html)中插入 Java 程序段(Scriptlet)和 JSP 标记(tag)，从而形成 JSP 文件(*.jsp)。用 JSP 开发的 Web 应用是跨平台的，既能在 Linux 下运行，也能在其他操作系统上运行。本章将简要介绍 JSP 技术的基本知识，为读者步入本书后面知识的学习奠定基础。

5.1 JSP 概述

↑扫码看视频

在本节的内容中，首先简要介绍 JSP 技术的基本知识，使读者了解 JSP 技术的特点，为读者步入本书后面知识的学习奠定基础。

5.1.1 JSP 简介

用 JSP 开发的 Web 应用是跨平台的，既能在 Windows 上运行，也能在 Linux 等其他操作系统上运行。JSP 使用 Java 编程语言编写类 XML 的 tags 和 Scriptlets，来封装产生动态网页的处理逻辑。网页可以通过 tags 和 Scriptlets 访问存在于服务端的资源的应用逻辑。JSP 将网页逻辑与网页设计和显示分离，支持可重用的基于组件的设计，使基于 Web 的应用程序的开发变得迅速和容易。

当 Web 服务器遇到访问 JSP 网页的请求时，首先执行其中的程序段，然后将执行结果连同 JSP 文件中的 HTML 代码一起返回给客户。插入的 Java 程序段可以操作数据库、重新定向网页等，以实现建立动态网页所需要的功能。

JSP 与 Java Servlet 一样，是在服务器端执行的。因为通常返回该客户端的只是一个 HTML 文本，所以只要客户端有浏览器就能浏览。

JSP 页面由 HTML 代码和嵌入其中的 Java 代码所组成。页面被客户端请求以后，服务器会对这些 Java 代码进行处理，然后将生成的 HTML 页面返回给客户端的浏览器。Java Servlet 是 JSP 技术的基础，而且在开发大型 Web 应用程序时，需要 Java Servlet 和 JSP 配合完成。JSP 具备了 Java 技术的简单易用、完全地面向对象、平台无关性、安全可靠和面向因特网的特点。

自从推出 JSP 后，IBM、Oracle、Bea 等众多大公司都推出了支持 JSP 技术的服务器。在这些服务器厂商的推动下，JSP 迅速成为商业应用的服务器端语言。

5.1.2 JSP 的强势和弱势

在当前动态 Web 应用中，和其他动态开发技术相比，JSP 的优点如下。

- 一次编写，跨平台运行。在这一点上 Java 比 PHP 更出色，除了系统之外，代码不用做任何更改。
- 系统的多平台支持。基本上可以在所有平台上的任意环境中开发，在任意环境中进行系统部署，在任意环境中扩展。这和 ASP/PHP 相比，其优势是显而易见的。
- 强大的可伸缩性。从只有一个小的 Jar 文件就可以运行 Servlet/JSP，到由多台服务

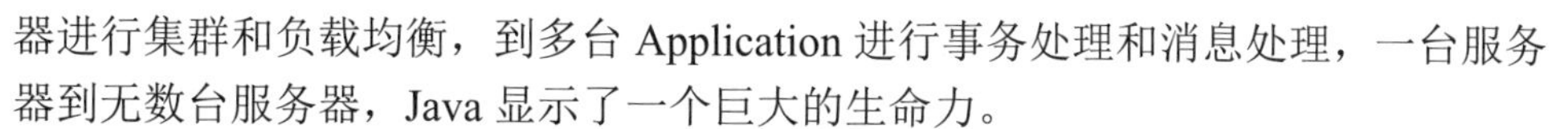

器进行集群和负载均衡，到多台 Application 进行事务处理和消息处理，一台服务器到无数台服务器，Java 显示了一个巨大的生命力。

- 多样化和功能强大的开发工具支持。在进行 Java 开发时，可以使用许多非常优秀的开发工具，而且许多工具可以免费得到，并且这些工具能够顺利地在多种平台上运行。

JSP 的缺点如下。

- 由于为了跨平台的功能，为了极度的伸缩能力，所以对应增加了产品的复杂性。
- 标签的可扩充性。JSP 允许开发者扩展 JSP 标签，定制 JSP 标签库，开发者可以充分利用与 XML 兼容的标签技术强大的功能，大大减少对脚本语言的依赖。由于定制标签技术，使网页制作者降低了制作网页的复杂度。

5.2　构建 Web 应用

通过 Eclipse 可以快速构建一个 Web 应用，但是笔者建议初学者在学习阶段尽量学会手工操作。在本节的内容中，将详细讲解构建 Web 应用的基本流程。

↑扫码看视频

使用手工操作方式构建 Web 应用的基本流程如下。

(1) 在任意目录下新建一个文件夹，例如 JavaWebDemo 文件夹。

(2) 在文件夹 JavaWebDemo 内建一个文件夹 WEB-INF，注意一定要全部大写。

(3) 进入 Tomcat 或任何其他 Web 容器内，找到任何一个 Web 应用，将 Web 应用的 WEB-INF 下的 web.xml 文件复制到第 2 步所建的 WEB-INF 文件夹下。

智慧锦囊

在 Tomcat 的 webapps 目录下有大量的示例 Web 应用，这是开发者的第一手学习资料。

(4) 修改复制后的文件 web.xml，将该文件修改成只有一个根元素的 XML 文件。修改后的 web.xml 文件的代码如下。

```
<?xml version="1.0" encoding="GBK"?>
<web-app xmlns="http://java.sun.com/xml/ns/javaee"
   xmlns:xsi="http://www.w3.org/2001/XMLSchema-instance"
   xsi:schemaLocation="http://java.sun.com/xml/ns/javaee
   http://java.sun.com/xml/ns/javaee/web-app_3_0.xsd"
   version="3.0">
</web-app>
```

(5) 在第 2 步创建的 WEB-INF 路径下新建如下两个文件夹。

➢ classes：保存 Web 应用所需要的单个*.class 文件。

➢ lib：保存打包后的 JAR 文件。

经过以上步骤，已经建立了一个空的 Web 应用。将该 Web 应用复制到 Tomcat 的 webapps 路径下，该 Web 应用将可以自动部署在 Tomcat 中。

通常我们只需将 JSP 放在 Web 应用的根路径下(对本例而言，就是放在 webDemo 目录下)，然后就可以通过浏览器来访问这些页面了。

根据上面介绍，不难发现 Web 应用应该有如下文件结构：

```
< JavaWebDemo >：这是 Web 应用的名称，可以改变。
|—WEB-INF
|   |—classes
|   |—lib
|   |—web.xml
|—<first.jsp>：在此保存任意个 JSP 页面。
```

上面的 JavaWebDemo 是 Web 应用所对应文件夹的名字，我们可以随意更改文件夹的名字；文件 first.jsp 是该 Web 应用下 JSP 页面的名字，可以修改，当然也可以增加更多的 JSP 页面。其他文件夹和配置文件都不可以修改。

文件 first.jsp 的主要代码如下。

```
<%@ page contentType="text/html; charset=GBK" language="java" errorPage="" %>
<html>
<head>
   <title>欢迎</title>
</head>
<body>
   欢迎学习 Java Web 知识
</body>
</html>
```

上面的页面实际上是一个静态的 HTML 页面，在浏览器中浏览该页面将看到如图 5-1 所示的效果。

图 5-1 执行效果

图 5-1 所示的页面，则表示构建 Web 应用成功，并已经将其成功地部署到 Tomcat 中了。

5.3　配置描述符 web.xml

在 5.2 节中，位于 WEB-INF 目录下的文件 web.xml 被称为配置描述符，此文件对于 Java Web 应用来说十分重要。在 Servlet 2.5 之前的版本中规定，每个 Java Web 应用都必须包含一个 web.xml 文件，并且必须放在 WEB-INF 目录下。

↑扫码看视频

对于 Java Web 应用来说，WEB-INF 是一个特殊的文件夹，Web 容器包含该文件夹下的内容，客户端浏览器无法访问 WEB-INF 路径下的任何内容。

在 Servlet 2.5 规范之前，Java Web 应用的绝大部分组件都通过文件 web.xml 来配置管理。在 Servlet 3.0 中规定，可以通过 Annotation 来配置管理 Web 组件，所以文件 web.xml 可以变得更加简洁，这也是 Servlet 3.0 的重要简化。

文件 web.xml 的根元素是<web-app.../>，在 Servlet 3.0 规范中，该元素新增了下面的属性。

- metadata-complete：该属性接受 true 或 false 两个属性值。当该属性值为 true 时，该 Web 应用将不会加载 Annotation 配置的 Web 组件(如 Servlet、Filter、Listener 等)。
- 在文件 web.xml 中使用 welcome-file-list 元素配置首页，该元素能包含多个 welcome-file 子元素，其中每个 welcome-file 子元素配置一个首页。例如下面的一段代码。

```
<!-- 配置 Web 应用的首页列表 -->
<welcome-file-list>
    <welcome-file>index.html</welcome-file>
    <welcome-file>index.htm</welcome-file>
    <welcome-file>index.jsp</welcome-file>
</welcome-file-list>
```

在上面的配置代码中，指定了该 Web 应用的首页依次是 index.html、index.htm 和 index.jsp，表示当 Web 应用中包含 index.html 文件时，如果浏览者直接访问该 Web 应用，系统将会把该页面呈现给浏览者。如果文件 index.html 不存在，则由文件 index.htm 来替代，依此类推。每个 Web 容器都会提供一个系统的 web.xml 文件，用于描述所有 Web 应用共同的配置属性。例如，Tomcat 系统中的 web.xml 文件放在其 conf 目录下。

知识精讲

在新的 Servlet 规范中，不再硬性规定在 WEB-INF 目录中必须有文件 web.xml，但是笔者还是建议保留该配置文件。

5.4 JSP 需要 Servlet

要想了解为什么推出 JSP，需要从看不见的背后说起。其实 JSP 的“背后”是 Servlet，当客户端用户向指定 Servlet 发送请求时，Servlet 利用输出流动态生成 HTML 页面，包括每一个静态的 HTML 标签和所有在 HTML 页面中出现的内容。

↑扫码看视频

因为页面中包含大量的 HTML 标签、静态文本和格式，所以使 Servlet 的开发效率较低。又因为所有的布局、色彩及图像等表现逻辑都必须“穿插耦合”在 Java 代码中，令页面表面看起来一团糟。这时 JSP 出现并解决了这个问题，JSP 通过在标准的 HTML 页面中嵌入 Java 代码，其静态的部分无须 Java 程序控制，只有那些需要从数据库读取或需要动态生成的页面内容才会用 Java 脚本进行控制。

JSP 页面中的内容由如下两部分元素组成。

- 静态元素：标准的 HTML 标签、静态的页面内容，这些内容与静态 HTML 页面相同，例如不需要经常变化的文本和图片信息。
- 动态元素：受 Java 程序控制的内容，这些内容由 Java 程序来动态生成，例如表单信息。

知识精讲

从表面上看，JSP 页面已经不再需要 Java 类，似乎完全脱离了 Java 面向对象的特征。事实上，JSP 的本质依然是 Servlet(一个特殊的 Java 类)。每个 JSP 页面就是一个 Servlet 实例，JSP 页面由系统编译成 Servlet，Servlet 再负责响应用户请求。也就是说，JSP 其实也是 Servlet 的一种简化。在使用 JSP 时其实用的还是 Servlet，因为 Web 应用中的每个 JSP 页面都会由 Servlet 容器生成对应的 Servlet。对于 Tomcat 而言，JSP 页面生成的 Servlet 放在 work 路径对应的 Web 应用下。

实例 5-1：一个简单的 JSP 文件。

源文件路径：daima\5\ first.jsp

实例文件 first.jsp 的主要代码如下。

```
<html xmlns="http://www.w3.org/1999/xhtml">
<head>
    <title>欢迎</title>
    <meta name="website" content="http://www.crazyit.org" />
```

```
</head>
<body>
欢迎学习 Java Web 知识，现在时间是:
<%out.println(new java.util.Date());%>
</body>
</html>
```

在上述代码中，<%...%>之间的代码不能脱离<%...%>的束缚而放在外面，<%...%>标记表明这些是 Java 脚本，而不是静态内容，通过这种方式就可以把 Java 代码嵌入 HTML 页面中，这就变成了动态的 JSP 页面。上面 JSP 页面必须放在 Web 应用中才有效，所以编写该 JSP 页面之前应该先构建一个 Web 应用。本章后面介绍的内容都必须运行在 Web 应用中，所以也必须先构建 Web 应用。执行后的效果如图 5-2 所示。

欢迎学习Java Web知识，现在时间是: Mon Dec 26 08:16:58 CST 2011

图 5-2　执行效果

在上面的实例中，当启动 Tomcat 之后，可以在 Tomcat 的 work\Catalina\localhost\ming\org\apache\jsp\(ming 代表本 Web 应用名)目录下找到如下两个文件。

- first _jsp.java
- first _jsp.class

由此可以得出如下 4 个结论。

(1) JSP 文件必须在 JSP 服务器内运行。

(2) JSP 文件必须生成 Servlet 才能执行。

(3) 每个 JSP 页面的第一个访问者速度很慢，因为必须等待 JSP 编译成 Servlet。

(4) JSP 页面的访问者无须安装任何客户端，甚至不需要运行 Java 的环境，因为 JSP 页面输送到客户端的是标准 HTML 页面。

5.5　JSP 的基本语法

JSP 是一门优秀的动态网页开发技术，在学习时需要首先掌握它的基本语法知识。本节将详细讲解JSP的基本语法知识，为读者步入后面知识的学习奠定基础。

↑扫码看视频

5.5.1　基本语法介绍

除了 HTML 标签外，在 JSP 中还提供了如下几种构建网页内容时所需要的元素。

- 指令(directive)

- 声明(declaration)
- 程序代码(Scriptlet)
- 表达式(expression)

JSP 指令用于设置和整个 JSP 页面相关的属性，例如页面脚本语言、导入 Java 包名以及页面编码的字符集等。JSP 指令的语法格式如下。

```
<%@ 指令名 属性="值"%>
```

在 JSP 中包括如下三个指令。

- page：导入包。
- include：导入脚本语言文件。
- taglib：导入页面编码的字符集。

在 JSP 页面中声明方法和属性的方式十分简单，声明的属性和方法可以放在 JSP 页面的任何位置，声明属性的语法格式如下。

```
<%!
int a=2009;
%>
```

声明方法的语法格式如下。

```
<%!
Void method
{};
%>
```

JSP 和 HTML 之间用<%...%>隔开，由此可见，JSP 的语法格式如下。

```
<%Java 代码 %>
```

5.5.2 JSP 的注释

任何语言都有注释，JSP 也不例外。在 JSP 中有多种注释，Java 中的注释严格地讲也属于 JSP 页面的注释，JSP 中的注释分为显示注释和隐藏注释两种。

1. 显示注释

下面通过几段代码让读者认识显示注释。

JSP 注释的语法格式如下。

```
<!-- comment [ <%= expression %> ] -->
```

例 1：

```
<!-- This file displays the user login screen -->
```

将在客户端的 HTML 源代码中产生和上面一样的数据：

```
 <!-- This file displays the user login screen -->
```

例 2：

```
<!-- This page was loaded on <%= (new java.util.Date()).toLocaleString() %> -->
```

在客户端的 HTML 源代码中注释为：

```
<!-- This page was loaded on January 1, 2000 -->
```

这种注释方法和HTML中的很像，唯一有些不同的就是，可以在这个注释中用表达式(例 2 所示)，这个表达式是不固定的，根据页面的不同而不同，我们可以使用各种表达式，只要是合法的就行。

2．隐藏注释

可以将隐藏注释写在 JSP 程序中，但不是发给客户。使用隐藏注释的语法格式如下。

```
<%-- comment --%>
```

下面通过一段代码进行讲解。

```
 <%@ page language="java" %>
<html>
<head><title>A Comment Test</title></head>
<body>
<h2>A Test of Comments</h2>
<%-- This comment will not be visible in the page source --%>
</body>
</html>
```

智慧锦囊

因为使用隐藏注释标记的字符会在 JSP 编译时被忽略掉，所以想在 JSP 程序添加一些必要的说明时这个标记是很有用的。JSP 编译器不会对<%--and--%>之间的语句进行编译，它不会显示在客户的浏览器中，也不会在源代码中看到在<%-- --%>之间，在这之间可以写很多注释语句，特别是需要特别说明的解释性内容。

作为一名初学者，只需记住如下两种注释格式即可。

第一种：JSP 注释的格式。

```
<%-- 注释内容 --%>
```

第二种：　HTML 注释的格式。

```
<!-- 注释内容 -->
```

实例 5-2：演示 JSP 注释的作用。

源文件路径：daima\5\5.5\yufa\WebContent\comment.jsp

实例文件 comment.jsp 的具体实现代码如下。

```
<html xmlns="http://www.w3.org/1999/xhtml">
<head>
    <title> 注释示例 </title>
    <meta name="website" content="http://www.crazyit.org" />
</head>
<body>
注释示例
```

```
<!-- 增加 JSP 注释 -->
<%-- JSP 注释部分 --%>
<!-- 增加 HTML 注释 -->
<!-- HTML 注释部分 -->
</body>
</html>
```

在上述代码中，只有粗体部分的代码是 JSP 注释，其他注释都是 HTML 注释。在浏览器中浏览该页面，执行效果如图 5-3 所示。

图 5-3　执行效果

如果查看此页面源代码，会发现如下所示的代码。

```
<html xmlns="http://www.w3.org/1999/xhtml">
<head>
    <title> 注释示例 </title>
</head>
<body>
注释示例
<!-- 增加 JSP 注释 -->

<!-- 增加 HTML 注释 -->
<!-- HTML 注释部分 -->
</body>
</html>
```

从上述代码中可以看到，HTML 的注释可以通过源代码查看，但 JSP 的注释是无法通过源代码查看的，这说明 JSP 注释不会被发送到客户端。

5.5.3　JSP 的声明

在 JSP 中，可以声明变量和方法。在 JSP 的声明中，似乎不需要定义类就可直接定义方法，使人产生了方法可以脱离类而独立存在的错觉。其实 JSP 的声明将会转换成对应 Servlet 的成员变量或成员方法，所以 JSP 的声明依然符合 Java 的语法。

使用 JSP 声明的语法格式如下。

```
<%! 声明部分 %>
```

实例 5-3：演示 JSP 的声明。

源文件路径：daima\5\5.5\yufa\WebContent\shengming.jsp

实例文件 shengming.jsp 的具体实现代码如下。

```
<html xmlns="http://www.w3.org/1999/xhtml">
<head>
    <title> JSP 声明 </title>
    <meta name="website" content="http://www.crazyit.org" />
```

```
</head>
<!-- 下面是 JSP 声明部分 -->
<%!
//声明一个整型变量
public int count;
//声明一个方法
public String info()
{
    return "hello";
}
%>
<body>
<%
//将 count 的值输出后再加 1
out.println(count++);
%>
<br/>
<%
//输出 info()方法的返回值
out.println(info());
%>
</body>
</html>
```

执行上述代码，可以看到会正常输出 count 的值，每刷新一次 count 值将会加 1，同时也可以看到正常输出了 info 方法的返回值，如图 5-4 所示。

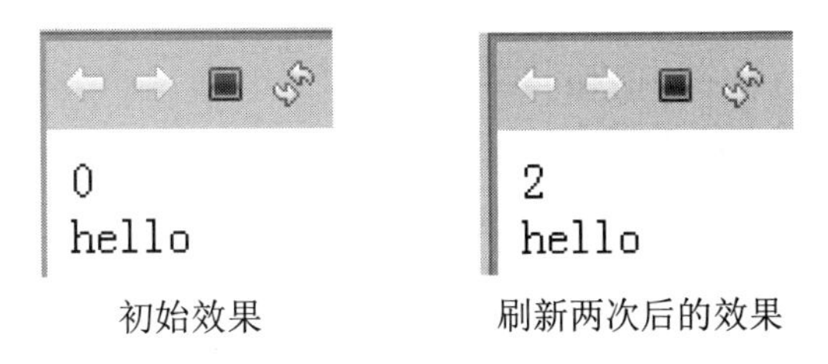

初始效果　　　　刷新两次后的效果

图 5-4　执行效果

在上述代码中，分别声明了一个整型变量和一个普通方法，表面上看起来这个变量和方法不属于任何类，似乎可以独立存在，但其实这只是一个假象。打开 Tomcat 的 work\Catalina\localhost\yufa\org\apache\jsp 目录下的文件 shengming_jsp.java，将会看到如下代码片段。

```
public final class shengming_jsp extends org.apache.jasper.runtime.HttpJspBase
    implements org.apache.jasper.runtime.JspSourceDependent {
    //声明一个整型变量
    public int count;
    //声明一个方法
    public String info()
    {
        return "hello";
    }
    ...
}
```

上述声明代码与前面文件 shengming.jsp 中的声明部分相同，这说明 JSP 页面的声明部分将转换成对应 Servlet 的成员变量或成员方法。

智慧锦囊

因为在 JSP 声明语法中，定义的变量和方法和 Servlet 类的成员变量和方法相对应，所以 JSP 声明部分定义的变量和方法可以使用 private、public 等访问控制符修饰，也可使用 static 修饰，将其变成类属性和类方法。但是不能使用 abstract 修饰声明部分的方法，因为抽象方法将导致 JSP 对应的 Servlet 变成抽象类，从而导致无法实例化。

5.6 编译指令

↑扫码看视频

通过使用 JSP 的编译指令，可以向 JSP 引擎发送通知消息，它不直接生成输出结果。JSP 的编译指令都有默认值，所以开发人员无须为每个指令设置值。在本节的内容中，将详细讲解 JSP 编译指令的知识。

在 JSP 中有如下三个最常用的编译指令。

- page：针对当前页面的指令。
- include：用于指定包含另一个页面。
- taglib：用于定义和访问自定义标签。

在 JSP 中使用编译指令的语法格式如下。

```
<%@ 编译指令名 属性名="属性值"…%>
```

5.6.1 page 指令

在 page 指令中，用户可以定义页面的多种属性，例如脚本语言、编码方式和导入的 Java 包等。一个 JSP 页面可以使用多条 page 指令，使用 page 指令的语法格式如下。

```
<%@ page
[language="java"]
[extends="package.class"]
[import="{package.class|pakcage.*},..."]
[contentType="TYPE;charset=CHARSET"]
[session="True|false"]
[errorPage ="地址"]
[pageEncoding =" UTF-8"]
[buffer="none|8kb|sizekb"]
[autoFlush="True|False"]
[isThreadSafe="True|false"]
[info="text"]
[isErrorPage="True|false"]
%>
```

各个参数的具体说明如下。

- language：声明当前JSP页面使用的脚本语言的种类，因为是JSP页面，该属性的值通常都是java，该属性的默认值也是java，所以通常无须设置。
- extends：指定JSP页面编译所产生的Java类所继承的父类，或所实现的接口。
- import：用来导入包。下面几个包是默认自动导入的，不需要显式导入。默认导入的包有java.lang.*、javax.servlet.*、javax.servlet.jsp.*、javax.servlet.http.*。
- session：设定这个JSP页面是否需要HTTP Session。
- buffer：指定输出缓冲区的大小。输出缓冲区的JSP内部对象：out用于缓存JSP页面对客户浏览器的输出，默认值为8KB，可以设置为none，也可以设置为其他的值。
- autoFlush：当输出缓冲区即将溢出时，是否需要强制输出缓冲区的内容。设置为true时为正常输出；如果设置为false，则会在buffer溢出时产生一个异常。
- info：设置该JSP程序的信息，也可以看作其说明，可以通过Servlet.getServletInfo()方法获取该值。如果在JSP页面中，可直接调用getServletInfo()方法获取该值，因为JSP页面的实质就是Servlet。
- errorPage：指定错误处理页面。如果本页面产生了异常或者错误，而该JSP页面没有对应的处理代码，则会自动调用该属性所指定的JSP页面。因为JSP内建了异常机制支持，所以JSP可以不处理异常，即使是checked异常。
- isErrorPage：设置本JSP页面是否为错误处理程序。如果该页面本身已是错误处理页面，则通常无须指定errorPage属性。
- contentType：用于设定生成网页的文件格式和编码字符集，即MIME类型和页面字符集类型，默认的MIME类型是text/html；默认的字符集类型为ISO-8859-1。
- pageEncoding：指定页面的编码方式。
- isThreadSafe：设置是否使用多线程的方式。

实例5-4：使用page指令的info属性。
源文件路径：daima\5\5.5\yufa\WebContent\zhiling.jsp

实例文件zhiling.jsp的具体实现代码如下。

```
<%@ page contentType="text/html; charset=GBK" language="java" errorPage="" %>
<!-- 指定info信息 -->
<%@ page info="this is a jsp"%>
<!DOCTYPE html PUBLIC "-//W3C//DTD XHTML 1.0 Transitional//EN"
    "http://www.w3.org/TR/xhtml1/DTD/xhtml1-transitional.dtd">
<html xmlns="http://www.w3.org/1999/xhtml">
<head>
    <title> 测试page指令的info属性 </title>
    <meta name="website" content="http://www.sohut.org" />
</head>
<body>
<!--  输出info信息 -->
<%=getServletInfo()%>
</body>
</html>
```

在上述代码中，使用 page 指令的 info 属性指定了 JSP 页面的描述信息，又使用 getServletInfo()方法输出该描述信息，执行效果如图 5-5 所示。

http://localhost:5858/www/zhiling.jsp

this is a jsp

图 5-5　执行效果

5.6.2　include 指令

在 JSP 中使用 include 指令后，可以将一个外部文件嵌入当前 JSP 文件中，同时解析这个页面中的 JSP 语句(如果有的话)。指令 include 若是一个静态的 include 语句，能够把目标页面的其他编译指令也包含进来，但动态的 include 则不会。

指令 include 既可以包含静态的文本，也可以包含动态的 JSP 页面。静态的 include 编译指令会将被包含的页面加入本页面，融合成一个页面，因此被包含页面甚至不需要是一个完整的页面。

使用 include 指令的语法如下。

```
<%@ include file="相对路径" %>
```

如果被嵌入的文件经常需要改变，建议使用<jsp:include>操作指令，因为它是动态的 include 语句。

实例 5-5：使用 include 编译指定导入页面。
源文件路径：daima\5\5.5\yufa\WebContent\jingtai.jsp

实例文件 jingtai.jsp 的具体实现代码如下。

```
<%@ page contentType="text/html; charset=GBK" language="java" errorPage="" %>
<!DOCTYPE html PUBLIC "-//W3C//DTD XHTML 1.0 Transitional//EN"
    "http://www.w3.org/TR/xhtml1/DTD/xhtml1-transitional.dtd">
<html xmlns="http://www.w3.org/1999/xhtml">
<head>
    <title> 静态 include 测试 </title>
    <meta name="website" content="http://www.sohu.org" />
</head>
<body>
<!-- 使用 include 编译指定导入页面 -->
<%@include file="jiaoben.jsp"%>
</body>
</html>
```

在上述代码中，使用静态导入的语法将 scriptlet.jsp 页面导入进来，该页面的执行效果与文件 jiaoben.jsp 的执行效果相同。执行效果如图 5-6 所示。

如果此时查看 Tomcat 的 work\Catalina\localhost\directive\org\apache\jsp\目录下的文件 jingtai_jsp.java，从 jingtai.jsp 编译后的源代码中可看到，文件 jingtai.jsp 已经完全将 errorceshi.jsp 的代码融入本页面中。

图 5-6　执行效果

下面是文件 jingtai_jsp.java 中的代码片段。

```
out.write("<table bgcolor=\"#9999dd\" border=\"1\" width=\"300px\">\r\n");
out.write("<!-- Java 脚本，这些脚本会对 HTML 的标签产生作用 -->\r\n");
for(int i = 0 ; i < 10 ; i++)
{
    out.write("\r\n");
    out.write("\t<!-- 上面的循环将控制<tr>标签循环 -->\r\n");
    out.write("\t<tr>\r\n");
    out.write("\t\t<td>看循环</td>\r\n");
    out.write("\t\t<td>");
    out.print(i);
    out.write("</td>\r\n");
    out.write("\t</tr>\r\n");
}
```

上述代码并不是由文件 jingtai.jsp 生成的，而是由文件 jiaoben.jsp 生成的。由此可见，文件 jiaoben.jsp 的内容被完全融入 jingtai.jsp 页面所生成的 Servlet 中，这正好体现了静态包含的真正意义——包含页面在编译时将完全包含被包含页面的代码。

另外，静态包含还会将被包含页面的编译指令也包含进来，如果两个页面的编译指令冲突，那么页面就会出错。

5.7　实践案例与上机指导

通过本章的学习，读者基本可以掌握JSP技术的基础知识。其实有关 JSP 技术的知识还有很多，这需要读者通过课外渠道来加深学习。下面通过练习操作，以达到巩固学习、拓展提高的目的。

↑扫码看视频

5.7.1 使用输出表达式

JSP 为我们提供了一种输出表达式值的方法，具体语法格式如下。

```
<%=表达式%>
```

在上述输出表达式语法后面不能有分号。表达式元素表示的是一个在脚本语言中被定义的表达式，在运行后会被自动转化为字符串，然后插入到这个表达式在 JSP 文件中的位置显示。因为这个表达式的值已经被转化为字符串，所以可以在一行文本中插入这个表达式，具体形式和 ASP 的完全一样。

在 JSP 中使用表达式时需要注意如下两点。

(1) 不能用一个分号(;)来作为表达式的结束符。

(2) 表达式用在 Scriptlet 中就需要以分号来结尾。

实例 5-6：使用输出表达式。

源文件路径：daima\5\5.5\yufa\WebContent\biaoda.jsp

实例文件 biaoda.jsp 的具体实现代码如下。

```
<html xmlns="http://www.w3.org/1999/xhtml">
<head>
    <title> 输出表达式值 </title>
    <meta name="website" content="http://www.crazyit.org" />
</head>
<%!
public int count;

public String info()
{
    return "hello";
}
%>
<body>
<!-- 使用表达式输出变量值 -->
<%=count++%>
<br/>
<!--  使用表达式输出方法返回值 -->
<%=info()%>
</body>
</html>
```

上述代码使用输出表达式输出了变量和方法的返回值。在<%...%>部分的代码中，使用输出表达式的语法代替了原来的 out.println 输出语句，该页面的执行效果与之前页面的执行效果没有区别。由此可见，输出表达式将转换成 Servlet 里的输出语句。执行效果如图 5-7 所示。

图 5-7 执行效果

5.7.2　使用脚本

在 JSP 脚本里可以包含任何可以执行的 Java 代码。在大多数情况下，所有可执行的 Java 代码都可通过 JSP 脚本嵌入 HTML 页面中。其实不仅 JSP 小脚本部分会转换成_jspService()方法里的可执行代码，JSP 页面里的所有静态内容都将由_jspService()方法里的输出语句来输出，这就是 JSP 脚本可以控制 JSP 页面中静态内容的原因。由于 JSP 脚本将转换成_jspService()方法里的可执行代码，而 Java 不允许在方法里定义方法，所以在 JSP 脚本中不能定义方法。

因为在 JSP 脚本中可以放置任何可执行语句，所以可以利用 Java 语言来编码实现具体功能，例如连接数据库和执行数据库操作。

实例 5-7：使用 JSP 脚本。
源文件路径：daima\5\5.5\yufa\WebContent\jiaoben.jsp

实例文件 jiaoben.jsp 的具体实现代码如下。

```
<html xmlns="http://www.w3.org/1999/xhtml">
<head>
    <title> 脚本 </title>
    <meta name="website" content="http://www.crazyit.org" />
</head>
<body>
<table bgcolor="#9999dd" border="1" width="300px">
<!--开始 Java 脚本-->
<%
for(int i = 0 ; i < 10 ; i++)
{
%>
    <!-- 上面的循环将控制<tr>标签循环 -->
    <tr>
        <td>看循环</td>
        <td><%=i%></td>
    </tr>
<%
}
%>
<table>
</body>
</html>
```

在上述代码中，在两对<%...%>之间的代码就是 JSP 脚本的代码，通过这些代码可以控制页面中的静态内容。执行效果如图 5-8 所示。

图 5-8　执行效果

由上述实例的执行效果可以看出，上述代码将<tr>...</tr>标签循环 10 次，生成了一个 10 行的表格，并最终在表格中输出了表达式的值。为了深入理解脚本的原理，进入 Tomcat 的 work\Catalina\localhost\yufa\org\apache\jsp\目录，打开里面的文件 jiaoben_jsp.java 后会看到下面的代码片段。

```
public final class jiaoben_jsp extends
org.apache.jasper.runtime.HttpJspBase
   implements org.apache.jasper.runtime.JspSourceDependent {
   ...
   public void _jspService(HttpServletRequest
      request, HttpServletResponse response)
   throws java.io.IOException, ServletException {
      ...
      out.write("\r\n");
      out.write("\r\n");
      out.write("\r\n");
      out.write("<!DOCTYPE html PUBLIC \"-//W3C//DTD XHTML 1.0 Transitional//EN
      \"\r\n");
      out.write("\t\"http://www.w3.org/TR/xhtml1/DTD/xhtml1-transitional.dtd\">
      \r\n");
      out.write("<html xmlns=\"http://www.w3.org/1999/xhtml\">\r\n");
      out.write("<head>\r\n");
      out.write("\t<title> 小脚本 </title>\r\n");
      out.write("\t<meta name=\"website\" content=\"http://www.crazyit.org\" >\r\n");
      out.write("</head>\r\n");
      out.write("<body>\r\n");
      out.write("<table bgcolor=\"#9999dd\" border=\"1\" width=\"300px\">\r\n");
      out.write("<!--开始 Java 脚本-->\r\n");
      for(int i = 0 ; i < 10 ; i++)
      {
         out.write("\r\n");
         out.write("\t<!-- 上面的循环将控制<tr>标签循环 -->\r\n");
         out.write("\t<tr>\r\n");
         out.write("\t\t<td>看循环</td>\r\n");
         out.write("\t\t<td>");
         out.print(i);
         out.write("</td>\r\n");
         out.write("\t</tr>\r\n");
      }
      out.write("\r\n");
      out.write("<table>\r\n");
      out.write("</body>\r\n");
      out.write("</html>");
      ...
   }
}
```

上述 Java 文件的代码完全对应 jiaoben.jsp 页面中的小脚本部分，由上面代码片段可以看出，JSP 脚本将转换成 Servlet 里_jspService()方法的可执行代码。这说明在 JSP 小脚本部分也可以声明变量，但是在 JSP 脚本部分声明的变量是局部变量，不能使用 private、public 等访问控制符修饰，也不能用 static 修饰。

思考与练习

本章详细讲解了 JSP 技术的知识，循序渐进地讲解了 JSP 概述、构建 Web 应用、配置描述符 web.xml、JSP 需要 Servlet、JSP 的基本语法等知识。在讲解过程中，通过具体实例介绍了使用流程控制语句的方法。通过本章的学习，读者应该熟悉使用流程控制语句的知识，掌握它们的使用方法和技巧。

1. 选择题

(1) 下面的 JSP 注释正确的是(　　)。

A. <!-- 增加 JSP 注释 -->　　B. <! -- 增加 JSP 注释 -->

C. //增加 JSP 注释　　D. #增加 JSP 注释

(2) JSP 页面里的所有静态内容都将由(　　)方法里的输出语句来输出，这就是 JSP 脚本可以控制 JSP 页面中静态内容的原因。

A. jspService()　　B. _jspService()　　C. jsp()

2. 判断对错

(1) 表达式元素表示的是一个在脚本语言中被定义的表达式，在运行后会被自动转化为字符串，然后插入到这个表达式在 JSP 文件中的位置显示。　　(　　)

(2) 不能用一个分号(;)来作为表达式的结束符。　　(　　)

3. 上机练习

(1) 编写一个程序，要求使用<jsp:include>动作元素。

(2) 在 JSP 文件中解决中文编码的问题。

新起点 电脑教程

第 6 章

动作指令和内置对象

本章要点

- JSP 的动作指令
- JSP 的内置对象

本章主要内容

在 JSP(Java Server Pages)中，动作指令与前面讲解的编译指令是不一样的，编译指令的功能是通知 Servlet 引擎的处理消息，而动作指令的功能是运行时的动作。编译指令在将 JSP 编译成 Servlet 时起作用；而处理指令通常可以被替换成 JSP 脚本，它只是 JSP 脚本的标准化写法。另外，JSP 脚本为开发人员提供了 9 个内置对象，这 9 个内置对象都是 Servlet API 接口的实例，只是 JSP 规范对它们进行了默认初始化。在本章将简要介绍 JSP 中动作指令和内置对象的基本知识，为读者步入本书后面知识的学习奠定基础。

6.1 JSP 的动作指令

在 JSP 程序中，指令的功能是设置整个 JSP 页面相关的属性，如网页的编码方式和脚本语言。在本节的内容中，将详细讲解 JSP 的动作指令的知识和具体用法。

↑扫码看视频

在 JSP 技术中，主要包含如下 7 个动作指令。

- jsp:forward：执行页面转向，将请求的处理转发到下一个页面。
- jsp:param：用于传递参数，必须与其他支持参数的标签一起使用。
- jsp:include：用于动态引入一个 JSP 页面。
- jsp:plugin：用于下载 JavaBean 或 Applet 到客户端执行。
- jsp:useBean：创建一个 JavaBean 的实例。
- jsp:setProperty：设置 JavaBean 实例的属性值。
- jsp:getProperty：输出 JavaBean 实例的属性值。

在接下来的内容中，将详细讲解上述动作指令的基本知识。

6.1.1 响应转发指令 forward

在 JSP 程序中，使用 forward 指令可以将页面响应转发到另外的页面。在转发时，既可以转发到静态的 HTML 页面，也可以转发到动态的 JSP 页面，或者转发到容器中的 Servlet。

在 JSP 1.0 中使用 forward 指令的语法格式如下。

```
<jsp:forward page="{relativeURL|<%=expression%>}"/>
```

在 JSP 1.1 以上规范中使用 forward 指令的语法格式如下。

```
<jsp:forward page="{relativeURL|<%=expression%>}">
   {<jsp:param.../>}
</jsp:forward>
```

在上述语法格式中，第二种可以在转发时增加额外的请求参数。增加的请求参数的值可以通过类 HttpServletRequest 中的方法 getParameter()获取。

实例 6-1：使用 forward 动作指令转发用户请求。
源文件路径：daima\6\6.1\yufa\WebContent\forwardyong.jsp

实例文件 forwardyong.jsp 的具体实现代码如下。

```
<%@ page contentType="text/html; charset=GBK" language="java" errorPage="" %>
<!DOCTYPE html PUBLIC "-//W3C//DTD XHTML 1.0 Transitional//EN"
```

```
    "http://www.w3.org/TR/xhtml1/DTD/xhtml1-transitional.dtd">
<html xmlns="http://www.w3.org/1999/xhtml">
<head>
    <title> forward的原始页 </title>
    <meta name="website" content="http://www.sohu.org" />
</head>
<body>
<h3>原始页</h3>
<jsp:forward page="forward-jieguo.jsp">
    <jsp:param name="age" value="30"/>
</jsp:forward>
</body>
</html>
```

上述 JSP 页面非常简单，其中包含简单的 title 信息和简单的文本内容，页面的粗体字代码将客户端请求转发到 forward-jieguo.jsp 页面，转发请求时增加了一个请求参数：参数名为 age，参数值为 30。执行后的效果如图 6-1 所示。

http://localhost:5858/www/forwardyong.jsp

30 ss

图 6-1　执行效果

6.1.2　动态 include 指令

动态指令 include 也能够包含某个页面，但是不会导入被 include 页面中的编译指令，只是将被 include 页面中的 body 元素插入到本页面中。在 JSP 中使用动作指令 include 的语法格式如下。

```
<jsp:include page="{relativeURL|<%=expression%>}" flush="true"/>
```

也可以使用如下格式。

```
<jsp:include page="{relativeURL|<%=expression%>}" flush="true">
  <jsp:param name="parameterName" value="patameterValue"/>
</jsp:include>
```

属性 flush 用于指定输出缓存是否转移到被导入文件中，此属性有如下两个取值。

- true：包含在被导入文件中。
- false：包含在原文件中，对于包括 JSP 1.1 以前的旧版本来说，只能设置为 false。

当使用上述第二种语法格式时，可以在被导入页面中加入额外的请求参数。

实例 6-2：使用动态导入语法导入指定的 JSP 页面。

源文件路径：daima\6\6.1\yufa\WebContent\jspbaohan.jsp

实例文件 jspbaohan.jsp 的具体实现代码如下。

```
<%@ page contentType="text/html; charset=GBK" language="java" errorPage="" %>
<!DOCTYPE html PUBLIC "-//W3C//DTD XHTML 1.0 Transitional//EN"
    "http://www.w3.org/TR/xhtml1/DTD/xhtml1-transitional.dtd">
<html xmlns="http://www.w3.org/1999/xhtml">
<head>
    <title> jsp-include测试 </title>
```

```
    <meta name="website" content="http://www.sohu.org" />
</head>
<body>
<!-- 使用动态 include 指令导入页面 -->
<jsp:include page="jiaoben.jsp" />
</body>
</html>
```

在上述代码中，使用动态导入语法导入了文件 jiaoben.jsp。单从表面看，该页面的执行效果与使用静态 include 导入的页面并没有什么不同。如果查看文件 jspbaohan.jsp 生成的 Servlet 源码，会发现如下代码。

```
//使用页面输出流，生成 HTML 标签内容
out.write("</head>\r\n");
out.write("<body>\r\n");
out.write("<!-- 使用动态 include 指令导入页面 -->\r\n");
org.apache.jasper.runtime.JspRuntimeLibrary.include(request , response,
"jiaoben.jsp", out, false);
out.write("\r\n");
out.write("</body>\r\n");
```

由此可以得出一个结论：动态导入只是使用一个 include 方法来插入目标页面的内容，而不是将目标页面完全融入本页面中。

智慧锦囊

比较 forward 动作指令和 include 动作指令

动作指令 forward 和动作指令 include 十分相似，都是用方法来引入目标页面。通过查看 JSP 页面生成的 Servlet 代码可以得出一个结论：指令 forward 使用 _jspx_page_context 的 forward()方法来引入目标页面，而指令 include 是通过 JspRuntimeLibrary 的 include()方法来引入目标页面。两者的区别在于，当执行 forward 时，被 forward 的页面将完全代替原有页面；而当执行 include 时，被 include 的页面只是插入原有页面。也就是说，forward 是用目标页面代替原有页面，而 include 是将目标页面插入原有页面。

6.1.3 设置参数值指令 param

指令 param 的功能是设置参数值，因为单独的 param 指令没有实际意义，所以在 JSP 程序中不能单独使用此指令。指令 param 可以与如下三个指令结合使用。

- jsp:include：当 param 与 include 指令结合使用时，指令 param 用于将参数值传入被导入的页面。
- jsp:forward：当与 forward 指令结合使用时，param 指令用于将参数值传入被转向的页面。
- jsp:plugin：当与 plugin 指令结合使用时，param 指令用于将参数传入页面中的 JavaBean 实例或 Applet 实例。

在 JSP 中使用 param 指令的语法格式如下。

```
<jsp:param name="paramName" value="paramValue"/>
```

因为在本章前面的实例中已经多次用到了 param 指令，所以本节不再进行详细讲解。

知识精讲

指令 plugin 的功能是下载服务器端的 JavaBean 或 Applet 到客户端执行，因为程序是在客户端执行的，所以在客户端必须安装 Java 虚拟机。但是当前很少有使用 Applet 的，而且在使用 Applet 时可以使用支持 Applet 的 HTML 标签，所以在当前实际项目中很少用到 jsp:plugin 标签。因此本书也不再讲解此标签的用法。

6.1.4　useBean、setProperty 和 getProperty 指令

如果在多个 JSP 页面中需要重复使用某段代码，我们可以把这段代码定义成 Java 类的方法，然后让多个 JSP 页面调用该方法即可，这样可以达到较好的代码复用效果。在 JSP 中，useBean、setProperty 和 getProperty 是与 JavaBean 密切相关的三个指令，具体说明如下。

- useBean：用于在 JSP 页面中初始化一个 Java 实例。
- setProperty：用于为 JavaBean 实例的属性设置值。
- getProperty：用于输出 JavaBean 实例的属性。

1. useBean

使用指令 useBean 的语法格式如下。

```
<jsp:useBean id="name" class="classname"
scope="page|request
|session|application"/>
```

其中，属性 id 是 JavaBean 的实例名；属性 class 确定 JavaBean 的实现类；属性 scope 用于指定 JavaBean 实例的作用范围，该范围有如下 4 个值。

- page：JavaBean 实例仅在该页面有效。
- request：JavaBean 实例在本次请求有效。
- session：JavaBean 实例在本次 session 内有效。
- application：JavaBean 实例在本应用内一直有效。

2. setProperty

使用指令 setProperty 的语法格式如下。

```
<jsp:setProperty name="BeanName" proterty="
propertyName" value="value"/>
```

其中，属性 name 用于确定需要设置的 JavaBean 实例名；属性 property 用于确定需要设置的属性名；属性 value 用于确定需要设置的属性值。

3. getProperty

使用指令 getProperty 的语法格式如下。

```
<jsp:getProperty name="BeanName" proterty="propertyName" />
```

其中，属性 name 用于确定需要输出的 JavaBean 实例名；属性 property 用于确定需要输出的属性名。

实例 6-3：使用 useBean、setProperty 和 getProperty 指令操作 JavaBean。
源文件路径：daima\6\6.1\yufa\WebContent\beanyong.jsp

实例文件 beanyong.jsp 的具体实现代码如下。

```
<html xmlns="http://www.w3.org/1999/xhtml">
<head>
    <title> Java Bean 测试 </title>
    <meta name="website" content="http://www.sohu.org" />
</head>
<body>
<!-- 创建 lee.Person 的实例，该实例的实例名为 p1 -->
<jsp:useBean id="p1" class="lee.Person" scope="page"/>
<!-- 设置 p1 的 name 属性值 -->
<jsp:setProperty name="p1" property="name" value="wawa"/>
<!-- 设置 p1 的 age 属性值 -->
<jsp:setProperty name="p1" property="age" value="23"/>
<!-- 输出 p1 的 name 属性值 -->
<jsp:getProperty name="p1" property="name"/><br/>
<!-- 输出 p1 的 age 属性值 -->
<jsp:getProperty name="p1" property="age"/>
</body>
</html>
```

在上述代码中，使用 useBean、setProperty 和 getProperty 指令操作了 JavaBean 的方法。执行后的效果如图 6-2 所示。

图 6-2　执行效果

在上述 JSP 代码中，标签 setProperty 和 getProperty 都要求根据属性名来操作 JavaBean 方法的属性。另外，在上述代码中用到了类文件 Person.class，此文件的具体代码如下。

```
public class Person
{
    private String name;
    private int age;

    //无参数的构造器
    public Person()
    {
    }
    //初始化全部属性的构造器
    public Person(String name , int age)
```

```
    {
        this.name = name;
        this.age = age;
    }
    //name 属性的 setter 和 getter 方法
    public void setName(String name)
    {
        this.name = name;
    }
    public String getName()
    {
        return this.name;
    }
    //age 属性的 setter 和 getter 方法
    public void setAge(int age)
    {
        this.age = age;
    }
    public int getAge()
    {
        return this.age;
    }
}
```

上述文件 Person.java 只是一个源文件，我们需要将此文件放在 Web 应用的 WEB-INF/src 目录下，其实上述 Java 源文件 Person.java 对 Web 应用不起丝毫作用，只是在编译后的二进制文件中才会起作用，此二进制文件被保存在 WEB-INF/classes 目录下。而且，当我们为 Web 应用提供了新的 class 文件后，必须重启该 Web 应用，让它可以重新加载这些新的 class 文件。

6.2 JSP 的内置对象

JSP 脚本提供了 9 个内置对象，这 9 个内置对象都是 Servlet API 接口的实例，只是 JSP 规范对它们进行了默认初始化。这 9 个内置对象已经是对象，我们可以直接在程序中使用。本节将详细讲解 JSP 内置对象的基本知识，为读者步入本书后面知识的学习奠定基础。

↑扫码看视频

6.2.1 9 大内置对象简介

JSP 技术中有 9 个内置对象，具体说明如下。

- application：javax.servlet.ServletContext 的实例，该实例代表 JSP 所属的 Web 应用本身，可用于 JSP 页面，或者在 Servlet 之间交换信息。常用的方法有 getAttribute(String attName)、setAttribute(String attName，String attValue) 和

getInitParameter(String paramName)等。

- config：javax.servlet.ServletConfig 的实例，该实例代表该 JSP 的配置信息。常用的方法有 getInitParameter(String paramName)和 getInitParameternames()等。事实上，JSP 页面通常无须配置，也就不存在配置信息。因此，该对象更多地在 Servlet 中有效。
- exception：java.lang.Throwable 的实例，该实例代表其他页面中的异常和错误。只有当页面是错误处理页面，即编译指令 page 的 isErrorPage 属性为 true 时，该对象才可以使用。常用的方法有 getMessage()和 printStackTrace()等。
- out：javax.servlet.jsp.JspWriter 的实例，该实例代表 JSP 页面的输出流，用于输出内容，形成 HTML 页面。
- page：代表该页面本身，通常没有太大用处。也就是 Servlet 中的 this，其类型就是生成的 Servlet 类，能用 page 的地方就可用 this。
- pageContext：javax.servlet.jsp.PageContext 的实例，该对象代表 JSP 页面上下文，使用该对象可以访问页面中的共享数据。常用的方法有 getServletContext()和 getServletConfig()等。
- request：javax.servlet.http.HttpServletRequest 的实例，该对象封装了一次请求，客户端的请求参数都被封装在该对象里。这是一个常用的对象，获取客户端请求参数必须使用该对象。常用的方法有 getParameter(String paramName)、getParameterValues(String paramName)、setAttribute(String attrName, Object attrValue)、getAttribute(String attrName)和 setCharacterEncoding(String env)等。
- response：javax.servlet.http.HttpServletResponse 的实例，代表服务器对客户端的响应。通常很少使用该对象直接响应，而是使用 out 对象，除非需要生成非字符响应。而 response 对象常用于重定向，常用的方法有 getOutputStream()、sendRedirect(java.lang.String location)等。
- session：javax.servlet.http.HttpSession 的实例，该对象代表一次会话。当客户端浏览器与站点建立连接时，会话开始；当客户端关闭浏览器时，会话结束。常用的方法有 getAttribute(String attrName)、setAttribute(String attrName, Object attrValue)等。

JSP 内置对象的特点如下。

(1) 由 JSP 规范提供，不用编写者实例化。

(2) 通过 Web 容器实现和管理。

(3) 所有 JSP 页面均可使用。

(4) 只有在脚本元素的表达式或代码段中才可使用(<%=使用内置对象%>或<%使用内置对象%>)。

读者可以打开 Tomcat 的 work\Catalina\localhost\javaweb\org\apache\jsp\目录，此处的 javaweb 是我们创建的一个站点名，在里面打开任意一个 JSP 页面对应生成的 Servlet 类文件，可以看到如下代码。

```
public final class test_jsp extends org.apache.jasper.runtime.HttpJspBase
  implements org.apache.jasper.runtime.JspSourceDependent {
  ...
```

```
    //用于响应用户请求的方法
    public void _jspService(HttpServletRequest request, HttpServletResponse
    response)
        throws java.io.IOException, ServletException {
        PageContext pageContext = null;
        HttpSession session = null;
        ServletContext application = null;
        ServletConfig config = null;
        JspWriter out = null;
        Object page = this;
        JspWriter _jspx_out = null;
        PageContext _jspx_page_context = null;
        try {
            response.setContentType("text/html; charset=gb2312");
            pageContext = _jspxFactory .getPageContext(this, request, response,
            null, true, 8192, true);
            jspx_page_context = pageContext;
            application = pageContext.getServletContext();
            config = pageContext.getServletConfig();
            session = pageContext.getSession();
            out = pageContext.getOut();
            ...
        }
    }
}
```

编译 JSP 页面后，类 Servlet 一般都会有如上所示的结构，其中对象 request 和 response 是_jspService()方法的形参，当 Tomcat 调用该方法时会初始化这两个对象。而 page、pageContext、application、config、session、out 都是方法_jspService()的局部变量，由该方法完成初始化。

智慧锦囊

上述代码中并没有异常内置对象 exception，这是因为在 JSP 中，只有当页面的 page 指令的属性 isErrorPage 为 true 时才可使用 exception 对象。也就是说，有异常处理页面对应 Servlet 时才会初始化 exception 对象。JSP 的内置对象的实质是——要么是方法_jspService()的形参，要么是方法_jspService()的局部变量，我们可以直接在 JSP 脚本(脚本将对应于 Servlet 的_jspService()方法部分)中调用这些对象而无须创建。因为 JSP 内置对象都是在方法_jspService()中完成初始化的，所以只能在 JSP 脚本、JSP 输出表达式中使用这些内置对象。我们不能在 JSP 声明中使用内置对象，否则系统会提示找不到这些变量。

6.2.2 application 对象

因为 application 对象代表 Web 应用本身，所以使用 application 对象来操作 Web 应用的相关数据。Application 对象实现了用户间数据的共享，可以存放全局变量。Application 对象开始于服务器的启动，直到服务器关闭时结束，在这段时间 application 对象将一直存在。在用户的前后连接或不同用户之间的连接中，可以对此对象的同一属性进行操作。在任何地方对此对象属性的操作，都将影响其他用户对此对象的访问。服务器的启动和关闭决定了 application 对象的生命。application 对象是 ServletContext 类的实例，主要包括如下常用的方法。

- Object getAttribute(String name)：返回给定名的属性值。
- Enumeration getAttributeNames()：返回所有可用属性名的枚举。
- void setAttribute(String name,Object obj)：设定属性的属性值。
- void removeAttribute(String name)：删除一属性及其属性值。
- String getServerInfo()：返回 JSP(Servlet)引擎名及版本号。
- String getRealPath(String path)：返回一虚拟路径的真实路径。
- ServletContext getContext(String uripath)：返回指定 WebApplication 的 application 对象。
- int getMajorVersion()：返回服务器支持的 Servlet API 的最大版本号。
- int getMinorVersion()：返回服务器支持的 Servlet API 的最小版本号。
- String getMimeType(String file)：返回指定文件的 MIME 类型。
- URL getResource(String path)：返回指定资源(文件及目录)的 URL 路径。
- InputStream getResourceAsStream(String path)：返回指定资源的输入流。
- RequestDispatcher getRequestDispatcher(String uripath)：返回指定资源的 RequestDispatcher 对象。
- Servlet getServlet(String name)：返回指定名的 Servlet。
- Enumeration getServlets()：返回所有 Servlet 的枚举。
- Enumeration getServletNames()：返回所有 Servlet 名的枚举。
- void log(String msg)：把指定消息写入 Servlet 的日志文件。
- void log(Exception exception,String msg)：把指定异常的栈轨迹和错误消息写入 Servlet 的日志文件。
- void log(String msg,Throwable throwable)：把栈轨迹和给出的 Throwable 异常的说明信息写入 Servlet 的日志文件。

JSP 中的 application 对象有两个作用，一个是在整个 Web 应用的多个 JSP、Servlet 之间共享数据，另一个是获得 Web 应用配置参数。

在接下来的内容中，我们将讲解在整个 Web 应用的多个 JSP、Servlet 之间共享数据的方法。

对象 application 通过方法 setAttribute(String attrName,Object value)将一个值设置成 application 的 attrName 属性，该属性的值对整个 Web 应用有效，因此该 Web 应用的每个 JSP 页面或 Servlet 都可以访问该属性，访问属性的方法为 getAttribute(String attrName)。

实例 6-4：使用 application 对象。

源文件路径：daima\6\6.1\yufa\WebContent\yongapplication.jsp

实例文件 yongapplication.jsp 的具体实现代码如下。

```
<html xmlns="http://www.w3.org/1999/xhtml">
<head>
    <title>application 测试</title>
```

```
</head>
<body>
<!-- JSP 声明 -->
<%!
int i;
%>
<!-- 将 i 值自加后放入 application 的变量内 -->
<%
application.setAttribute("counter",String.valueOf(++i));
%>
<!-- 输出 i 值 -->
<%=i%>
</body>
</html>
```

上述代码中声明了一个整型变量，每次刷新页面时，该变量值加 1，然后将该变量的值放入 application 内，执行效果如图 6-3 所示。

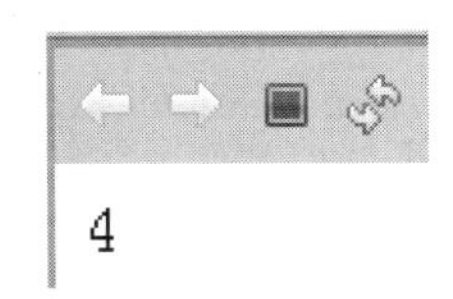

图 6-3　执行效果

对象 application 除了可以在两个 JSP 页面之间实现数据共享外，还可以在 Servlet 和 JSP 之间实现数据共享。

6.2.3　config 对象

在 JSP 中，对象 config 代表当前 JSP 配置信息，但是 JSP 页面通常无须配置，因此也不存在配置信息。该对象在 JSP 页面中比较少用，但是在 Servlet 中的用处比较大，因为 Servlet 需要在文件 web.xml 中进行配置，可以指定配置参数。有关 Servlet 的知识将在本书后面的章节中进行讲解。

也可以在文件 web.xml 中配置 JSP，这样可以为 JSP 页面指定配置信息，并可以为 JSP 页面另外设置一个 URL。config 对象的常用方法如表 6-1 所示。

表 6-1　config 对象的常用方法

方 法 名	说　明
getServletContext	返回所执行的 Servlet 的环境对象
getServletName	返回所执行的 Servlet 的名字
getInitParameter	返回指定名字的初始参数值
getInitParameterNames	返回该 JSP 中所有的初始参数名

在 JSP 程序中，config 对象是 ServletConfig 的实例，该接口用于获取配置参数的方法是 getInitParameter(String paramName)。

实例 6-5：使用 config 中的方法 getServletName()。
源文件路径：daima\6\6.1\yufa\WebContent\configyong.jsp

实例文件 configyong.jsp 的具体实现代码如下。

```
<html xmlns="http://www.w3.org/1999/xhtml">
<head>
    <title>config 内置对象</title>
</head>
<body>
<!-- 直接输出 config 的 getServletName 的值 -->
<%=config.getServletName()%>
</body>
</html>
```

上述代码输出了 config 的 getServletName()方法的返回值，所有的 JSP 页面都有相同的名字：jsp，所以粗体字代码输出为 jsp。执行后的效果如图 6-4 所示。

http://localhost:5858/mmmm/configyong.jsp

jsp

图 6-4　执行效果

6.2.4　exception 对象

在 JSP 程序中，对象 exception 是 Throwable 的实例，能够表示 JSP 脚本程序中产生的错误和异常。在 JSP 脚本中，程序员无须处理异常，即使该异常是 checked 异常。这是因为 JSP 脚本包含的所有可能出现的异常都可以交给错误处理页面处理。

在 JSP 中，被调用的错误页面的结果只有在错误页面中才可使用，也就是说在页面指令中设置：

```
<%@page isErrorPage="true"%>
```

实例 6-6：测试 JSP 脚本的异常机制。
源文件路径：daima\6\6.2\WebContent\yiEx.jsp

实例文件 yiEx.jsp 的具体实现代码如下。

```
<!-- 通过 errorPage 属性指定异常处理页面 -->
<%@ page contentType="text/html; charset=GBK" language="java"
errorPage="error.jsp" %>
<!DOCTYPE html PUBLIC "-//W3C//DTD XHTML 1.0 Transitional//EN"
    "http://www.w3.org/TR/xhtml1/DTD/xhtml1-transitional.dtd">
<html xmlns="http://www.w3.org/1999/xhtml">
<head>
    <title> JSP 脚本的异常机制 </title>
</head>
<body>
<%
int a = 6;
int c = a / 0;
```

```
%>
</body>
</html>
```

上述代码将抛出一个 ArithmeticEception，JSP 异常机制将会转发到 error.jsp 页面。

演示页面文件 error.jsp 的主要代码如下。

```
<%@ page contentType="text/html; charset=GBK" language="java" isErrorPage="true" %>
<!DOCTYPE html PUBLIC "-//W3C//DTD XHTML 1.0 Transitional//EN"
    "http://www.w3.org/TR/xhtml1/DTD/xhtml1-transitional.dtd">
<html xmlns="http://www.w3.org/1999/xhtml">
<head>
    <title> 异常处理页面 </title>
</head>
<body>
异常类型是:<%=exception.getClass()%><br/>
异常信息是:<%=exception.getMessage()%><br/>
</body>
</html>
```

在上述代码中，page 指令的 isErrorPage 属性必须被设为 true，我们可以通过 exception 对象来访问上一个页面所出现的异常。在浏览器中请求 throwEx.jsp 页面。执行后的效果如图 6-5 所示。

异常类型是:class java.lang.ArithmeticException
异常信息是:/ by zero

图 6-5　执行效果

如果打开文件 error.jsp 生成的 Servlet 类，在方法_jspService()中可以看到下面的代码。

```
public void _jspService(HttpServletRequest request,
     HttpServletResponse response)
    throws java.io.IOException, ServletException {
    PageContext pageContext = null;
    HttpSession session = null;
     //初始化 exception 对象
    Throwable exception = org.apache.jasper.runtime.
       JspRuntimeLibrary.getThrowable(request);
    if (exception != null) {
       response.setStatus(HttpServletResponse.
     SC_INTERNAL_SERVER_ERROR);
    }
    ...
}
```

在上述代码中，当 JSP 页面中的 page 指令的 isErrorPage 属性为 true 时，此文件会提供 exception 内置对象。读者在使用 exception 时，一定要将异常处理页面中 page 指令的 isErrorPage 属性设置为 true。只有当 isErrorPage 属性设置为 true 时才可访问 exception 内置对象。

6.2.5　pageContext 对象

对象 pageContext 代表页面上下文，功能是访问 JSP 之间的共享数据。使用 pageContext

可以访问 page、request、session、application 范围的变量。pageContext 对象是 PageContext 类的实例，它提供了如下两个方法来访问 page、request、session、application 范围的变量。

(1) getAttribute(String name)：取得 page 范围内的 name 属性。

(2) getAttribute(String name,int scope)：取得指定范围内的 name 属性，其中 scope 可以是如下 4 个值。

- PageContext.PAGE_SCOPE：对应于 page 范围。
- PageContext.REQUEST_SCOPE：对应于 request 范围。
- PageContext.SESSION_SCOPE：对应于 session 范围。
- PageContext.APPLICATION_SCOPE：对应于 application 范围。

与方法 getAttribute()相对应，PageContext 也提供了两个对应的 setAttribute()方法来指定将变量放入 page、request、session、application 范围内。

实例 6-7：使用 pageContext 操作不同范围内变量。

源文件路径：daima\6\6.2\yufa\WebContent\pageyong.jsp

实例文件 pageyong.jsp 的具体实现代码如下。

```
<html xmlns="http://www.w3.org/1999/xhtml">
<head>
    <title> pageContext </title>
</head>
<body>
<%
//使用 pageContext 设置属性，该属性默认在 page 范围内
pageContext.setAttribute("page","hello");
//使用 request 设置属性，该属性默认在 request 范围内
request.setAttribute("request","hello");
//使用 pageContext 将属性设置在 request 范围中
pageContext.setAttribute("request2","hello" ,
    pageContext.REQUEST_SCOPE);
//使用 session 将属性设置在 session 范围中
session.setAttribute("session","hello");
//使用 pageContext 将属性设置在 session 范围中
pageContext.setAttribute("session2","hello" ,
    pageContext.SESSION_SCOPE);
//使用 application 将属性设置在 application 范围中
application.setAttribute("app","hello");
//使用 pageContext 将属性设置在 application 范围中
pageContext.setAttribute("app2","hello" ,
    pageContext.APPLICATION_SCOPE);
//下面获取各属性所在的范围:
out.println("page 变量所在范围: " +
    pageContext.getAttributesScope("page") + "<br/>");
out.println("request 变量所在范围: " +
    pageContext.getAttributesScope("request") + "<br/>");
out.println("request2 变量所在范围: "+
    pageContext.getAttributesScope("request2") + "<br/>");
out.println("session 变量所在范围: " +
    pageContext.getAttributesScope("session") + "<br/>");
out.println("session2 变量所在范围: " +
    pageContext.getAttributesScope("session2") + "<br/>");
out.println("app 变量所在范围: " +
```

```
    pageContext.getAttributesScope("app") + "<br/>");
out.println("app2 变量所在范围: " +
    pageContext.getAttributesScope("app2") + "<br/>");
%>
</body>
</html>
```

在上述代码中，使用 pageContext 将各变量分别放入 page、request、session、application 范围内，程序中的斜体字代码还使用 pageContext 获取各变量所在的范围。执行效果如图 6-6 所示。

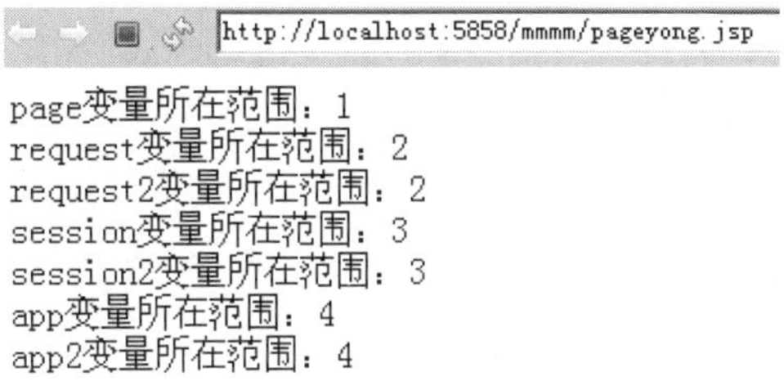

http://localhost:5858/mmmm/pageyong.jsp

page变量所在范围：1
request变量所在范围：2
request2变量所在范围：2
session变量所在范围：3
session2变量所在范围：3
app变量所在范围：4
app2变量所在范围：4

图 6-6　执行效果

上述执行效果显示了使用 pageContext 获取的各属性所在的范围，这些范围获取的整型变量分别对应如下 4 个生存范围。

- 1：对应 page 生存范围。
- 2：对应 request 生存范围。
- 3：对应 session 生存范围。
- 4：对应 application 生存范围。

6.2.6　out 对象

对象 out 代表一个页面输出流，用于在页面上输出变量值及常量。通常在使用输出表达式的地方都可以使用 out 对象来达到同样效果，out 对象中的常用方法如表 6-2 所示。

表 6-2　out 对象中的方法

方 法 名	说　明
print 或 println	输出数据
newLine	输出换行字符
flush	输出缓冲区数据
close	关闭输出流
clear	清除缓冲区中数据，但不输出到客户端
clearBuffer	清除缓冲区中数据，输出到客户端
getBufferSize	获得缓冲区大小
getRemaining	获得缓冲区中没有被占用的空间
isAutoFlush	是否为自动输出

实例 6-8：在 JSP 页面中使用 out 对象实现输出。
源文件路径：daima\6\6.2\yufa\WebContent\outyong.jsp

实例文件 outyong.jsp 的具体实现代码如下。

```
<html xmlns="http://www.w3.org/1999/xhtml">
<head>
    <title> out 测试 </title>
</head>
<body>
<%
//注册数据库驱动
Class.forName("com.mysql.jdbc.Driver");
//获取数据库连接
Connection conn = DriverManager.getConnection(
    "jdbc:mysql://localhost:3306/javaee","root","32147");
//创建 Statement 对象
Statement stmt = conn.createStatement();
//执行查询，获取 ResultSet 对象
ResultSet rs = stmt.executeQuery("select * from news_inf");
%>
<table bgcolor="#9999dd" border="1" width="400">
<%
//遍历结果集
while(rs.next())
{
    //输出表格行
    out.println("<tr>");
    //输出表格列
    out.println("<td>");
    //输出结果集的第二列的值
    out.println(rs.getString(1));
    //关闭表格列
    out.println("</td>");
    //开始表格列
    out.println("<td>");
    //输出结果集的第三列的值
    out.println(rs.getString(2));
    //关闭表格列
    out.println("</td>");
    //关闭表格行
    out.println("</tr>");
}
%>
<table>
</body>
</html>
```

从上述代码可以看出，out 代表了页面中的输出流，负责输出页面表格及所有内容。但是也有一个缺点，那就是使用 out 需要编写更多代码。在 JSP 程序中，在所有使用 out 的地方都可用输出表达式来代替，而且使用输出表达式更加简洁。<%=...%>表达式的本质就是：

```
out.write(...);
```

通过 out 对象的介绍，读者可以更好地理解输出表达式的原理。

6.2.7　request 对象

request 对象是 JSP 中的重要对象之一，每个 request 对象封装一次用户请求，并且所有的请求参数都被封装在 request 对象中，因此 request 对象是获取请求参数的重要途径。并且 request 可以代表本次请求范围，所以还可用于操作 request 范围的属性。request 对象中的方法如表 6-3 所示。

表 6-3　request 对象中的方法

方 法 名	说　明
isUserInRole	判断认证后的用户是否属于某一成员组
getAttribute	获取指定属性的值，如该属性值不存在返回 Null
getAttributeNames	获取所有属性名的集合
getCookies	获取所有 Cookie 对象
getCharacterEncoding	获取请求的字符编码方式
getContentLength	返回请求正文的长度，如不确定返回-1
getHeader	获取指定名字报头值
getHeaders	获取指定名字报头的所有值，一个枚举
getHeaderNames	获取所有报头的名字，一个枚举
getInputStream	返回请求输入流，获取请求中的数据
getMethod	获取客户端向服务器端传送数据的方法
getParameter	获取指定名字参数值
getParameterNames	获取所有参数的名字，一个枚举
getParameterValues	获取指定名字参数的所有值
getProtocol	获取客户端向服务器端传送数据的协议名称
getQueryString	获取以 get 方法向服务器传送的查询字符串
getRequestURI	获取发出请求字符串的客户端地址
getRemoteAddr	获取客户端的 IP 地址
getRemoteHost	获取客户端的名字
getSession	获取和请求相关的会话
getServerName	获取服务器的名字
getServerPath	获取客户端请求文件的路径
getServerPort	获取服务器的端口号
removeAttribute	删除请求中的一个属性
setAttribute	设置指定名字参数值

1．获取请求头/请求参数

Web 应用是请求/响应架构的应用，浏览器发送请求时通常总会附带一些请求头，还可能包含一些请求参数，服务器端负责解析请求头/请求参数的就是 JSP 或 Servlet，而 JSP 和

Servlet 取得请求参数的途径就是 request。request 对象是 HttpServletRequest 接口的实例，它提供了如下方法来获取请求参数。

- String getParameter(String paramName)：获取 paramName 请求参数的值。
- Map getParameterMap()：获取所有请求参数名和参数值所组成的 Map 对象。
- Enumeration getParameterNames()：获取所有请求参数名所组成的 Enumeration 对象。
- String[] getParameterValues(String name)：paramName 请求参数的值，当该请求参数有多个值时，该方法将返回多个值所组成的数组。

HttpServletRequest 提供了如下方法来访问请求头。

- String getHeader(String name)：根据页面传递过来的请求参数获取头域的值。
- java.util.Enumeration<String> getHeaderNames()：获取所有请求头的名称。
- java.util.Enumeration<String> getHeaders(String name)：获取指定请求头的多个值。
- int getIntHeader(String name)：获取指定请求头的值，并将该值转为整数值。

对于开发人员来说，请求头和请求参数都是由用户发送到服务器的数据，区别在于请求头通常由浏览器自动添加，因此一次请求总是包含若干请求头；而请求参数则通常需要开发人员控制添加，让客户端发送请求参数通常分为如下两种情况。

1) GET 方式的请求

当直接在浏览器地址栏输入访问地址所发送的请求，或提交表单发送请求时，该表单对应的 form 元素没有设置 method 属性，或设置 method 属性为 get，这几种请求都是 GET 方式的请求。GET 方式的请求会将请求参数的名和值转换成字符串，并附加在原 URL 之后，因此可以在地址栏中看到请求参数名和值。GET 请求传送的数据量较小，一般不能大于 2KB。

2) POST 方式的请求

这种方式通常是使用提交表单(由 form HTML 元素表示)来发送，且需要设置 form 元素的 method 属性为 post。POST 方式传送的数据量较大，通常认为 POST 请求参数的大小不受限制，但往往取决于服务器的限制，POST 请求传输的数据量总比 GET 传输的数据量大。而且 POST 方式发送的请求参数以及对应的值放在 HTML HEADER 中传输，用户不能在地址栏里看到请求参数值，安全性相对较高。

知识精讲

对比上面两种请求方式，建议读者尽量采用 POST 方式发送请求。在当前现实应用中，几乎每个网站都会大量使用表单，表单用于收集用户信息，一旦用户提交请求，表单的信息将会提交给对应的处理程序，如果为 form 元素设置 method 属性为 post，则表示发送 POST 请求。

如果需要传递的参数是普通字符串，而且仅需传递少量参数，可以选择使用 GET 方式发送请求参数，GET 方式发送的请求参数被附加到地址栏的 URL 之后，地址栏的 URL 将变成如下形式。

```
url?param1=value1&param2=value2&…paramN=valueN
```

URL 和参数之间以“?”分隔，而多个参数之间以“&”分隔。

实例 6-9：演示表单处理数据。
源文件路径：daima\6\6.2\yufa\WebContent\form.jsp、request1.jsp

首先编写登录表单界面文件 form.jsp，此文件没有动态的 JSP 部分，只是包含一个收集请求参数的表单，设置了该表单的 action 为 request1.jsp，这表明提交该表单时，请求将发送到 request1.jsp 页面。另外，还设置了 method 为 post，这表明提交表单将发送 POST 请求。在表单里包含 1 个文本框、2 个单选按钮、3 个复选框及 1 个下拉列表框，另外包括“提交”和“重置”两个按钮。具体代码如下。

```
<body>
<form id="form1" method="post" action="request1.jsp">
用户名：<br/>
<input type="text" name="name"><hr/>
性别：<br/>
男：<input type="radio" name="gender" value="男">
女：<input type="radio" name="gender" value="女"><hr/>
喜欢的颜色：<br/>
红：<input type="checkbox" name="color" value="红">
绿：<input type="checkbox" name="color" value="绿">
蓝：<input type="checkbox" name="color" value="蓝"><hr/>
来自的国家：<br/>
<select name="country">
    <option value="AA">AAA</option>
    <option value="BB">BBB</option>
    <option value="CC">CCC</option>
</select><hr/>
<input type="submit" value="提交">
<input type="reset" value="重置">
</form>
</body>
```

执行代码后只会显示一个表单界面，如图 6-7 所示。

图 6-7　执行效果

在上述页面中输入信息并单击“提交”按钮后，表单中的请求参数将通过 request 对象的 getParameter()方法来取得。

上面的表单页向文件 request1.jsp 发送请求，文件 request1.jsp 的主要代码如下。

```
<body>
<%
//获取所有请求头的名称
Enumeration<String> headerNames = request.getHeaderNames();
while(headerNames.hasMoreElements())
{
    String headerName = headerNames.nextElement();
    //获取每个请求及其对应的值
    out.println(
        headerName + "-->" + request.getHeader(headerName) + "<br/>");
}
out.println("<hr/>");
//设置解码方式，对于简体中文，使用 gb2312 解码
request.setCharacterEncoding("gb2312");
//下面依次获取表单域的值
String name = request.getParameter("name");
String gender = request.getParameter("gender");
//如果某个请求参数有多个值，将使用该方法获取多个值
String[] color = request.getParameterValues("color");
String national = request.getParameter("country");
%>
<!-- 下面依次输出表单域的值 -->
您的名字：<%=name%><hr/>
您的性别：<%=gender%><hr/>
<!-- 输出复选框获取的数组值 -->
您喜欢的颜色：<%for(String c : color)
{out.println(c + " ");}%><hr/>
您来自的国家：<%=national%><hr/>
</body>
```

上述代码演示了如何获取请求头、请求参数的过程，在获取表单域对应的请求参数值之前，首先设置 request 编码的字符集。如果 POST 请求的请求参数里包含非西欧字符，则必须在获取请求参数之前先调用 setCharacterEncoding()方法设置编码的字符集。如果发送请求的表单页采用 gb2312 字符集，该表单页发送的请求也将采用 gb2312 字符集，所以本页面需要先执行方法 setCharacterEncoding("gb2312")，此方法可以设置 request 编码所用的字符集。

如果在表单提交页的各个输入域内输入对应的值，然后单击“提交”按钮，request1.jsp 就会将处理结果显示在浏览用户面前。执行效果如图 6-8 所示。

2. 操作 request 范围的属性

HttpServletRequest 中有如下两个方法来设置和获取 request 范围的属性。

- setAttribute(String attName, Object attValue)：将 attValue 设置成 request 范围的属性。
- Object getAttribute(String attName)：获取 request 范围的属性。

3. 执行 forward 或 include

request 能够执行 forward 和 include，也就是说可以代替 JSP 所提供的 forward 和 include 动作指令。在 JSP 中，类 HttpServletRequest 提供了方法 getRequestDispatcher (String path)，其中参数 path 就是 forward 或者 include 的目标路径，该方法返回 RequestDispatcher。在 HttpServletRequest 中提供了如下两个方法。

- forward(ServletRequest request, ServletResponse response)：执行 forward。
- include(ServletRequest request, ServletResponse response)：执行 include。

图 6-8　执行效果

例如，下面的代码行可以将文件 aaa.jsp 导入到本页面中：

```
getRequestDispatcher("/aaa.jsp").include(request, response);
```

例如，下面的代码可以将请求跳转到文件 aaa.jsp 页面：

```
getRequestDispatcher("/aaa.jsp").forward(request , response);
```

当使用 request 中的方法 getRequestDispatcher(String path)时，该 path 字符串必须以斜线开头。

6.3　实践案例与上机指导

通过本章的学习，读者基本可以掌握 JSP 动作指令和内置对象的知识。其实有关 JSP 动作指令和内置对象的知识还有很多，这需要读者通过课外渠道来加深学习。下面通过练习操作，以达到巩固学习、拓展提高的目的。

↑扫码看视频

6.3.1　使用 response 对象响应客户端的请求

在 JSP 中，JSP 页面处理结果返回给用户的响应存储在 response 对象中，并提供了设置响应内容、响应头以及重定向的方法，例如 cookies、头信息等。在大多数时候，程序无须使用 response 来响应客户端请求，因为使用 out 响应对象的方法更加简单。但是 out 是

JspWriter 的实例，JspWriter 是 Writer 的子类，Writer 是字符流，无法输出非字符内容。假如需要在 JSP 页面中动态生成一幅位图或者输出一个 PDF 文档，使用 out 作为响应对象将无法完成，此时必须使用 response 作为响应输出。response 对象中的常用方法如表 6-4 所示。

表 6-4　response 对象的常用方法

方 法 名	说　明
addCookie	添加一个 Cookie 对象
addHeader	添加 Http 文件指定名字头信息
containsHeader	判断指定名字的 Http 文件头信息是否存在
encodeURL	使用 sessionid 封装 URL
flushBuffer	强制把当前缓冲区内容发送到客户端
getBufferSize	返回缓冲区大小
getOutputStream	返回到客户端的输出流对象
sendError	向客户端发送错误信息
sendRedirect	把响应发送到另一个位置进行处理
setContentType	设置响应的 MIME 类型
setHeader	设置指定名字的 Http 文件头信息

对于需要生成非字符响应的情况，就应该使用 response 来响应客户端请求。下面的 JSP 页面将在客户端生成一张图片。response 是 HttpServletResponse 接口的实例，此接口提供了 getOutputStream()方法来返回响应输出字节流。

实例 6-10：演示 response 响应客户端请求的过程。

源文件路径：daima\6\6.3\yufa\WebContent\tu.jsp

实例文件 tu.jsp 的具体实现代码如下。

```
<%-- 通过 contentType 属性指定响应数据是图片 --%>
<%@ page contentType="image/jpeg" language="java"%>
<%@ page import="java.awt.image.*,javax.imageio.*,java.io.*,java.awt.*"%>
<%
//创建 BufferedImage 对象
BufferedImage image = new BufferedImage(340 ,
    160, BufferedImage.TYPE_INT_RGB);
//以 Image 对象获取 Graphics 对象
Graphics g = image.getGraphics();
//使用 Graphics 画图，所画的图像将会出现在 image 对象中
g.fillRect(0,0,400,400);
//设置颜色：红
g.setColor(new Color(255,0,0));
//画出一段弧
g.fillArc(20, 20, 100,100, 30, 120);
//设置颜色：绿
g.setColor(new Color(0 , 255, 0));
//画出一段弧
g.fillArc(20, 20, 100,100, 150, 120);
//设置颜色：蓝
```

```
g.setColor(new Color(0 , 0, 255));
//画出一段弧
g.fillArc(20, 20, 100,100, 270, 120);
//设置颜色：黑
g.setColor(new Color(0,0,0));
g.setFont(new Font("Arial Black", Font.PLAIN, 16));
//画出三个字符串
g.drawString("red:climb" , 200 , 60);
g.drawString("green:swim" , 200 , 100);
g.drawString("blue:jump" , 200 , 140);
g.dispose();
//将图像输出到页面的响应
ImageIO.write(image , "jpg" , response.getOutputStream());
%>
```

上述代码先设置了服务器响应数据是 image/jpeg，这表明服务器响应是一张 JPG 图片。接着创建了一个 BufferedImage 对象(代表图像)，并获取该 BufferedImage 的 Graphics 对象(代表画笔)，然后通过 Graphics 向 BufferedImage 中绘制图形，最后一行代码直接将 BufferedImage 作为响应发送给客户端。上述代码执行后会显示一幅图片，如图 6-9 所示。

图 6-9　执行效果

上述使用临时生成图片的方式就可以非常容易地实现网页上的图形验证码功能。并且使用 response 生成非字符响应还可以直接生成 PDF 文件、Excel 文件，这些文件可直接作为报表使用。

6.3.2　使用 response 对象实现重定向

重定向功能是 response 的重要功能之一，因为重定向将生成第二次请求，与前一次请求不在同一个 request 范围，所以发送一次请求的请求参数和 request 范围的属性全部丢失。所以与 forward 相比，response 的重定向会丢失所有的请求参数和 request 范围的属性。

在 HttpServletResponse 中提供了方法 sendRedirect(String path)来重定向到 path 资源，即重新向 path 资源发送请求。

实例 6-11： 使用 response 实现重定向操作。
源文件路径： daima\6\6.3\yufa\WebContent\chongding.jsp

实例文件 chongding.jsp 的具体实现代码如下。

```
<body>
<h3>被重定向的目标页</h3>
name 请求参数的值：<%=request.getParameter("name")%>
</body>
```

上述代码实现重定向处理功能，当向该页面发送请求时，请求会被重定向到文件 redirect-jieguo.jsp。假如在地址栏中输入 http://localhost:5858/mmmm/redirect-jieguo.jsp?name=daxia，然后按回车键，将看到如图 6-10 所示的效果。

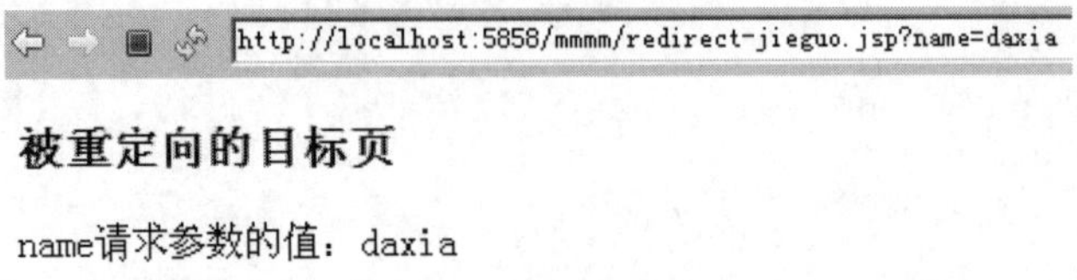

http://localhost:5858/mmmm/redirect-jieguo.jsp?name=daxia

被重定向的目标页

name请求参数的值：daxia

图 6-10　执行效果

思考与练习

本章循序渐进地讲解了 JSP 的动作指令和 JSP 的内置对象等知识。在讲解过程中，通过具体实例介绍了使用 JSP 动作指令和内置对象的方法。通过本章的学习，读者应该熟悉使用 JSP 动作指令和内置对象的知识，掌握它们的使用方法和技巧。

1. 选择题

(1) 在 JSP 程序中，指令 include 通过 JspRuntimeLibrary 的(　　)方法来引入目标页面。

A. forward()　　B. do()　　C. include()

(2) 当 param 与 include 指令结合使用时，指令(　　)用于将参数值传入被导入的页面。

A. param　　B. plugin　　C. include

2. 判断对错

(1) 动态指令 include 也能够包含某个页面，但是不会导入被包含页面的编译指令，只是将被导入页面的 body 元素插入到本页面中。　　(　　)

(2) 在 JSP 中，application 开始于服务器的启动，直到服务器关闭时结束，在这段时间 Application 对象将一直存在。　　(　　)

3. 上机练习

(1) 向客户端写一个名为 username 的 Cookie。

(2) 读取上面创建的名为 username 的 Cookie。

第 7 章

自定义标签和新特性

本章要点

- 自定义 JSP 标签
- JSP 2.0 的新特性

本章主要内容

从 JSP 1.1 开始增加了自定义标签库规范，自定义标签库是一种非常优秀的表现层组件技术。通过使用自定义标签库，可以在简单的标签中封装复杂的功能。在本章的内容中，将详细讲解 JSP 中自定义标签和 JSP 2 新特性的基本知识，为读者步入本书后面知识的学习奠定基础。

7.1 自定义 JSP 标签

自定义标签是一种十分优秀的表现层技术，通过自定义标签库，可以在简单的标签中封装复杂的功能。本节将详细讲解在 JSP 中自定义标签的基本知识，为读者步入本书后面知识的学习奠定基础。

↑扫码看视频

7.1.1 自定义标签基础

在 JSP 程序中使用自定义标签后可以解决 JSP 和 HTML 的如下 3 个缺点。

- JSP 脚本难以理解。
- JSP 和 HTML 混合导致维护成本高。
- JSP 嵌套在 HTML 中，美工难以参与开发。

出于以上 3 点的考虑，我们需要一种可在页面中使用的标签，这种标签具有和 HTML 标签类似的语法，但又可以完成 JSP 脚本的功能，这种标签就是 JSP 自定义标签。

在 JSP 1.1 规范中开发自定义标签库比较复杂，JSP 2 规范简化了标签库的开发，在 JSP 2 中开发自定义标签库的基本步骤如下。

(1) 开发自定义标签处理类。

(2) 建立一个*.tld 文件，每个*.tld 文件对应一个标签库，在每个标签库中可以包含多个标签。

(3) 在 JSP 文件中使用自定义标签。

在 Java Web 体系中，标签库是非常重要的技术之一，平常初学者和普通开发人员自己开发标签库的机会很少。如果希望成为高级程序员，或者希望开发通用框架，就需要大量开发自定义标签。所有的 MVC 框架，例如 Struts 2、Spring MVC 和 JSF 等都提供了丰富的自定义标签。

7.1.2 开发自定义标签类

当在 JSP 页面中使用一个标签时，需要底层处理类来提供支持，这样可以用简单的标签封装复杂的功能。所有的自定义标签类都必须继承一个父类 SimpleTagSupport，继承后，用户需要为标签类编写对应的 getter 和 setter 属性，然后重写 doTag()方法，这个方法用来生成页面的内容。

另外，在 JSP 中自定义标签类时还有如下两点要求。

(1) 如果标签类包含属性，则每个属性都要有对应的 getter 和 setter 方法。

(2) 重写 doTag()方法，这个方法负责生成页面内容。

实例 7-1：开发自定义标签类。

源文件路径：daima\7\ zidingyi\WebContent\WEB-INF\src\wang\HelloWorldTag.java

实例文件 HelloWorldTag.java 的具体实现代码如下。

```
import javax.servlet.jsp.tagext.*;
import javax.servlet.jsp.*;
import java.io.*;

public class HelloWorldTag extends SimpleTagSupport
{
    //重写 doTag 方法，该方法在标签结束时生成页面内容
    public void doTag()throws JspException,
        IOException
    {
        //获取页面输出流，并输出字符串
        getJspContext().getOut().write("Hello World "
            + new java.util.Date());
    }
}
```

上述代码中的标签处理类非常简单，只是继承了 SimpleTagSupport 父类，并重写 doTag()方法。方法 doTag()的功能是输出页面内容。因为该标签没有属性，所以不用提供 setter 和 getter 方法。

7.1.3 编写 TLD 文件

TLD 是 Tag Library Definition 的缩写，即标签库定义，此类文件的后缀是.tld。每个 TLD 文件对应一个标签库，在一个标签库中可包含多个标签。TLD 文件也称为标签库定义文件。

标签库定义文件的根元素是 taglib，它可以包含多个 tag 子元素，每个 tag 子元素都定义一个标签。通常我们可以到 Web 容器下复制一个标签库定义文件，并在此基础上进行修改即可。例如 Tomcat 7.0，在 webapps\examples\WEB-INF\jsp2 路径下包含一个 jsp2-example-taglib.tld 文件，这就是一个 TLD 文件的范例。

下面是一个 mytaglib.tld 文件中的具体代码。

```
<?xml version="1.0" encoding="GBK"?>
<taglib xmlns="http://java.sun.com/xml/ns/j2ee"
    xmlns:xsi="http://www.w3.org/2001/XMLSchema-instance"
    xsi:schemaLocation="http://java.sun.com/xml/ns/j2ee web-jsptaglibrary_2_0.xsd"
    version="2.0">
    <tlib-version>1.0</tlib-version>
    <short-name>mytaglib</short-name>
    <!-- 定义该标签库的 URI -->
    <uri>http://www.wanggang.org/mytaglib</uri>

    <!-- 定义第一个标签 -->
    <tag>
        <!-- 定义标签名 -->
        <name>helloWorld</name>
        <!-- 定义标签处理类 -->
```

```
        <tag-class>wang.HelloWorldTag</tag-class>
        <!-- 定义标签体为空 -->
        <body-content>empty</body-content>
    </tag>
    <!-- 定义第二个标签 -->
    <tag>
        <!-- 定义标签名 -->
        <name>query</name>
        <!-- 定义标签处理类 -->
        <tag-class>wang.QueryTag</tag-class>
        <!-- 定义标签体为空 -->
        <body-content>empty</body-content>
        <!-- 配置标签属性:driver -->
        <attribute>
            <name>driver</name>
            <required>true</required>
            <fragment>true</fragment>
        </attribute>
        <!-- 配置标签属性:url -->
        <attribute>
            <name>url</name>
            <required>true</required>
            <fragment>true</fragment>
        </attribute>
        <!-- 配置标签属性:user -->
        <attribute>
            <name>user</name>
            <required>true</required>
            <fragment>true</fragment>
        </attribute>
        <!-- 配置标签属性:pass -->
        <attribute>
            <name>pass</name>
            <required>true</required>
            <fragment>true</fragment>
        </attribute>
        <!-- 配置标签属性:sql -->
        <attribute>
            <name>sql</name>
            <required>true</required>
            <fragment>true</fragment>
        </attribute>
    </tag>

    <!-- 定义第三个标签 -->
    <tag>
        <!-- 定义标签名 -->
        <name>iterator</name>
        <!-- 定义标签处理类 -->
        <tag-class>wang.IteratorTag</tag-class>
        <!-- 定义标签体支持 JSP 脚本 -->
        <body-content>scriptless</body-content>
        <!-- 配置标签属性:collection -->
        <attribute>
            <name>collection</name>
            <required>true</required>
            <fragment>true</fragment>
        </attribute>
```

```
        <!-- 配置标签属性:item -->
        <attribute>
            <name>item</name>
            <required>true</required>
            <fragment>true</fragment>
        </attribute>
    </tag>
</taglib>
```

由此可见，标签库定义文件是一个标准的 XML 文件，该 XML 文件的根元素是 taglib，因此我们每次编写标签库定义文件时直接添加该元素即可。定义了上面的标签库定义文件后，将标签库文件放在 Web 应用的 WEB-INF 路径或任意子路径下，Java Web 规范会自动加载该文件，则该文件定义的标签库也将生效。

智慧锦囊

通常来说，在 taglib 中有如下三个子元素。

(1) tlib-version: 指定标签库实现的版本，这是一个作为标识的内部版本号，对程序没有太大的作用。

(2) short-name: 标签库的默认短名，该名称通常也没有太大的用处。

(3) uri: 此属性的功能是指定标签库的 URI，相当于指定该标签库的唯一标识。JSP 页面中使用标签库时就是根据 URI 属性来定位的。

7.1.4 使用标签库里的标签

在开发 JSP 程序时，使用标签库的基本步骤如下。

(1) 导入标签库：使用 taglib 编译指令导入标签库，就是将标签库和指定前缀关联起来。

(2) 使用标签：在 JSP 页面中使用自定义标签。

使用 taglib 的语法格式如下。

```
<%@ taglib uri="tagliburi" prefix="tagPrefix" %>
```

其中，属性 uri 表示标签库的 URI，此 URI 可以确定一个具体的标签库；属性 prefix 用于指定标签库前缀，也就是所有使用该前缀的标签将由此标签库处理。

在 JSP 程序中使用标签的语法格式如下。

```
 <tagPrefix:tagName tagAttribute="tagValue" …>
 <tagBody/>
</tagPrefix:tagName>
```

如果在一个标签中没有标签体，可以使用下面的语法格式实现。

```
<tagPrefix:tagName tagAttribute="tagValue" …/>
```

上面使用标签的语法里都设置了属性值，在前面实例 7-1 中介绍的 HelloWorldTag 标签没有任何属性，所以只需用<mytag:helloWorld/>即可使用该标签。其中，mytag 是 taglib 指令为标签库指定的前缀，而 helloWorld 是标签名。

实例 7-2：使用实例 7-1 定义的 helloWorld 标签。

源文件路径：daima\7\zidingyi\WebContent\helloWorldTag.jsp

实例文件 helloWorldTag.jsp 的具体实现代码如下。

```
<%@ page contentType="text/html; charset=GBK" language="java" errorPage="" %>
<!-- 导入标签库 -->
<%@ taglib uri="http://www.sohu.com/aaa" prefix="mytag"%>
<!DOCTYPE html PUBLIC "-//W3C//DTD XHTML 1.0 Transitional//EN"
    "http://www.w3.org/TR/xhtml1/DTD/xhtml1-transitional.dtd">
<html xmlns="http://www.w3.org/1999/xhtml">
<head>
    <title>自定义标签示范</title>
</head>
<body bgcolor="#ffffc0">
<h2>显示自定义标签中的内容</h2>
<!-- 使用标签 -->
<mytag:helloWorld/><br/>
</body>
```

上述代码指定了 http://www.sohu.com/aaa 标签库的前缀为 mytag，第二行粗体字代码表明 mytag 前缀对应标签库里的 helloWorld 标签。

7.1.5 修改 web.xml

运行自定义标签，确定参数文档，接下来开始修改 web.xml 中的参数，修改后的代码如下。

```
<?xml version="1.0" encoding="GBK"?>
<web-app xmlns="http://java.sun.com/xml/ns/javaee"
    xmlns:xsi="http://www.w3.org/2001/XMLSchema-instance"
    xsi:schemaLocation="http://java.sun.com/xml/ns/javaee
    http://java.sun.com/xml/ns/javaee/web-app_2_5.xsd"
    version="2.5">
</web-app>
```

此时执行文件 helloWorldTag.jsp，效果如图 7-1 所示。

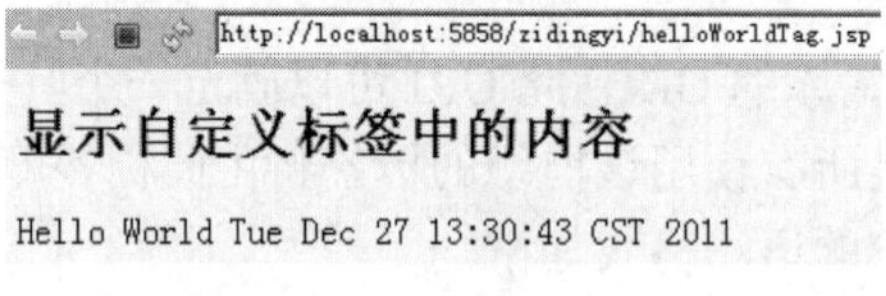

http://localhost:5858/zidingyi/helloWorldTag.jsp

显示自定义标签中的内容

Hello World Tue Dec 27 13:30:43 CST 2011

图 7-1　执行效果

提示：如果将上述代码放在虚拟目录中，还需要额外配置文件。读者可以将它放置在 Tomcat 7.0\webapps 文件夹下，则此文件可以正常运行。

7.1.6 应用自定义标签

本章前面介绍的标签比较简单，既没有属性，也没有标签体。实际上在 JSP 中还有如下两种常用的标签。

(1) 带属性的标签。

(2) 带标签体的标签。

1. 带属性的标签

正如前面介绍的，带属性标签必须为每个属性提供对应的 setter 和 getter 方法。带属性标签的配置方法与简单标签也略有差别。

2. 带标签体的标签

带标签体的标签，可以在标签内嵌入其他内容(包括静态的 HTML 内容和动态的 JSP 内容)，通常用于完成一些逻辑运算，例如判断和循环等。

实例 7-3：使用实例 7-1 定义的 helloWorld 标签。
源文件路径：daima\7\zidingyi\WebContent\QueryTag.java

首先看文件 QueryTag.java，具体实现代码如下。

```
import javax.servlet.jsp.tagext.*;
import javax.servlet.jsp.*;
import java.io.*;
import java.sql.*;
public class QueryTag extends SimpleTagSupport
{
    //标签的属性
    private String driver;
    private String url;
    private String user;
    private String pass;
    private String sql;
    //driver 属性的 setter 和 getter 方法
    public void setDriver(String driver)
    {
        this.driver = driver;
    }
    public String getDriver()
    {
        return this.driver;
    }

    //url 属性的 setter 和 getter 方法
    public void setUrl(String url)
    {
        this.url = url;
    }
    public String getUrl()
    {
        return this.url;
    }

    //user 属性的 setter 和 getter 方法
    public void setUser(String user)
    {
        this.user = user;
    }
```

```
public String getUser()
{
    return this.user;
}

//pass 属性的 setter 和 getter 方法
public void setPass(String pass)
{
    this.pass = pass;
}
public String getPass()
{
    return this.pass;
}

//sql 属性的 setter 和 getter 方法
public void setSql(String sql)
{
    this.sql = sql;
}
public String getSql()
{
    return this.sql;
}
//conn 属性的 setter 和 getter 方法
public void setConn(Connection conn)
{
    this.conn = conn;
}
public Connection getConn()
{
    return this.conn;
}

//stmt 属性的 setter 和 getter 方法
public void setStmt(Statement stmt)
{
    this.stmt = stmt;
}
public Statement getStmt()
{
    return this.stmt;
}
//rs 属性的 setter 和 getter 方法
public void setRs(ResultSet rs)
{
    this.rs = rs;
}
public ResultSet getRs()
{
    return this.rs;
}

//rsmd 属性的 setter 和 getter 方法
public void setRsmd(ResultSetMetaData rsmd)
{
    this.rsmd = rsmd;
}
public ResultSetMetaData getRsmd()
```

```
{
    return this.rsmd;
}
//执行数据库访问的对象
private Connection conn = null;
private Statement stmt = null;
private ResultSet rs = null;
private ResultSetMetaData rsmd = null;
public void doTag()throws JspException,
    IOException
{
    try
    {
        //注册驱动
        Class.forName(driver);
        //获取数据库连接
        conn = DriverManager.getConnection(url,user,pass);
        //创建 Statement 对象
        stmt = conn.createStatement();
        //执行查询
        rs = stmt.executeQuery(sql);
        rsmd = rs.getMetaData();
        //获取列数目
        int columnCount = rsmd.getColumnCount();
        //获取页面输出流
        Writer out = getJspContext().getOut();
        //在页面输出表格
        out.write("<table border='1' bgColor='#9999cc' width='400'>");
        //遍历结果集
        while (rs.next())
        {
            out.write("<tr>");
            //逐列输出查询到的数据
            for (int i = 1 ; i <= columnCount ; i++ )
            {
                out.write("<td>");
                out.write(rs.getString(i));
                out.write("</td>");
            }
            out.write("</tr>");
        }
    }
    catch(ClassNotFoundException cnfe)
    {
        cnfe.printStackTrace();
        throw new JspException("自定义标签错误" + cnfe.getMessage());
    }
    catch (SQLException ex)
    {
        ex.printStackTrace();
        throw new JspException("自定义标签错误" + ex.getMessage());
    }
    finally
    {
        //关闭结果集
        try
        {
            if (rs != null)
```

```
                rs.close();
            if (stmt != null)
                stmt.close();
            if (conn != null)
                conn.close();
        }
        catch (SQLException sqle)
        {
            sqle.printStackTrace();
        }
    }
  }
}
```

上述代码中的标签一共包含 5 个属性，程序需要为这 5 个属性提供 setter()和 getter()方法。其中，setter()用于设置属性，getter()用于获取属性值，方法 doTag()决定了该标签输出的内容，会根据 SQL 语句查询数据库，并在当前页面中显示查询结果。

在面对有属性的标签时，需要为元素<tag.../>增加<attribute.../>子元素，为每个 attribute 子元素定义一个标签属性。子元素<attribute.../>通常还需要指定如下几个子元素。

- name：设置属性名，子元素的值是字符串内容。
- required：设置该属性是否为必需属性，该子元素的值是 true 或 false。
- fragment：设置该属性是否支持 JSP 脚本、表达式等动态内容，子元素的值是 true 或 false。

为了配置标签 QueryTag，需要在文件 mytaglib.tld 中增加如下配置代码。

```
<!-- 定义第二个标签 -->
<tag>
   <!-- 定义标签名 -->
   <name>query</name>
   <!-- 定义标签处理类 -->
   <tag-class>wang.QueryTag</tag-class>
   <!-- 定义标签体为空 -->
   <body-content>empty</body-content>
   <!-- 配置标签属性:driver -->
   <attribute>
      <name>driver</name>
      <required>true</required>
      <fragment>true</fragment>
   </attribute>
   <!-- 配置标签属性:url -->
   <attribute>
      <name>url</name>
      <required>true</required>
      <fragment>true</fragment>
   </attribute>
   <!-- 配置标签属性:user -->
   <attribute>
      <name>user</name>
      <required>true</required>
      <fragment>true</fragment>
   </attribute>
   <!-- 配置标签属性:pass -->
   <attribute>
      <name>pass</name>
      <required>true</required>
```

```
        <fragment>true</fragment>
    </attribute>
    <!-- 配置标签属性:sql -->
    <attribute>
        <name>sql</name>
        <required>true</required>
        <fragment>true</fragment>
    </attribute>
</tag>
```

通过上述代码，分别为 QueryTay 标签配置了 driver、url、user、pass 和 sql 五个属性，并指定这五个属性都是必需的属性，而且属性值支持动态内容。

前面的配置完成后，接下来就可以在页面中使用标签了。我们先导入标签库，然后使用标签。在测试文件 ceshi.jsp 中使用标签，主要实现代码如下所示。

```
<%@ page contentType="text/html; charset=GBK" language="java" errorPage="" %>
<!-- 导入标签 -->
<%@ taglib uri="http://www.sohu.com/aaa" prefix="mytag"%>
<!DOCTYPE html PUBLIC "-//W3C//DTD XHTML 1.0 Transitional//EN"
    "http://www.w3.org/TR/xhtml1/DTD/xhtml1-transitional.dtd">
<html xmlns="http://www.w3.org/1999/xhtml">
<head>
    <title>自定义标签示范</title>
</head>
<body bgcolor="#ffffc0">
<h2>下面显示的是查询标签的结果</h2>
<!-- 使用标签 -->
<mytag:query
    driver="com.mysql.jdbc.Driver"
    url="jdbc:mysql://localhost:3306/javaee"
    user="root"
    pass="32147"
    sql="select * from news_inf"/><br/>
</body>
</html>
```

执行上述代码后将会显示查询标签的数据。在 JSP 页面中只需要使用简单的标签，即可完成“复杂”的功能：执行数据库查询，并将查询结果在页面上以表格形式显示。这也正是自定义标签库的目的——以简单的标签，隐藏复杂的逻辑。当然，并不推荐在标签处理类中访问数据库，因为标签库是表现层组件，它不应该包含任何业务逻辑实现代码，更不应该执行数据库访问，它只应该负责显示逻辑。JSTL 是 Sun 公司提供的一套标签库，这套标签库的功能非常强大。另外，DisplayTag 是 Apache 组织下的一套开源标签库，主要用于生成页面并显示效果。

智慧锦囊

在 JSP 的自定义标签中可以直接将“页面片段”作为属性，这种方式给自定义标签提供了更大的灵活性。用“页面片段”作为属性的标签与普通标签区别不大，只有如下两点。

(1) 标签处理类中定义类型为 JspFragment 的属性，该属性代表了“页面片段”。

(2) 在使用标签库时，通过动作指令<jsp:attribute.../>为标签库属性指定值。

7.2 JSP 2.0 的新特性

JSP 功能强大，我们甚至无须学习 Java 即可制作出 Web 页面，从而大大提高了开发效率。在当前 JSP 开发应用中，最新、最主流的 JSP 程序都是基于 JSP 2.0 的。在本节的内容中，将详细讲解 JSP 2.0 的新特性，为读者步入本书后面知识的学习奠定基础。

↑扫码看视频

7.2.1 JSP 2.0 新特性概述

JSP 2.0 于 2003 年发布，是对 JSP 1.2 规范进行的一次升级，新增了一些额外的特性。JSP 2.0 使得动态网页的设计更加容易，甚至无须学习 Java，也可制作出 JSP 页面，从而可以更好地支持团队开发。目前 Servlet 3.0 对应于 JSP 2.2 规范，不过 JSP 2.2 与 JSP 2.0 相差并不大，我们将其统称为 JSP 2。

和 JSP 1.2 相比，JSP 2.0 主要增加了以下新特性。

(1) 直接配置 JSP 属性。

(2) 表达式语言。

(3) 简化的自定义标签 API。

(4) Tag 文件语法。

要想在程序中使用 JSP 2.0，在文件 web.xml 中必须使用 Servlet 2.4 及以上版本的配置文件。在 Servlet 2.4 及以上版本中，编写配置文件根元素的格式如下。

```
<!-- 此处是Web应用的其他配置 -->
…
</web-app>
```

7.2.2 配置 JSP 属性

JSP 属性主要包括 4 个方面，具体说明如下。

- 是否允许使用表达式语言：可以使用<el-ignored/>元素确定，默认值为 false，即允许使用表达式语言。
- 是否允许使用 JSP 脚本：可以使用<scripting-invalid/>元素确定，默认值为 false，即允许使用 JSP 脚本。
- 声明 JSP 页面的编码：使用<page-encoding/>元素设置页面编码，配置该元素后，可以代替每个页面里 page 指令 contentType 属性的 charset 部分。
- 使用隐式包含：可以使用<include-prelude/>和<include-coda/>元素设置隐式包含，可以在每个页面里使用 include 编译指令来包含其他页面。

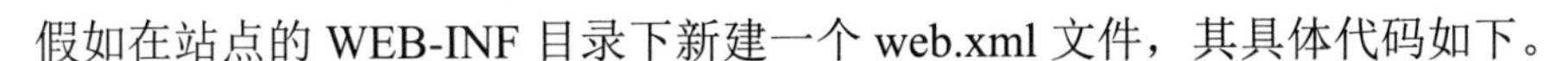

假如在站点的 WEB-INF 目录下新建一个 web.xml 文件，其具体代码如下。

```
    <!-- 关于 JSP 的配置信息 -->
    <jsp-config>
        <jsp-property-group>
            <!-- 对哪些文件应用配置 -->
            <url-pattern>/noscript/*</url-pattern>
            <!-- 忽略表达式语言 -->
            <el-ignored>true</el-ignored>
            <!-- 页面编码的字符集 -->
            <page-encoding>GBK</page-encoding>
            <!-- 不允许使用 Java 脚本 -->
            <scripting-invalid>true</scripting-invalid>
            <!-- 隐式导入页面头  -->
            <include-prelude>/inc/top.jspf</include-prelude>
            <!-- 隐式导入页面尾 -->
            <include-coda>/inc/bottom.jspf</include-coda>
        </jsp-property-group>
        <jsp-property-group>
            <!-- 对哪些文件应用配置 -->
            <url-pattern>*.jsp</url-pattern>
            <el-ignored>false</el-ignored>
            <!-- 页面编码字符集 -->
            <page-encoding>GBK</page-encoding>
            <!-- 允许使用 Java 脚本 -->
            <scripting-invalid>false</scripting-invalid>
        </jsp-property-group>
        <jsp-property-group>
            <!-- 对哪些文件应用配置 -->
            <url-pattern>/inc/*</url-pattern>
            <el-ignored>false</el-ignored>
            <!-- 页面编码字符集 -->
            <page-encoding>GBK</page-encoding>
            <!-- 不允许使用 Java 脚本 -->
            <scripting-invalid>true</scripting-invalid>
        </jsp-property-group>
    </jsp-config>
    <context-param>
        <param-name>author</param-name>
        <param-value>yeeku</param-value>
    </context-param>
</web-app>
```

在上述代码中，一共配置了三个 jsp-property-group 元素，每个元素配置一组 JSP 属性，用于指定哪些 JSP 页面应该满足怎样的规则。例如，第一个 jsp-property-group 元素指定：/noscript/下的所有页面应该使用 GBK 字符集进行编码，且不允许使用 JSP 脚本，忽略表达式语言，并隐式包含页面头、页面尾。

如果在不允许使用 JSP 脚本的页面中使用 JSP 脚本，则该页面将出现错误。即/noscript/下的页面中使用 JSP 脚本将引起错误。为了演示配置 JSP 属性的方法，接下来用一个具体实例来说明。

实例 7-4：系统直接输出表达式语言。

源文件路径：daima\7\ shuxing\one.jsp

实例文件 one.jsp 的主要代码如下。

```
<html>
  <head>
    <title>页面 1</title>
  </head>
  <body>
    <h2>页面 1</h2>
     下面是表达式语言输出：<br>
     ${2008 + 2009}
  </body>
</html>
```

因为已经在文件 web.xml 中设置了表达式语言无效，所以浏览该页面将看到系统直接输出表达式语言。在浏览器中浏览该页面的效果如图 7-2 所示。

图 7-2　执行效果

从上述实例的执行效果可以看出，不能正常输出文件 one.jsp 中的表达式语言，这是因为我们配置了忽略表达式语言。上面页面中看到隐式 include 的页面头分别是 top.jspf 和 bottom.jspf，这两个文件依然是 JSP 页面，只是将文件名后缀改为了 jspf 而已。

7.2.3　JSP 的表达式

表达式语言(Expression Language)是一种简化的数据访问方式。使用表达式语言可以方便地访问 JSP 的隐含对象和 JavaBeans 组件，在 JSP 2 规范中，建议尽量使用表达式语言使 JSP 文件的格式一致，而避免使用 Java 脚本。

在 JSP 中使用表达式语言的格式如下所示。

```
${expression}
```

在 JSP 中使用表达式语言的好处如下。

- 表达式语言可用于简化 JSP 页面的开发，允许美工设计人员使用表达式语言的语法获取业务逻辑组件传过来的变量值。
- 表达式语言是 JSP 2 的一个重要特性，它并不是一种通用的程序语言，而仅仅是一种数据访问语言，可以方便地访问应用程序数据，从而避免使用 JSP 脚本。

1. 对算术运算符或逻辑运算符的支持

在 JSP 页面中，用户可以使用 JSP 表达式来实现计算功能，而不必调用 Java 表达式。表达式语言支持的算术运算符和逻辑运算符非常多，所有在 Java 语言里支持的算术运算符，表达式语言都可以使用；甚至 Java 语言不支持的一些算术运算符和逻辑运算符，表达式语言也支持。

实例 7-5：在表达式语言中使用算术运算符。

源文件路径：daima\7\xintexing\WebContent\yunsuan.jsp

实例文件 yunsuan.jsp 的主要代码如下。

```
<html xmlns="http://www.w3.org/1999/xhtml">
<head>
    <title> 表达式语言 - 算术运算符 </title>
</head>
<body>
    <h2>表达式语言 - 算术运算符</h2><hr/>
    <table border="1" bgcolor="#aaaadd">
        <tr>
            <td><b>表达式语言</b></td>
            <td><b>计算结果</b></td>
        </tr>
        <!-- 直接输出常量 -->
        <tr>
            <td>\${1}</td>
            <td>${1}</td>
        </tr>
        <!-- 计算加法 -->
        <tr>
            <td>\${1.3 + 2.4}</td>
            <td>${1.5 + 2.6}</td>
        </tr>
        <!-- 计算加法 -->
        <tr>
            <td>\${1.3E4 + 1.4}</td>
            <td>${1.3E4 + 1.4}</td>
        </tr>
        <!-- 计算减法 -->
        <tr>
            <td>\${-4 - 2}</td>
            <td>${-5 - 2}</td>
        </tr>
        <!-- 计算乘法 -->
        <tr>
            <td>\${25 * 2}</td>
            <td>${23 * 2}</td>
        </tr>
        <!-- 计算除法 -->
        <tr>
            <td>\${3/4}</td>
            <td>${3/4}</td>
        </tr>
        <!-- 计算除法 -->
        <tr>
            <td>\${3 div 6}</td>
            <td>${3 div 6}</td>
        </tr>
        <!-- 计算除法 -->
        <tr>
            <td>\${3/0}</td>
            <td>${3/0}</td>
        </tr>
        <!-- 计算求余 -->
```

```
        <tr>
            <td>\${10%4}</td>
            <td>${10%4}</td>
        </tr>
        <!-- 计算求余 -->
        <tr>
            <td>\${10 mod 4}</td>
            <td>${10 mod 4}</td>
        </tr>
        <!-- 计算三目运算符 -->
        <tr>
            <td>\${(1==2) ? 3 : 4}</td>
            <td>${(1==2) ? 3 : 4}</td>
        </tr>
    </table>
</body>
</html>
```

上述实例的实现代码，演示了表达式语言所支持的加、减、乘、除、求余等算术运算符的功能，读者可能也发现了表达式语言还支持 div、mod 等运算符。而且表达式语言把所有数值都当成浮点数处理，所以 3/0 的实质是 3.0/0.0，得到的结果应该是 Infinity。执行效果如图 7-3 所示。

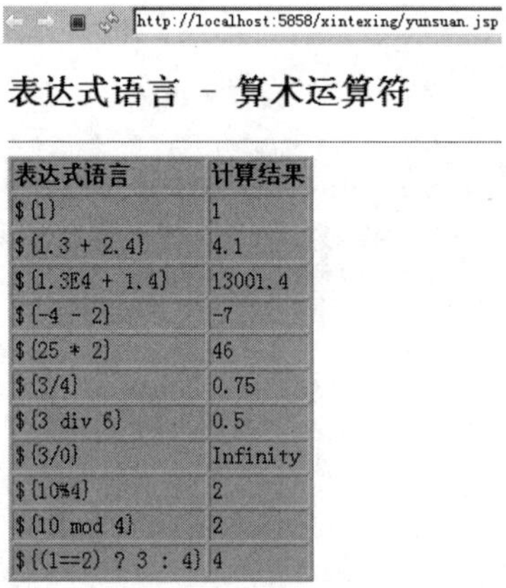

http://localhost:5858/xintexing/yunsuan.jsp

表达式语言 - 算术运算符

表达式语言	计算结果
${1}	1
${1.3 + 2.4}	4.1
${1.3E4 + 1.4}	13001.4
${-4 - 2}	-7
${25 * 2}	46
${3/4}	0.75
${3 div 6}	0.5
${3/0}	Infinity
${10%4}	2
${10 mod 4}	2
${(1==2) ? 3 : 4}	4

图 7-3　执行效果

2. 表达式语言的内置对象

在 JSP 程序中，通过使用表达式语言可以直接获取请求参数值，获取页面中 JavaBean 的指定属性值，获取请求头及获取 page、request、session 和 application 范围的属性值等。上述获取功能是通过表达式语言的内置对象实现的。

在 JSP 的表达式语言中，共包含以下 11 个内置对象。

- pageContext：该对象代表 JSP 页面上下文，使用该对象可以访问页面中的共享数据。
- pageScope：用于获取 page 范围的属性值。
- requestScope：用于获取 request 范围的属性值。
- sessionScope：用于获取 session 范围的属性值。
- applicationScope：用于获取 application 范围的属性值。

- param：用于获取请求的参数值。
- paramValues：用于获取请求的参数值，与 param 的区别在于，该对象用于获取属性值为数组的属性值。
- header：用于获取请求头的属性值。
- headerValues：用于获取请求头的属性值，与 header 的区别在于，该对象用于获取属性值为数组的属性值。
- initParam：用于获取请求 Web 应用的初始化参数。
- cookie：用于获取指定的 Cookie 值。

实例 7-6：使用表达式语言的内置对象。

源文件路径：daima\7\xintexing\WebContent\neizhi.jsp

实例文件 neizhi.jsp 的主要实现代码如下。

```
<body>
    <h2>表达式语言 - 内置对象</h2>
    请输入你的名字：
    <!-- 通过表单提交请求参数 -->
    <form action="neizhi.jsp" method="post">
        <!-- 通过${param['name']} 获取请求参数 -->
        名字 = <input type="text" name="name" value="${param['name']}"/>
        <input type="submit" value='提交'/>
    </form><br/>
    <% session.setAttribute("user" , "abc");
    //下面三行代码添加 Cookie
    Cookie c = new Cookie("name" , "yeeku");
    c.setMaxAge(24 * 3600);
    response.addCookie(c);
    %>
    <table border="1" width="660" bgcolor="#aaaadd">
        <tr>
            <td width="170"><b>演示功能</b></td>
            <td width="200"><b>表达式语言</b></td>
            <td width="300"><b>结果</b></td>
        <tr>
            <!-- 使用两种方式获取请求参数值 -->
            <td>取得请求参数值</td>
            <td>\${param.name}</td>
            <td>${param.name} </td>
        </tr>
        <tr>
            <td>取得请求参数值</td>
            <td>\${param["name"]}</td>
            <td>${param["name"]} </td>
        </tr>
        <tr>
            <!-- 使用两种方式获取指定请求头信息 -->
            <td>取得请求头的值</td>
            <td>\${header.host}</td>
            <td>${header.host}</td>
        </tr>
        <tr>
            <td>取得请求头的值</td>
```

```
            <td>\${header["accept"]}</td>
            <td>${header["accept"]}</td>
        </tr>
        <!-- 获取 Web 应用的初始化参数值 -->
        <tr>
            <td>取得初始化参数值</td>
            <td>\${initParam["author"]}</td>
            <td>${initParam["author"]}</td>
        </tr>
        <!-- 获取 session 返回的属性值 -->
        <tr>
            <td>取得 session 的属性值</td>
            <td>\${sessionScope["user"]}</td>
            <td>${sessionScope["user"]}</td>
        </tr>
        <!-- 获取指定 Cookie 的值 -->
        <tr>
            <td>取得指定 Cookie 的值</td>
            <td>\${cookie["name"].value}</td>
            <td>${cookie["name"].value}</td>
        </tr>
    </table>
</body>
```

上述实例代码实现了表现和处理的统一，当在表单中输入数据后，所有的处理功能和表单功能都是由文件 neizhi.jsp 实现的。执行效果如图 7-4 所示。

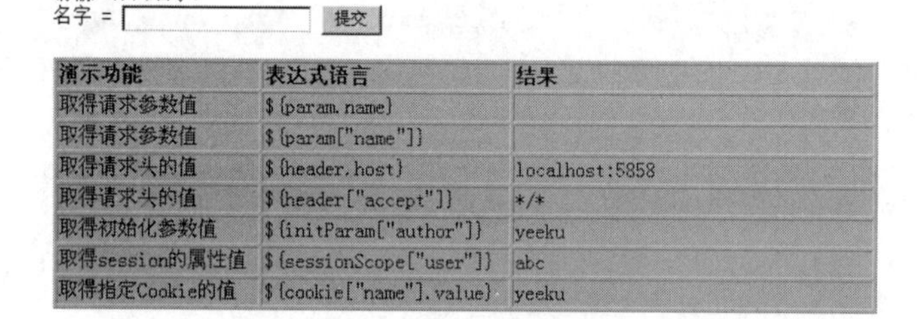

表达式语言 - 内置对象

请输入你的名字：
名字 = 提交

演示功能	表达式语言	结果
取得请求参数值	${param.name}	
取得请求参数值	${param["name"]}	
取得请求头的值	${header.host}	localhost:5858
取得请求头的值	${header["accept"]}	*/*
取得初始化参数值	${initParam["author"]}	yeeku
取得session的属性值	${sessionScope["user"]}	abc
取得指定Cookie的值	${cookie["name"].value}	yeeku

图 7-4　执行效果

如果在“名字”文本框中输入字符“aaa”，单击“提交”按钮后的效果如图 7-5 所示。

表达式语言 - 内置对象

请输入你的名字：
名字 = aaa 提交

演示功能	表达式语言	结果
取得请求参数值	${param.name}	aaa
取得请求参数值	${param["name"]}	aaa
取得请求头的值	${header.host}	localhost:5858
取得请求头的值	${header["accept"]}	image/gif, image/jpeg, image/pjpeg, image/pjpeg, application/x-shockwave-flash, application/x-silverlight, application/QVOD, application/QVOD, application/xaml+xml, application/x-ms-xbap, application/x-ms-application, */*
取得初始化参数值	${initParam["author"]}	yeeku
取得session的属性值	${sessionScope["user"]}	abc
取得指定Cookie的值	${cookie["name"].value}	yeeku

图 7-5　执行效果

7.3　实践案例与上机指导

通过本章的学习，读者基本可以掌握 JSP 自定义标签和新特性的知识。其实有关 JSP 自定义标签和新特性的知识还有很多，这需要读者通过课外渠道来加深学习。下面通过练习操作，以达到巩固学习、拓展提高的目的。

↑扫码看视频

7.3.1　开发函数处理类

在表达式语言中可以使用自定义函数，通过自定义函数可以加强表达式语言的功能。开发自定义函数的步骤类似于开发标签的步骤，两者的定义方式几乎完全一样。唯一的区别是自定义标签直接在页面上生成输出，自定义函数则需要在表达式语言中使用。

在 Java Web 应用中，开发表达式语言自定义函数的第一步是开发函数处理类。此处的函数处理类是一种普通类，在此普通类中包含若干个静态方法，每个静态方法都可以被定义成一个函数。

实例 7-7：实现一个函数处理类。

源文件路径：daima\7\xintexing\WebContent\WEB-INF\src\wang\Functions.java

实例文件 Functions.java 的主要实现代码如下。

```
public class Functions
{
    //对字符串进行反转
    public static String reverse( String text )
    {
        return new StringBuffer( text ).reverse().toString();
    }
    //统计字符串的个数
    public static int countChar( String text )
    {
        return text.length();
    }
}
```

知识精讲

其实我们可以省略这个步骤，而直接使用 JDK 或其他项目提供的类来代替，只要这个类包含静态方法即可。

7.3.2 在 JSP 页面的 EL 中使用函数

在 Java Web 应用中，开发表达式语言自定义函数的第二步是使用标签库定义函数。定义函数的方法与定义标签的方法十分相似。我们首先需要在<taglib.../>元素下增加<tag.../>元素，这样可以实现定义自定义标签功能；然后增加<function.../>元素，这样做的目的是定义自定义函数。在每个<function.../>元素中只要有如下三个子元素即可。

- name：指定自定义函数的函数名。
- function-class：指定自定义函数的处理类。
- function-signature：指定自定义函数对应的方法。

实例 7-8：在页面中使用函数。

源文件路径：daima\7\xintexing\WebContent\yong.jsp

实例文件 yong.jsp 的主要实现代码如下。

```
<body>
    <h2>表达式语言 - 自定义函数</h2><hr/>
    请输入一个字符串：
    <form action="yong.jsp" method="post">
        字符串 = <input type="text" name="name" value="${param['name']}">
        <input type="submit"  value="提交">
    </form>
    <table border="1" bgcolor="aaaadd">
        <tr>
        <td><b>表达式语言</b></td>
        <td><b>计算结果</b></td>
        <tr>
        <tr>
            <td>\${param["name"]}</td>
            <td>${param["name"]} </td>
        </tr>
        <!--  使用 reverse 函数-->
        <tr>
            <td>\${crazyit:reverse(param["name"])}</td>
            <td>${crazyit:reverse(param["name"])} </td>
        </tr>
        <tr>
            <td>\${crazyit:reverse(crazyit:reverse(param["name"]))}</td>
            <td>${crazyit:reverse(crazyit:reverse(param["name"]))} </td>
        </tr>
        <!-- 使用 countChar 函数 -->
        <tr>
            <td>\${crazyit:countChar(param["name"])}</td>
            <td>${crazyit:countChar(param["name"])} </td>
        </tr>
    </table>
</body>
```

导入标签库定义文件后(实质上也是函数库定义文件)，就可以在表达式语言中使用函数定义库文件里定义的各函数了。由此可见，在可以定义成函数的方法中必须用 public static 修饰。

思考与练习

本章详细讲解了 JSP 自定义标签和新特性的知识，循序渐进地讲解了自定义 JSP 标签和 JSP 2.0 的新特性等知识。在讲解过程中，通过具体实例介绍了使用 JSP 自定义标签和新特性的方法。通过本章的学习，读者应该熟悉使用自定义标签的知识，掌握它们的使用方法和技巧。

1. 选择题

(1) 可以使用元素(　　)确定是否允许使用表达式语言。

A. <el-ignored/>　　B. <scripting-invalid/>　　C. <page-encoding/>

(2) 在 JSP 的表达式语言中，对象(　　)用于获取 page 范围的属性值。

A. pageScope　　B. requestScope　　C. sessionScope

2. 判断对错

(1) 标签 taglib 的作用与 JSP 文件中的 taglib 指令效果相同，用于导入其他标签库。　(　　)

(2) 标签 include 的作用与 JSP 文件中的 include 指令效果相同，用于导入其他 JSP 或静态页面。　(　　)

3. 上机练习

(1) 定义一个简单的 ServletContextListner。

(2) 创建一个获取数据库连接的 Listener，该 Listener 会在应用启动时获取数据库连接，并将获取的连接设置成 application 范围内的属性。

第 8 章

Servlet 详解

本章要点

- Servlet 简介
- Servlet 开发基础
- 配置 Servlet
- Servlet 接口和类

本章主要内容

Servlet 是一种独立于平台和协议的服务器端的 Java 应用程序，可以生成动态的 Java Web 页面。Servlet 担当了 Web 浏览器或其他 HTTP 客户程序发出的请求，与 HTTP 服务器上的数据库或应用程序之间的中间层。Servlet 是位于 Web 服务器内部的服务器端的 Java 应用程序，与传统的从命令行启动的 Java 应用程序不同，Servlet 由 Web 服务器进行加载，该 Web 服务器必须包含支持 Servlet 的 Java 虚拟机。

8.1 Servlet 简介

Servlet 是用 Java 编写的 Server(服务器)端程序，它与协议和平台无关。Servlet 可以动态地扩展 Java 的功能，并采用“请求－响应”模式提供 Web 服务。Servlet 和 JSP 相互交互，为开发 Web 服务提供了优秀的解决方案。学习本节内容可以为读者步入本书后面知识的学习奠定基础。

↑扫码看视频

8.1.1 Servlet 的功能

Servlet 的功能是，在启用 Java 的 Web 服务器上或应用服务器上运行并扩展该服务器的功能。Java Servlet 对于 Web 服务器来说，犹如 Java Applet 对于 Web 浏览器。Servlet 装入 Web 服务器并在 Web 服务器内执行，而 Applet 是装入 Web 浏览器并在 Web 浏览器内执行。在 Java Servlet API 中定义一个 Servlet，就是在 Java 和服务器之间形成一个标准接口，所以 Servlet 具有跨服务器平台的特性。

当客户机发送请求至服务器时，服务器可以将请求信息发送给 Servlet，并让 Servlet 建立起服务器返回给客户机的响应。当启动 Web 服务器或客户机第一次请求服务时，可以自动装入 Servlet。装入后，Servlet 继续运行直到其他客户机发出请求。

Servlet 的功能比较强大，主要完成下面的工作。

- 创建并返回一个完整的 HTML 页面，此页面包含基于客户请求性质的动态内容。
- 创建可嵌入现有 HTML 页面中的一部分 HTML 页面或 HTML 片段。
- 与其他服务器资源进行通信，包括数据库和基于 Java 的应用程序。
- 使用多个客户机处理连接，接收多个客户机的输入，并将结果广播到多个客户机上。例如，Servlet 可以作为多个参与者的游戏服务器。
- 当允许在单连接方式下传送数据的情况下，在浏览器上打开服务器至 Applet 的新连接，并将该连接保持在打开状态。当在允许客户机和服务器简单、高效地执行会话的情况下，Applet 也可以启动客户浏览器和服务器之间的连接。可以通过定制协议或标准(如 IIOP)进行通信。
- 使用 MIME 类型过滤处理特殊应用的数据，例如图像转换和服务器端包括(SSI)。
- 将定制的处理提供给所有服务器的标准例行程序。例如，Servlet 可以修改认证用户的方式。

8.1.2 Servlet 技术的优越性

Servlet 程序在服务器端运行，可以动态地生成 Web 页面。与传统的 CGI 以及其他类似

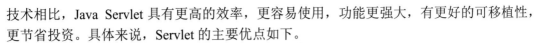

技术相比，Java Servlet 具有更高的效率，更容易使用，功能更强大，有更好的可移植性，更节省投资。具体来说，Servlet 的主要优点如下。

1)　高效

在 Servlet 中，每个请求由一个轻量级的 Java 线程(而不是重量级的操作系统进程)处理。在传统 CGI 中，如果有 N 个并发的对同一 CGI 程序的请求，则该 CGI 程序的代码在内存中将重复装载 N 次；而在 Servlet 中，处理请求的是 N 个线程，只需要一份 Servlet 类代码即可实现。在性能优化方面，Servlet 也比 CGI 有着更多的选择，比如缓冲以前的计算结果，保持数据库连接的活动等。

2)　方便

Servlet 提供了大量的实用工具例程，例如自动地解析和解码 HTML 表单数据、读取和设置 HTTP 头、处理 Cookie、跟踪会话状态等，为程序员提供了极大的便利。

3)　功能强大

在 Servlet 中可以完成许多 CGI 程序很难完成的任务，例如 Servlet 能够直接和 Web 服务器交互，而普通的 CGI 程序则不能。Servlet 还能够在各个程序之间共享数据，使得数据库连接池之类的功能很容易实现。

4)　可移植性好

Servlet 是用 Java 语言编写的，在 Servlet API 中提供了完善的标准。所以编写的 Servlet 程序无须任何实质上的改动，就可以移植到 Apache、Microsoft IIS 或者 Web Start。几乎所有的主流服务器都直接或通过插件支持 Servlet。

5)　节省投资

Servlet 不仅用于廉价甚至免费的 Web 服务器，而且现有的服务器也使用 Servlet，并且这部分功能往往是免费的，或只需要极少的投资。

8.1.3　Servlet 的持久性

很多专家都在考虑 Servlet 在 Java 程序中能活多久的问题，究竟它的生命周期是怎么一回事？Servlet 的生命周期在将它装入 Web 服务器的内存时开始，在终止或重新装入 Servlet 时结束。Servlet 的持久性主要分为初始化、请求处理、终止几个阶段。

JSP 的本质就是 Servlet，开发者编写的 JSP 页面由 Web 容器编译成对应的 Servlet，当 Servlet 在容器中运行时，Servlet 实例的创建及销毁等都不是由程序员决定的，而是由 Web 容器进行控制的。

对于程序员来说，通常在如下两个时机创建 Servlet 实例。

- 客户端第一次请求某个 Servlet 时，系统创建该 Servlet 的实例，大部分的 Servlet 都是这种 Servlet。
- Web 应用启动时立即创建 Servlet 实例，即 load-on-startup Servlet。

每个 Servlet 的运行都必须遵循如下生命周期。

(1)　创建 Servlet 实例。

(2)　Web 容器调用 Servlet 的 init 方法，对 Servlet 进行初始化。

(3)　Servlet 经过初始化后会一直存在于容器中，功能是响应客户端请求。如果客户端发送 GET 请求，容器调用 Servlet 的 doGet 方法处理并响应请求；如果客户端发送 POST 请求，容器调用 Servlet 的 doPost 方法处理并响应请求。或者统一使用方法 service()来响应用户的请求。

(4) Web 容器决定销毁 Servlet 时，先调用 Servlet 的 destroy 方法，通常在关闭 Web 应用时销毁 Servlet。

8.2 Servlet 开发基础

其实本书第 5 章讲解的 JSP 的本质就是 Servlet，Servlet 通常被称为服务器端小程序，是运行在服务器端的程序，用于处理及响应客户端的请求。Servlet 是个特殊的 Java 类，这个 Java 类必须继承 HttpServlet，每个 Servlet 均可以响应客户端的请求。

↑扫码看视频

在 Servlet 中，为开发人员提供了如下方法来响应客户端请求。

- doGet：响应客户端的 GET 请求。
- doPost：响应客户端的 POST 请求。
- doPut：响应客户端的 PUT 请求。
- doDelete：响应客户端的 DELETE 请求。

智慧锦囊

在 Java Web 应用中，客户端的请求通常只有 GET 和 POST 两种，Servlet 为了响应这两种请求，必须重写方法 doGet()和 doPost()。如果 Servlet 要响应上述 4 种方式的请求，则需要同时重写上面的 4 个方法。

大多数情况下，Servlet 对于所有请求的响应都是完全一样的，因此就可以重写一个方法来代替上面的 4 个方法，此时只需重写方法 service()即可响应客户端的所有请求。除此之外，在 HttpServlet 中还包含如下两个方法。

- init(ServletConfig config)：在创建 Servlet 实例时，调用该方法的初始化 Servlet 资源。
- destroy()：在销毁 Servlet 实例时，自动调用该方法的回收资源。

通常无须重写 init()和 destroy()两个方法，除非在初始化 Servlet 时，需要完成某些资源初始化的方法，才考虑重写 init()方法。如果在销毁 Servlet 之前，需要先完成某些资源的回收，比如关闭数据库连接等，才需要重写 destroy()方法。

不用为 Servlet 类编写构造器，如果需要对 Servlet 执行初始化操作，应将初始化操作放在 Servlet 的 init()方法中定义。如果重写 init(ServletConfig config)方法，则应在重写该方法

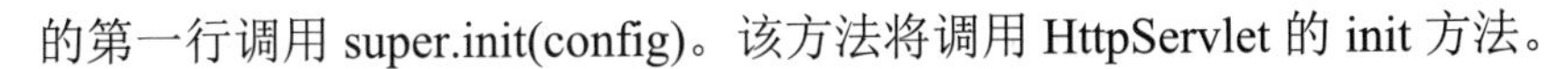

的第一行调用 super.init(config)。该方法将调用 HttpServlet 的 init 方法。

实例 8-1：实现一个 Servlet 实例。
源文件路径：daima\8\jichu\

实例文件 FirstServlet.java 的功能是实现一个 Servlet 实例，此 Servlet 可以获取表单中的请求参数，并将请求参数显示给客户端。具体代码如下。

```
//此处 Servlet 必须继承 HttpServlet 类
@WebServlet(name="firstServlet" , urlPatterns={"/firstServlet"})
public class FirstServlet extends HttpServlet
{
    //定义了 service 方法来响应用户请求，客户端的响应方法，使用该方法可以响应客户端
    //所有类型的请求
    public void service(HttpServletRequest request,
        HttpServletResponse response)
        throws ServletException,java.io.IOException
    {
        //设置解码方式
        request.setCharacterEncoding("GBK");
        response.setContentType("text/html;charSet=GBK");
        //获取 name 的请求参数值
        String name = request.getParameter("name");
        //获取 gender 的请求参数值
        String gender = request.getParameter("gender");
        //获取 color 的请求参数值
        String[] color = request.getParameterValues("color");
        //获取 country 的请求参数值
        String national = request.getParameter("country");
        //获取页面输出流
        PrintStream out = new PrintStream(response.getOutputStream());
        //输出 HTML 页面标签
        out.println("<html>");
        out.println("<head>");
        out.println("<title>Servlet 测试</title>");
        out.println("</head>");
        out.println("<body>");
        //输出请求参数的值：name
        out.println("名字：" + name + "<hr/>");
        //输出请求参数的值：gender
        out.println("性别：" + gender + "<hr/>");
        //输出请求参数的值：color
        out.println("颜色：");
        for(String c : color)
        {
            out.println(c + " ");
        }
        out.println("<hr/>");
        out.println("喜欢的颜色：");
        //输出请求参数的值：national
        out.println("来自：" + national + "<hr/>");
        out.println("</body>");
        out.println("</html>");
    }
}
```

上述代码中的类 Servlet 继承了类 HttpServlet，类 Servlet 可以作为一个 Served 来使用。并且定义了方法 service()来响应用户请求。

8.3 配置 Servlet

在 Java Web 应用中，编写好的 Servlet 源文件并不能响应用户请求。我们还必须对其进行配置处理，先将其编译成.class 文件，然后将编译后的.class 文件放在 WEB-INF/classes 路径下。如果在 Servlet 中还有包，则需要将.class 文件放在对应的包路径下。

↑扫码看视频

在编译.class 文件时，如果需要直接采用 javac 命令来编译 Servlet 类，则必须将 Servlet API 接口和类添加到系统的 CLASSPATH 环境变量里。也就是将 Tomcat 7 的 lib 目录中的文件 servlet-api. jar 和 jsp-api.jar 添加到 CLASSPATH 环境变量中。为了让 Servlet 能够响应用户请求，必须将 Servlet 配置在 Web 应用中。并且在配置 Servlet 时，需要修改文件 web.xml。

知识精讲

从 Servlet 3.0 开始，有如下两种方式配置 Servlet。

(1) 在 Servlet 类中使用@WebServlet Annotation 进行配置。

(2) 在文件 web.xml 中进行配置。

例如，在本章 8.2 节中的实例文件 FirstServlet.java 中，使用@WebServlet 修饰了实例中的 Servlet 类。在使用@WebServlet 时可以指定如表 8-1 所示的常用属性。

表 8-1 @WebServlet 支持的常用属性

属 性	是否必需	说 明
asyncSupported	否	指定 Servlet 是否支持异步操作模式
displayName	否	指定 Servlet 的显示名
initParams	否	用于为 Servlet 配置参数
loadOnStartup	否	用于将 Servlet 配置成 load-on-startup 的 Servlet
name	否	指定 Servlet 的名称
urlPatterns/value	否	这两个属性的作用完全相同，都是指定 Servlet 处理的 URL

在配置一个能响应客户请求的 Servlet 时，至少需要配置两个元素。例如，本章 8.2 节中的实例文件 FirstServlet.java 的配置代码如下。

```
<!-- 配置 Servlet 的名字 -->
<servlet>
    <!-- 指定 Servlet 的名字，相当于指定@WebServlet 的 name 属性 -->
    <servlet-name>firstServlet</servlet-name>
    <!-- 指定 Servlet 的实现类 -->
    <servlet-class>wang.FirstServlet</servlet-class>
</servlet>
<!-- 配置 Servlet 的 URL -->
<servlet-mapping>
    <!-- 指定 Servlet 的名字 -->
    <servlet-name>firstServlet</servlet-name>
    <!-- 指定 Servlet 映射的 URL 地址,相当于指定@WebServlet 的 urlPatterns 属性-->
    <url-pattern>/aa</url-pattern>
</servlet-mapping>
```

和原来的文件 web.xml 相比，只是增加了 4 行以<servlet>开头的配置代码，该 Servlet 的 URL 为/aa。如果没有在文件 web.xml 中增加上面的 4 行代码，那么该 Servlet 类上的@WebServlet 就会起作用，该 Servlet 的 URL 为“/firstServlet”。

实例 8-2：演示配置 Servlet 的过程。
源文件路径：daima\8\first

首先新建一个名为 Welcome.java 的源程序，具体代码如下。

```
package cn.dt.web;
import java.io.IOException;
import java.io.PrintWriter;
import javax.servlet.*;
import javax.servlet.http.*;
import java.util.*;

public class Welcome extends HttpServlet
{
    public void doGet(HttpServletRequest request,HttpServletResponse response)
    throws ServletException ,IOException
    {
            response.setContentType("text/html;charset=gb2312");
        PrintWriter out=response.getWriter();
        out.println("<html>");
        out.println("<head>");
        out.println("<title>welcome</title>");
        out.println("</head>");
        out.println("<body>");
        out.println("<h3>");
        out.println("你好！");
        out.println("欢迎你访问该网站！<br>");
        out.println("</body>");
        out.println("<html>");
    }

    public void doPost(HttpServletRequest request,HttpServletResponse response)
    throws ServletException,IOException
    {
        this.doGet(request,response);
    }
}
```

编写好源代码后并不能对它进行编译，因为 Servlet 不是一般的 Java 程序，除了前面介绍的配置环境外，还需要配置另外的环境。具体配置步骤如下。

第 1 步 打开安装 Tomcat 的文件夹，假设安装的目录为 D:\apache-tomcat-7.0.23，然后打开 lib 文件夹，复制 servlet-api.jar 文件，如图 8-1 所示。

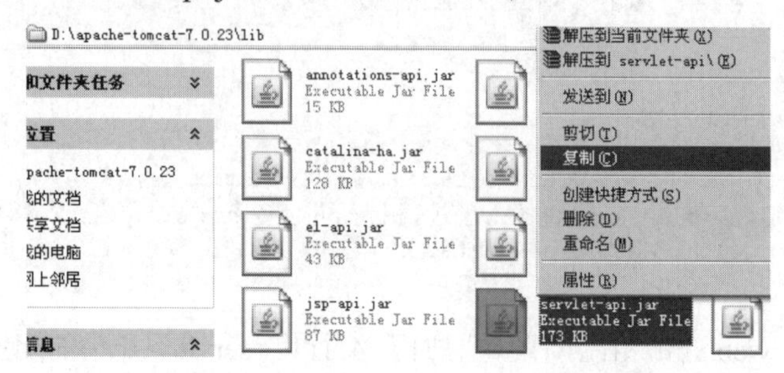

图 8-1 复制 servlet-api.jar 文件

第 2 步 打开安装 JDK 的文件夹，假设安装目录为 C:\Program Files\Java\jdk1.7.0_1，然后展开 JDK 文件夹下的 jre\lib\ext 目录，粘贴复制的文件 servlet-api.jar，如图 8-2 所示。

第 3 步 编译文件 TextServlet.java，编译后如图 8-3 所示。

图 8-2 粘贴文件

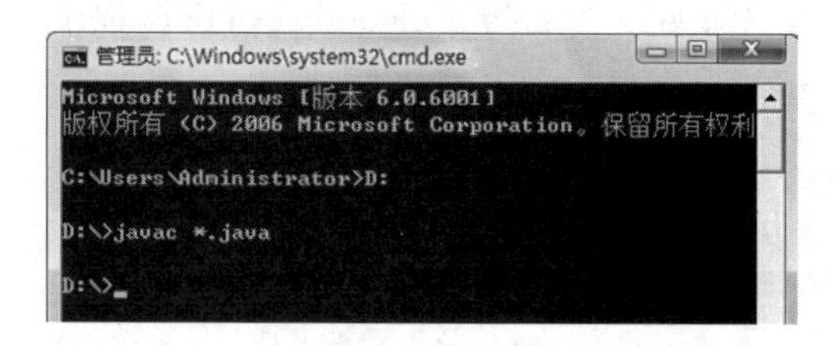

图 8-3 编译文件

第 4 步 编译后在 Tomcat 服务器下的 weapps 文件夹下新建一个名为 first 的文件夹，在新建的 first 文件夹下再建立新的文件夹 WEB-INF，然后将源文件 Welcome.java 复制到 first 的根目录下，如图 8-4 所示。

图 8-4 新建文件夹

第 5 步 打开文件夹 WEB-INF，在里面分别新建两个子文件夹 classes 和 lib，然后新建一个文件 web.xml，如图 8-5 所示。

图 8-5 新建配置文件

第 6 步 用记事本打开 web.xml 文件开始编写代码，具体代码如下。

```
<?xml version="1.0" encoding="UTF-8"?>
<web-app version="2.4"
```

```
    xmlns="http://java.sun.com/xml/ns/j2ee"
    xmlns:xsi="http://www.w3.org/2001/XMLSchema-instance"
    xsi:schemaLocation="http://java.sun.com/xml/ns/j2ee
    http://java.sun.com/xml/ns/j2ee/web-app_2_4.xsd">
  <servlet>
    <description>This is the description of my J2EE component</description>
    <display-name>This is the display name of my J2EE component</display-name>
     <servlet-name>Welcome</servlet-name>
       <servlet-class>cn.dt.web.Welcome</servlet-class>
  </servlet>
  <servlet-mapping>
    <servlet-name>Welcome</servlet-name>
       <url-pattern>/Welcome</url-pattern>
  </servlet-mapping>
  <welcome-file-list>
    <welcome-file>index.jsp</welcome-file>
  </welcome-file-list>
</web-app>
```

第 7 步 按照包的路径在文件夹 classes 中新建几个文件夹(cn.dt.web.welcome)，将编译的后缀名为.class 的文件复制到下面。

上述过程就是配置 Servlet 环境的过程，其实就是对 Java 源文件进行编译并配置环境，然后通过 Java Web 执行源程序的内容的过程。执行效果如图 8-6 所示。

图 8-6　执行的结果

实例 8-3：使用创建的 Servlet。
源文件路径：daima\8\second\

(1) 编写一个 Servlet 源程序。

要想执行 Servlet 源程序，必须先编写一个 Java 源文件，让它实现一些功能。本实例的 Java 源文件是 TextServlet.java，具体代码如下。

```
package com.wy;
import java.io.IOException;
import java.io.PrintWriter;
import javax.servlet.ServletException;
import javax.servlet.http.HttpServlet;
import javax.servlet.http.HttpServletRequest;
import javax.servlet.http.HttpServletResponse;
public class TextServlet extends HttpServlet
{
    public void doGet(HttpServletRequest request, HttpServletResponse response)
            throws ServletException, IOException
 {
        response.setContentType("text/html;charset=gb2312");
        PrintWriter out = response.getWriter();
        out.println("<HTML>");
        out.println("  <HEAD><TITLE>第一个 Servlet</TITLE></HEAD>");
        out.println("  <BODY background=images/b01.jpg>");
        out.println("Servlet 是这样诞生的！");
```

```
        out.println("  </BODY>");
        out.println("</HTML>");
        out.flush();
        out.close();
    }
    public void doPost(HttpServletRequest request, HttpServletResponse response)
            throws ServletException, IOException {
        doGet(request, response);
    }
}
```

(2) 编译 Servlet 文件。

Servlet 文件不是一般的 Java 文件，JDK 不能对它直接进行编译，要对它进行编译，必须配置专门的环境，具体操作流程如下。

① 首先打开安装 Tomcat 的文件夹，如安装的目录为 D:\apache-tomcat-7.0.23，然后打开 lib 文件夹，复制 servlet-api.jar 文件，如图 8-7 所示。

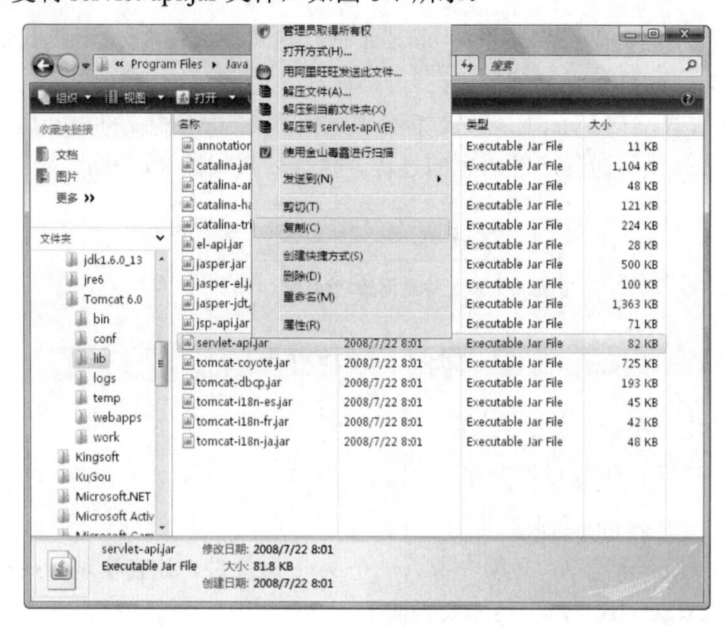

图 8-7 复制文件

② 打开安装 JDK 的文件夹，然后将 servlet-api.jar 文件粘贴在 JDK 文件夹下的 jre\lib\ext 目录下。

③ 将 TextServlet.java 文件编译，编译后如图 8-8 所示。

(3) 部署 Servlet 运行环境。

① 打开 D:\apache-tomcat-7.0.23\webapps 目录，然后新建一个文件夹“11-2”。在此可以新建几个文件夹，将文件 TextServlet.java 复制到“11-2”中，然后新建两个文件夹，如图 8-9 所示。

② 将图片文件 b01.jpg 复制到 images 文件夹中(用来显示背景图，与上一节的程序代码 out.println("<BODY background=images/b01.jpg>")一一对应)，打开 WEB-INF 目录，新建两个文件夹 classes 和 lib，然后新建一个文件 web.xml，如图 8-10 所示。

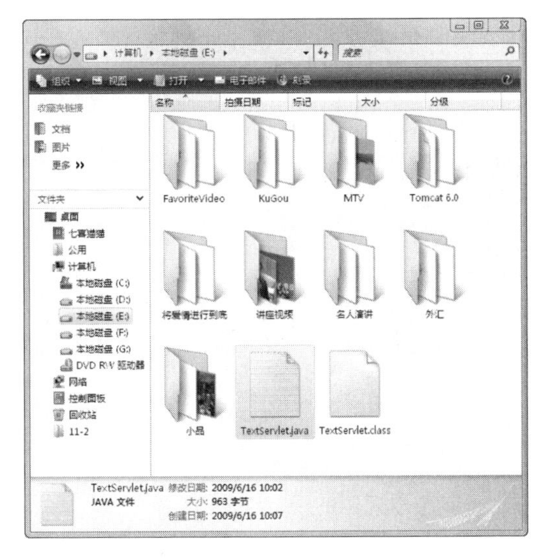

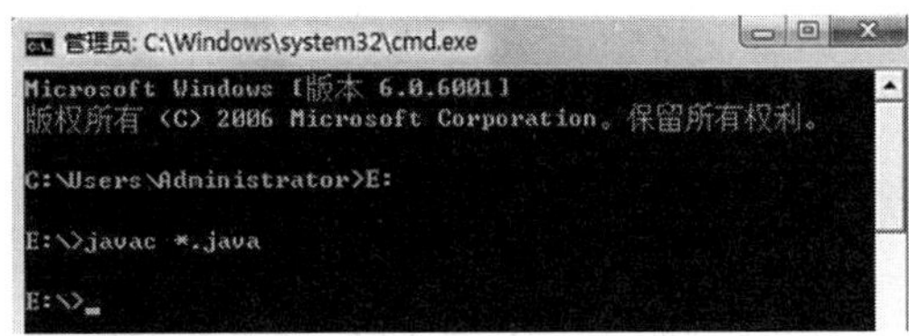

图 8-8　编译源文件

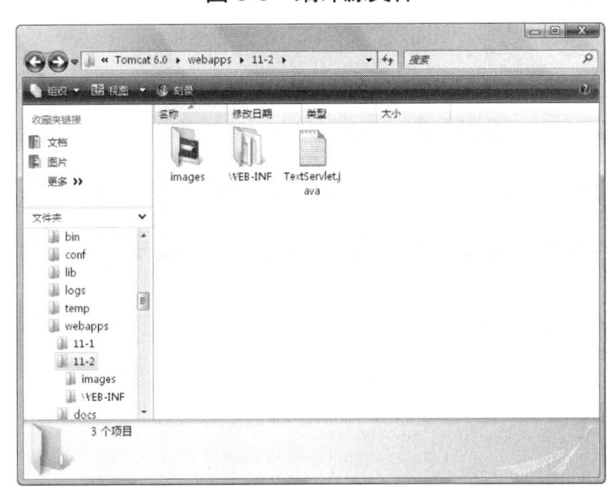

图 8-9　新建文件夹

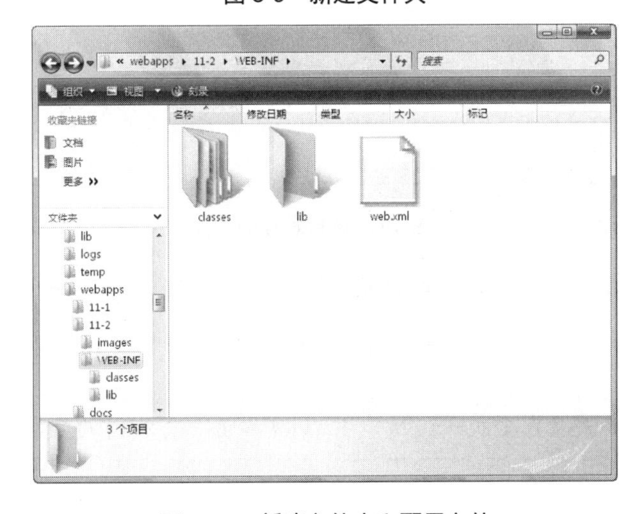

图 8-10　新建文件夹和配置文件

③ 用记事本打开 web.xml 文件并写入代码，然后将其保存，代码如下。

```
<?xml version="1.0" encoding="UTF-8"?>
<web-app version="2.4"
    xmlns="http://java.sun.com/xml/ns/j2ee"
    xmlns:xsi="http://www.w3.org/2001/XMLSchema-instance"
    xsi:schemaLocation="http://java.sun.com/xml/ns/j2ee
    http://java.sun.com/xml/ns/j2ee/web-app_2_4.xsd">
  <servlet>
    <description>This is the description of my J2EE component</description>
    <display-name>This is the display name of my J2EE component</display-name>
    <servlet-name>TextServlet</servlet-name>//
    <servlet-class>com.wy.TextServlet</servlet-class>
  </servlet>
  <servlet-mapping>
    <servlet-name>TextServlet</servlet-name>
    <url-pattern>/TextServlet</url-pattern>
  </servlet-mapping>
  <welcome-file-list>
    <welcome-file>index.jsp</welcome-file>
  </welcome-file-list>
</web-app>
```

④ 按照包的路径(package com.wy;)在 classes 下新建几个文件夹，将编译后的后缀名为.class 的文件复制到里面，如图 8-11 所示。

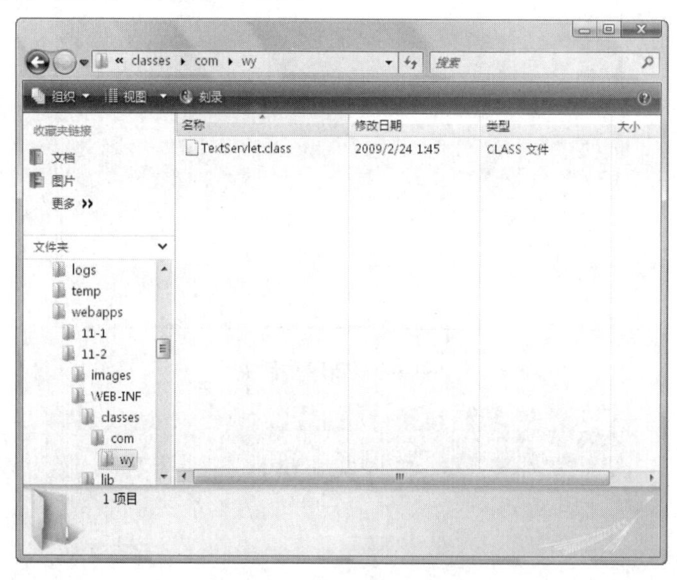

图 8-11　复制对应的文件

此时就可以在浏览器中浏览了，执行效果如图 8-12 所示。

智慧锦囊

因为 Servlet 和 JSP 完全统一，所以 Servlet 和 JSP 有相同的生命周期。

图 8-12　浏览的结果

8.4　Servlet 接口和类

Servlet 功能的强大取决于 Java 为它提供了很多接口和类。在本节的内容中，将详细讲解在 Servlet 中使用频率较高的常用接口和类，为读者步入本书后面知识的学习奠定基础。

↑扫码看视频

8.4.1　与 Servlet 配置相关的接口

和 Servlet 配置相关的接口是 java.servlet.ServletCongfig，下面是一段简单的 Servlet 配置代码。

```
  <servlet-class>com.wy.TextServlet
</servlet-class>
  </servlet>
  <servlet-mapping>
    <servlet-name>TextServlet</servlet-name>
    <url-pattern>/TextServlet</url-pattern>
  </servlet-mapping>
```

读者可以阅读 Java API 手册，里面列举了 Java 的常用接口和类。在 Servlet 中是通过方法实现具体功能的，其中最为常用的方法如下。

➢　getinitParmeter(String name)：返回指定名称的参数的字符串。

- getinitparameterName()：返回 Servlet 所有初始化的值。
- getServletcontex()：返回当前 Servlet 正在执行的上下文的引用。
- getServletName()：返回当前 Servlet 实例的名称。
- getcontext(String uripath)：返回由参数指定的一个对象。
- long(String msg)：向 Servelt 日志写入信息。
- getServletinfo()：返回当前运行的 Servlet 容器名称和版本代码。
- getattribute(String name)：返回由参数指定的名称。
- getAttributeNames()：返回由容器中所有属性指定的名称。
- getServletContextName：返回当前 Web 应用程序的 ServletContext 的名称。

8.4.2 Servlet 编程接口

Servlet 编程需要引用 Javax.servlet 包和接口，下面将详细讲解 Servlet 编程接口中的常用方法。

1．初始化 Servlet

在 Web 容器中加载和实例化 Servlet 类之后，在 Servlet 实例传递来自客户端的请求之前，Web 容器会对 Servlet 进行初始化处理。用户可以自定义这个初始化过程，以允许 Servlet 配置数据、初始化资源，即不中断数据源。初始化 Servlet 的格式如下。

```
public void init(ServletCongfig arg0)throws servletException
```

2．Servlet 业务实现

在编程的过程中，经常需要实现 Servlet 业务，实现 Servlet 业务的格式如下。

```
Public void service(ServletRequst arg0,ServletResponse arg)throws
 servletException,IOException
```

3．Servlet 销毁

当程序执行完毕不再需要一些内容时，就需要执行销毁这个动作了，销毁 Servlet 的格式如下。

```
public void destroy()
```

4．Servlet 和 Web 容器通信

Servlet 与 Web 通信十分简单，该方法的格式如下。

```
public servletconfig getServletConfig()
```

5．获取 Servlet 的基本信息

获取 Servlet 的基本信息的格式如下。

```
public servlet getServletInfo()
```

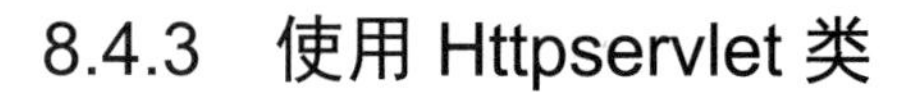

8.4.3　使用 Httpservlet 类

在 Servlet 的请求中可以包含多个数据项，当 Web 容器接收到 Servlet 的请求时，容器就会将请求封装成一个对象。其中类 HttpServlet 是针对 HTTP 协议的 Web 服务器的 Servlet 类，不但是对类 GenericServlet 的一个扩展，而且其本身也是一个抽象类。在一个 HttpServlet 的子类中至少要重载以下方法中的一个。

- doGet()方法：适用于 HTTP GET 请求。
- doPost()方法：适用于 HTTP POST 请求。
- doPut()方法：适用于 HTTP PUT 请求。
- doDelete()方法：适用于 HTTP DELETE 请求。
- init()和 destroy()方法：管理 Servlet 生命周期中的资源。
- getServletInfo()方法：提供 Servlet 本身的信息。

类 HttpServlet 中的 getServletConfig()、getServletContext()、getServletInfo()、getServletName()、log()等方法和类 GenericServlet 中的同名方法功能相同，在此不再赘述。

类 HttpServlet 的构造方法如下。

```
public HttpServlet()
```

实例 8-4：使用类 HttpServlet。

源文件路径：daima\8\Httpservlets\InitServlet.java

实例文件 InitServlet.java 的具体代码如下。

```
package com.wy;
import java.io.*;
import java.sql.*;
import javax.servlet.ServletException;
import javax.servlet.http.*;
public class InitServlet extends HttpServlet
 {
    private String driver = "";
    private String URL = "";
    private String username = "";
    private String password = "";
    public void init() throws ServletException
{
        driver = getInitParameter("driver");
        URL = getInitParameter("URL");
        username = getInitParameter("username");
        password = getInitParameter("password");
    }
//获得数据库连接的方法
    public Connection getConnection() {
        Connection con = null;
        try {
            Class.forName(driver);
            con = DriverManager.getConnection(URL, username, password);
            System.out.print("2");
        } catch (Exception e) {
```

```
        }
        return con;
    }
//通过 doGet()方法实现数据查询功能
    public void doGet(HttpServletRequest request, HttpServletResponse response)
            throws ServletException, IOException {
        response.setContentType("text/html;charset=gb2312");
        PrintWriter out = response.getWriter();
        Connection con = this.getConnection();
        try {
            Statement stmt = con.createStatement();
            ResultSet rs = stmt.executeQuery("select * from tb_user");
            while (rs.next()) {
                out.print(rs.getString("id"));
                out.print("    ");
                out.print(rs.getString("name"));
                out.print("    ");
                out.print(rs.getString("age"));
                out.print("    ");
                out.print(rs.getString("sex"));
                out.print("<br>");
            }
        } catch (SQLException e) {
            e.printStackTrace();
        }
    }
    public void doPost(HttpServletRequest request, HttpServletResponse response)
            throws ServletException, IOException {
        doGet(request, response);
    }
}
```

新建文件 web.xml，具体配置代码如下。

```
<?xml version="1.0" encoding="UTF-8"?>
<web-app version="2.4" xmlns="http://java.sun.com/xml/ns/j2ee"
    xmlns:xsi="http://www.w3.org/2001/XMLSchema-instance"
    xsi:schemaLocation="http://java.sun.com/xml/ns/j2ee
    http://java.sun.com/xml/ns/j2ee/web-app_2_4.xsd">
    <servlet>
        <description>
            This is the description of my J2EE component
        </description>
        <display-name>
            This is the display name of my J2EE component
        </display-name>
        <servlet-name>InitServlet</servlet-name>
        <servlet-class>com.wy.InitServlet</servlet-class>
        <init-param>
            <param-name>driver</param-name>
            <param-value>
                com.microsoft.jdbc.sqlserver.SQLServerDriver
            </param-value>
        </init-param>
        <init-param>
            <param-name>URL</param-name>
            <param-value>
                jdbc:microsoft:sqlserver://localhost:1433;DatabaseName=
                    db_database19
            </param-value>
```

```
        </init-param>
        <init-param>
            <param-name>username</param-name>
            <param-value>sa</param-value>
        </init-param>
        <init-param>
            <param-name>password</param-name>
            <param-value></param-value>
        </init-param>
    </servlet>
    <servlet-mapping>
        <servlet-name>InitServlet</servlet-name>
        <url-pattern>/InitServlet</url-pattern>
    </servlet-mapping>
</web-app>
```

知识精讲

读者可以继续按照本章前面介绍的方式进行编译与配置，但是运行后会出错，因为这里没有建立数据库。有关数据库的知识，将在本书后面的章节中进行讲解，上述演示代码的目的是让读者理解 HttpServlet 的知识。

8.4.4 用 HttpSession 接口实现会话

会话是客户端和 HTTP 之间通过 HttpSession 接口实现的关联，这种关联可以维持指定的时间，同时可以跨越多个连接或用户界面请求。一个 Session 只负责和一个用户通信，并存储该用户的有关信息。会话中常用的方法如下。

- public void setAttribute(String name,Object value)：将 value 对象以 name 名称绑定到会话。
- public object getAttribute(String name)：取得 name 的属性值，如果属性不存在则返回 null。
- public void removeAttribute(String name)：从会话中删除 name 属性，如果不存在则不会执行，也不会抛出错误。
- public Enumeration getAttributeNames()：返回和会话有关的枚举值。
- public void invalidate()：使会话失效，同时删除属性对象。
- public Boolean isNew()：用于检测当前客户是否为新的会话。
- public long getCreationTime()：返回会话创建时间。
- public long getLastAccessedTime()：返回在会话期间内 Web 容器接收到的客户最后发出的请求的时间。
- public int getMaxInactiveInterval()：返回在会话期间内客户请求的最长时间，单位是秒。
- public void setMasInactiveInterval(int seconds)：允许客户请求的最长时间。
- ServletContext getServletContext()：返回当前会话的上下文环境，ServletContext 对

象可以使 Servlet 与 Web 容器进行通信。

- public String getId()：返回会话期间的识别号。

8.5 实践案例与上机指导

通过本章的学习，读者基本可以掌握 Servlet 技术的基本知识。其实有关 Servlet 技术的知识还有很多，这需要读者通过课外渠道来加深学习。下面通过练习操作，以达到巩固学习、拓展提高的目的。

↑扫码看视频

8.5.1 配置过滤器

Servlet 过滤器是 Web 中的一个小型组件，能够拦截来自客户端的请求和响应信息，从而进行查看、提取或者对客户端和服务器之间交换的数据信息进行某项特定的操作。实现的过滤器通常用来封装一些辅助性的功能方法，这些过滤器方法可能对真正意义上的客户端请求和响应处理不起决定性作用，但还是非常重要的。实现了 Servlet 过滤器之后，还需要通过文件 web.xml 中的如下两个 XML 元素声明该过滤器。

- 元素<filter>：定义过滤器的名称，并且声明实现类和 init()参数。
- 元素<filter-mapping>：将过滤器与 Servlet 或 URL 模式相关联。

<web-app>标记前面的声明格式如下。

```
<filter>
<filter-name>Page Request Timer</filter-name>
<filter-class>TimeTrackFilter</filter-class>
</filter>
<filter-mapping>
<filter-name>Page Request Timer</filter-name>
<servlet-name>Main Servlet</servlet-name>
</filter-mapping>
<servlet>
<servlet-name>Main Servlet</servlet-name>
<servlet-class>MainServlet</servlet-class>
</servlet>
<servlet-mapping>
<servlet-name>Main Servlet</servlet-name>
<url-pattern>/*</url-pattern>
</servlet-mapping>
```

在过滤器 Page Request Timer 中有两个参数，分别为 page Request Timer 和 Main Servlet，在实际应用中可以通过类 config 中的方法 getinitparameter()获得。

实例 8-5：使用过滤器。
源文件路径：daima\8\guolv

第 1 步　新建一个 Java 文件 FilterFlux.java，具体代码如下。

```
package com;
import javax.servlet.*;
import javax.servlet.http.*;
import java.io.*;
import java.util.*;
public class FilterFlux extends HttpServlet implements Filter
{
   private static int flux = 0;
public void init(FilterConfig filterConfig) throws ServletException
 {
   }
   public synchronized void doFilter(ServletRequest request, ServletResponse
       response, FilterChain filterChain) throws
           ServletException, IOException {
      this.flux++;
      request.setAttribute("flux",String.valueOf(flux));
      filterChain.doFilter(request, response);
   }
   public void destroy() {
   }
}
```

第 2 步　新建 JSP 文件 index.jsp，主要实现代码如下。

```
<%@ page contentType="text/html; charset=gb2312" language="java" import=
   "java.sql.*" errorPage="" %>
<html>
<head>
<meta http-equiv="Content-Type" content="text/html; charset=gb2312">
<title>Servlet 过滤器的应用</title>
</head>
<body>
<div align="center">
  <table width="459" height="400" border="0" cellpadding="0" cellspacing="0" >
    <tr align="center">
      <td ><%=request.getAttribute("flux")%>次</td>
    </tr>
  </table>
  <br>
</div>
</body>
</html>
```

第 3 步　新建配置文件 web.xml，具体代码如下。

```
<?xml version="1.0" encoding="UTF-8"?>
<web-app xmlns=http://java.sun.com/xml/ns/j2ee
 xmlns:xsi="http://www.w3.org/2001/XMLSchema-instance"
xsi:schemaLocation="http://java.sun.com/xml/ns/j2ee
http://java.sun.com/xml/ns/j2ee/web-app_2_4.xsd" version="2.4">
  <display-name>web</display-name>
  <filter>
    <filter-name>filterflux</filter-name>
```

```
    <filter-class>com.FilterFlux</filter-class>
  </filter>
  <filter-mapping>
    <filter-name>filterflux</filter-name>
    <url-pattern>/*</url-pattern>
  </filter-mapping>
</web-app>
```

编译 Java 文件 FilterFlux.java，将编译后的文件 FilterFlux.class 复制到 WEB-INF 的对应目录下，启动 Tomcat，输入地址 http://localhost:5858/guolv/，执行效果如图 8-13 所示。

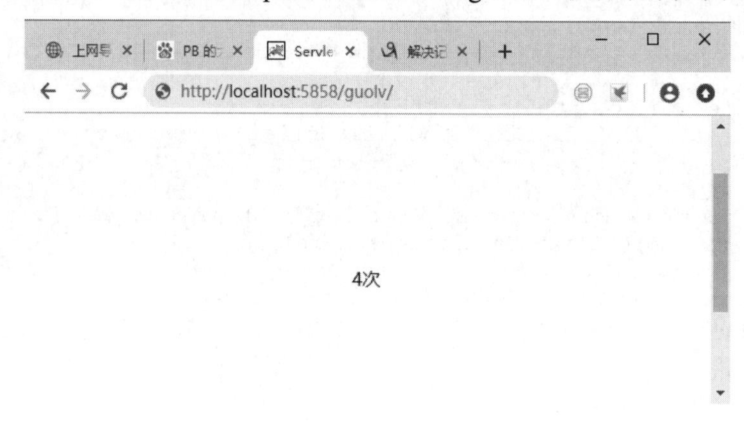

图 8-13　过滤器

8.5.2　创建 Filter

在 Java Web 程序中，创建一个 Filter 的基本步骤如下。

(1) 创建 Filter 处理类。

(2) 在文件 web.xml 中配置 Filter。

创建 Filter 时必须实现 javax.servlet.Filter 接口，在此接口中定义了如下三个方法。

- void init(FilterConfig config)：用于完成 Filter 的初始化。
- void destroy()：用于 Filter 销毁前，完成某些资源的回收。
- void doFilter(ServletRequest request, ServletResponse response,FilterChain chain)：实现过滤功能，该方法就是对每个请求及响应增加的额外处理。

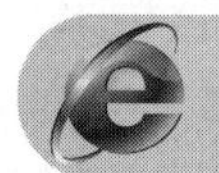

实例 8-6：创建一个可以拦截所有用户请求的日志 Filter。

源文件路径：daima\8\yongfilter\

本实例的功能是创建一个可以拦截所有用户请求的日志 Filter，并将请求的信息记录在日志中。实例文件 LogFilter.java 的主要实现代码如下。

```
@WebFilter(filterName="log", urlPatterns={"/*"})
public class LogFilter implements Filter
{
    //FilterConfig 可用于访问 Filter 的配置信息
    private FilterConfig config;
    //实现初始化方法
    public void init(FilterConfig config)
    {
```

```
        this.config = config;
    }
    //实现销毁方法
    public void destroy()
    {
        this.config = null;
    }
    //执行过滤的核心方法
    public void doFilter(ServletRequest request,
        ServletResponse response, FilterChain chain)
        throws IOException,ServletException
    {
        //---------下面代码用于对用户请求执行预处理---------
        //获取 ServletContext 对象，用于记录日志
        ServletContext context = this.config.getServletContext();
        long before = System.currentTimeMillis();
        System.out.println("过滤...");
        //将请求转换成 HttpServletRequest 请求
        HttpServletRequest hrequest = (HttpServletRequest)request;
        //输出提示信息
        System.out.println("Filter 截获了用户请求的地址： " +
            hrequest.getServletPath());
        //Filter 只是链式处理，请求依然放行到目的地址
        chain.doFilter(request, response);
        //---------下面代码用于对服务器响应执行后处理---------
        long after = System.currentTimeMillis();
        //输出提示信息
        System.out.println("过滤完成");
        //输出提示信息
        System.out.println("将请求定位到" + hrequest.getRequestURI() +
            "    耗时： " + (after - before));
    }
}
```

上述实例代码实现了 doFilter()方法，通过实现此方法可以预处理用户的请求，也可以实现对服务器响应进行后处理。在执行该方法之前对用户请求进行预处理，在执行该方法后对服务器响应进行后处理。在上面的请求 Filter 中，仅在日志中记录请求的 URL，对所有的请求都执行 chain.doFilter (request,response)方法，当 Filter 对请求过滤后，依然将请求发送到目的地址。如果需要检查权限，可以在 Filter 中根据用户请求的 HttpSession，判断用户权限是否足够。如果权限不够，直接调用重定向即可，不用调用 chain.doFilter(request, response)方法。

思考与练习

本章详细讲解了使用 Servlet 技术的知识，循序渐进地讲解了 Servlet 是什么、Servlet 开发基础、配置 Servlet、Servlet 接口和类等知识。在讲解过程中，通过具体实例介绍了使用 Servlet 技术的方法。通过本章的学习，读者应该熟悉使用 Servlet 技术的知识，并掌握它们的使用方法和技巧。

1. 选择题

(1) 在@WebServlet 中，属性(　　)用于设置 Servlet 是否支持异步操作模式。

A. displayName　　B. asyncSupported　　C. loadOnStartup

(2) 方法(　　)用于返回指定名称的参数的字符串。

A. getinitParmeter(String name)

B. getServletcontex()

C. getServletName()

2. 判断对错

(1) 通常无须重写 init()和 destroy()两个方法，除非需要在初始化 Servlet 时，完成某些资源初始化的方法，才考虑重写 init()方法。　　(　　)

(2) 如果重写了 init(ServletConfig config)方法，则应在重写该方法的第一行调用 super.init(config)。　　(　　)

3. 上机练习

(1) 编写一个 Java Web 程序，要求使用类 HttpServlet。

(2) 实现一个文件上传表单界面。

第 9 章

深入学习 JavaBean

本章要点

- JavaBean 基础
- JSP 和 JavaBean
- 设置 JavaBean 属性
- JavaBean 方法

本章主要内容

JavaBean 是一种用 Java 语言编写的可重用组件。为了编写 JavaBean 组件，所有的类必须是具体的和公共的，并且具有无参数的构造器。JavaBean 就是 Java 类，属于某些特定的译码指导方针，并且扩展了适应性和范围，允许用户访问内部的属性和方法。本章将详细剖析 JavaBean 的基本知识，为读者步入本书后面知识的学习奠定基础。

9.1 JavaBean 基础

↑扫码看视频

JavaBean 是描述 Java 的软件组件模型，类似于 Microsoft 平台中的 COM 组件。开发人员可以使用 JavaBean，将功能、处理、值、数据库访问和其他任何可以用 Java 代码创造的对象打包，并且其他的开发者可以通过内部的 JSP 页面、Servlet、其他 JavaBean、Applet 程序或者应用来使用这些对象。在本节的内容中，将详细讲解 JavaBean 的基础知识，为读者步入本书后面知识的学习奠定基础。

9.1.1 JavaBean 介绍

JavaBean 是为 Java 语言设计的软件组件模型，具有可重复使用和跨平台的特点。可以用 JavaBean 来封装业务逻辑并进行数据库操作，这样可以很好地实现业务逻辑和前后台程序的分离。JavaBean 其实就是一个简单的 Java 类，这也就意味着，Java 类的一切特征，JavaBean 也都具有。JavaBean 同样可以使用封装、继承、多态等特性。

JavaBean 可以分为两类，一类是有用户接口(UI)的 JavaBean，一类是没有用户接口的 JavaBean。一般在 JSP 中使用的都是没有用户接口的 JavaBean，因此本书所介绍的 JavaBean 大多都是指没有用户接口的 JavaBean。这类 JavaBean 只是简单地进行业务封装，如数据运算和处理、数据库操作等。

推出 JavaBean 的最初的目的是，将可以重复使用的软件代码打包，帮助厂家开发在综合开发环境(IDE)下使用的 Java 软件部件。例如，这些包有 Grid 控件，用户可以将该部件拖放到开发环境中。使用 JavaBean 就可以将 Grid 扩展为一个 Java Web 应用的标准部件，我们可以在 Java Web 环境中随时方便地使用 Grid 控件。

一个标准的 JavaBean 应该具有如下 3 个特点。

(1) JavaBean 必须是一个公开的类，也就是说 JavaBean 类的访问权限必须是 public 的。

(2) JavaBean 必须具有一个无参数的构造方法。如果在 JavaBean 中定义了自定义的有参构造方法，就必须添加一个无参数构造方法，否则将无法设置属性；如果没有定义自定义的有参构造方法，则可以利用编译器自动添加的无参构造方法。

(3) JavaBean 一般将属性设置成私有的，通过使用 getXXX()方法和 setXXX()方法来进行属性的取得和设置。

属性名和 get 方法名之间存在固定的对应关系：如果属性名为 xyz，那么 get 方法名为 getXyz，属性名中的第一个字母在方法名中改为大写。

属性名和 set 方法名之间存在固定的对应关系：如果属性名为 xyz，那么 set 方法名为 setXyz，属性名中的第一个字母在方法名中改为大写。

如果希望 JavaBean 能被持久化，那么可以使它实现 java.io.Serializable 接口。在 JavaBean 中除了可以定义 get 方法和 set 方法外，也可以像普通 Java 类那样定义其他完成特定功能的方法。

下面是一段使用 JavaBean 的代码，类名为 CounterBean。在类 CounterBean 中定义了一个属性 count，还定义了访问这个属性的两个方法 getCount()和 setCount()。

```
package mypack;
public class CounterBean{
  private int count=0;
  public CounterBean(){}
  public int getCount(){
    return count;
  }
  public void setCount(int count){
    this.count=count;
  }
}
```

假设把类 CounterBean 发布到 helloapp 应用中，则它的存放位置如下。

```
helloapp/WEB-INF/classes/mypack/CounterBean.class
```

9.1.2　使用 JavaBean

根据前面介绍的 JavaBean 的三个特点，接下来通过一个具体实例说明使用 JavaBean 的过程。

实例 9-1：在局部范围内访问全局变量。
源文件路径：daima\9\FirstJavaBean.java

实例文件 FirstJavaBean.java 的主要代码如下。

```
import java.io.*;
public class FirstJavaBean {
private String FirstProperty = new String("");
public FirstJavaBean()
{ //构造方法
}
public String getFirstProperty()//get***方法
{
return FirstProperty;
}
public void setFirstProperty(String value)
{
FirstProperty = value;
}
public static void main(String[] args)
{
System.out.println("大家好，第一个 JavaBean 跟大家打个招呼");
}
}
```

由上述代码可以看出，如果在局部范围内访问全局变量，只需要使用一个关键字即可。执行后的效果如图 9-1 所示。

```
管理员: C:\Windows\system32\cmd.exe
Microsoft Windows [版本 6.0.6001]
版权所有 (C) 2006 Microsoft Corporation。保留所有权利。

C:\Users\Administrator>F:

F:\>javac FirstJavaBean.java

F:\>java FirstJavaBean
大家好，第一个JavaBean跟大家打个招呼

F:\>_
```

图 9-1　执行效果

9.2　使用 JSP 和 JavaBean

在 Java Web 开发应用中，和 JavaBean 关系最为密切的是 JSP。使用 JSP+JavaBean 这对组合可以更加高效地开发 Java Web 程序。在本节的内容中，将详细讲解 JSP 访问和调用 JavaBean 的基本知识，为读者步入本书后面知识的学习奠定基础。

↑扫码看视频

9.2.1　JSP 访问 JavaBean

在 JSP 网页中，既可以通过程序代码来访问 JavaBean，也可以通过特定的 JSP 标签来访问 JavaBean。采用后一种方法，可以减少 JSP 网页中的程序代码，使它更接近于 HTML 页面。下面介绍访问 JavaBean 的 JSP 标签。

1. 导入 JavaBean 类

如果在 JSP 网页中访问 JavaBean，首先要通过<%@ page import>指令引入 JavaBean 类。例如下面的代码。

```
<%@ page import="mypack.CounterBean" %>
```

2. 声明 JavaBean 对象

在 Java Web 应用中，可以使用标签<jsp:useBean>来声明 JavaBean 对象，例如下面的代码。

```
<jsp:useBean id="myBean" class="mypack.CounterBean" scope="session" />
```

通过上述代码，声明了一个名为 myBean 的 JavaBean 对象。在标签<jsp:useBean>中有以下三个重要属性。

➢ id 属性：代表 JavaBean 对象的 ID，实际上表示引用 JavaBean 对象的局部变量名，以及存放在特定范围内的属性名。JSP 规范要求存放 在所有范围内的每个

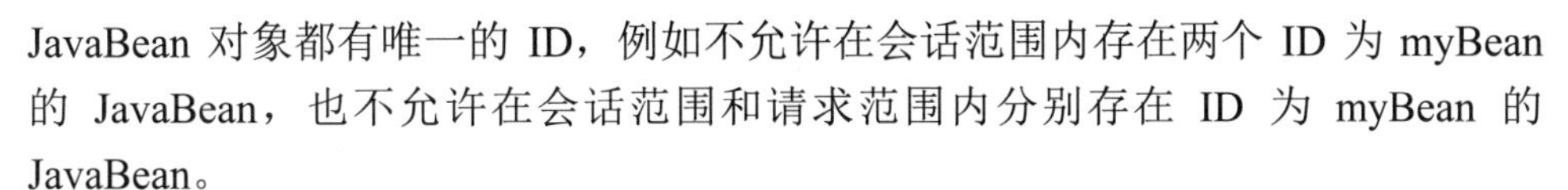

JavaBean 对象都有唯一的 ID，例如不允许在会话范围内存在两个 ID 为 myBean 的 JavaBean，也不允许在会话范围和请求范围内分别存在 ID 为 myBean 的 JavaBean。

- class 属性：用来指定 JavaBean 的类名。
- scope 属性：用来指定 JavaBean 对象的存放范围，可选值包括 page(页面范围)、request(请求范围)、session(会话范围)和 application(Web 应用范围)。scope 属性的默认值为 page，范例中的 scope 属性取值为 session，表示会话范围。

知识精讲

标签<jsp:useBean>的处理流程如下。

(1) 定义一个名为 myBean 的局部变量。

(2) 尝试从 scope 指定的会话范围内读取名为 myBean 的属性，并且使得 myBean 局部变量引用具体的属性值，即 CounterBean 对象。

(3) 如果在 scope 指定的会话范围内，名为 myBean 的属性不存在，那么就通过 CounterBean 类的默认构造方法创建一个 CounterBean 对象，并把它存放在会话范围内，令其属性名为 myBean。此外，myBean 局部变量也引用这个 CounterBean 对象。

前面的<jsp:useBean>标签和下面 Java 程序代码的作用是等价的。

```
mypack.CounterBean myBean = null;
//定义 myBean 局部变量
//试图从会话范围内读取 myBean 属性
myBean = (mypack.CounterBean) session.getAttribute("myBean");
if (myBean == null){
              //如果会话范围内不存在 myBean 属性
  myBean = new mypack.CounterBean();
  session.setAttribute("myBean", myBean);
}
```

对前面<jsp:useBean>标签的代码和上面与其等价的 Java 代码进行比较，可以看出<jsp:useBean>标签在形式上比 Java 程序片段简洁多了。

当在标签<jsp:useBean>中指定 class 属性时，必须给出完整的 JavaBean 的类名，包括类所属的包的名字。如果将前面的声明语句改为如下格式：

```
<jsp:useBean id="myBean" class=" CounterBean" scope="session" />
```

此时 JSP 编译器会找不到 CounterBean 类，从而抛出 ClassNotFoundException 异常。

3. 访问 JavaBean 属性

JSP 提供了访问 JavaBean 属性的标签，如果要将 JavaBean 的某个属性输出到网页上，可以用<jsp:getProperty>标签实现，例如下面的代码。

```
<jsp:getProperty name="myBean" property="count" />
```

上述标签<jsp:getProperty>根据属性 name 的值 myBean 找到由标签<jsp:useBean>声明的

ID 为 myBean 的 CounterBean 对象，然后输出它的 count 属性。上述代码等价于下面的 Java 代码。

```
<%=myBean.getCount() %>
```

智慧锦囊

Servlet 容器在运行标签<jsp:getProperty>时，会根据属性 property 指定的属性名自动调用 JavaBean 相应的 get 方法。属性名和 get 方法名之间存在如下固定的对应关系。

如果属性名为 xyz，那么 get 方法名为 getXyz，属性名中的第一个字母在方法名中改为大写。

例如上述代码中的属性名为 count，所以相应的 get 方法的名字为 getCount。假如在类 CounterBean 中不存在 getCount()方法，那么 Servlet 容器在运行<jsp:getProperty>标签时就会抛出异常。所以建议开发人员在创建 JavaBean 类时要严格遵守 JavaBean 的语法规范，只有这样才能保证在 JSP 中可以正常使用 JavaBean 的标签。

标签<jsp:getProperty>在形式上还不够简洁，当使用本书后面章节介绍的 EL 语言来访问 JavaBean 的属性时，通过 EL 表达式"${myBean.count}"可以实现与上面<jsp:getProperty>标签同样的功能。

如果要给 JavaBean 的某个属性赋值，可以用标签<jsp:setProperty>实现，例如下面的代码。

```
<jsp:setProperty name="myBean" property="count" value="1"  />
```

在上述标签<jsp:setProperty>代码中，可以根据属性 name 的值 myBean 找到由标签<jsp:useBean>声明的 ID 为 myBean 的 CounterBean 对象，然后给它的 count 属性赋值。上述标签<jsp:setProperty>等价于下面的代码。

```
<% myBean.setCount(1); %>
```

如果一个 JSP 文件通过标签<jsp:setProperty>或<jsp:getProperty>访问一个 JavaBean 的属性，则必须在此 JSP 文件中先通过标签<jsp:useBean>来声明这个 JavaBean，否则标签<jsp:setProperty>和<jsp:getProperty>在运行时会抛出异常。

9.2.2 在 JSP 中调用 JavaBean

要想在 JSP 中调用 JavaBean，就需要使用<jsp:useBean>动作指令，该动作指令主要用于创建和查找 JavaBean 的示例对象。<jsp:useBean>动作指令的语法格式如下。

```
<jsp:useBean id="对象名称" scope="存储范围" class="类名"></jsp:useBean>
```

其中，id 属性表示该 JavaBean 实例化后的对象名称。scope 属性用来指定该 JavaBean 的范围，也就是指 JavaBean 实例化后的对象存储范围。范围的取值分别是 page、request、session 和 application。class 属性用来指定 JavaBean 的类名，这里所指的类名包含 JavaBean 包的名字和具体 JavaBean 类的名字。

实例 9-2：在一个 JSP 文件中调用 JavaBean。
源文件路径：daima\9\shuxing

实例文件 UseBeanD.jsp 的主要代码如下。

```
<%@ page language="java" contentType="text/html;charset=gb2312"%>
<html>
<head>
    <title>调用 JavaBean</title>
</head>
<body>
    <%--通过 useBean 动作指令调用 JavaBean--%>
    <jsp:useBean id="user" scope="page" class="com.javaweb.ch09.UserBean">
    </jsp:useBean>
    <%
        //设置 user 的 username 属性
        user.setUsername("aaa");
        //设置 user 的 password 属性
        user.setPassword("111");
        //打印输出 user 的 username 属性
        out.println("用户名: " + user.getUsername() + "<br>");
        //打印输出 user 的 password 属性
        out.println("用户密码: " + user.getPassword());
    %>
</body>
</html>
```

在上述代码中，通过<jsp:useBean>指令调用名为 UserBean 的 JavaBean，并设置其实例化对象名为 user，其存储范围为 page。然后通过实例化对象名 user 分别设置其属性值。最后通过实例化对象名 user 分别获得其属性值并输出在页面中。执行后的效果如图 9-2 所示。

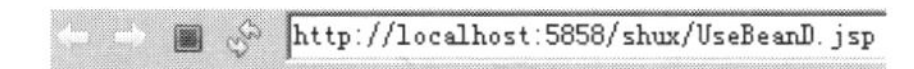

用户名：aaa
用户密码：111

图 9-2 执行效果

JavaWeb 是 Java 开发的强项，初学者应该尽快掌握在 Web 页面中调用 JavaBean 组件的方法。为加深读者对 JavaBean 的理解，接下来将通过一个实例讲解在 Java Web 页面中调用 JavaBean 的过程。

实例 9-3：在 Web 页面中调用 JavaBean 组件。
源文件路径：daima\9\diao

第 1 步 新建文件 ChartGraphics.java，主要代码如下。

```
package com;
import java.io.*;
import java.util.*;
import com.sun.image.codec.jpeg.*;
import java.awt.image.*;
import java.awt.*;
public class ChartGraphics
{
```

```
BufferedImage image;
public void createImage(String fileLocation)
{
   try {
    FileOutputStream fos = new FileOutputStream(fileLocation);
    BufferedOutputStream bos = new BufferedOutputStream(fos);
    JPEGImageEncoder encoder = JPEGCodec.createJPEGEncoder(bos);
    encoder.encode(image);
    bos.close();
   } catch(Exception e) {
    System.out.println(e);
   }
}
public void graphicsGeneration(int h1,int h2,int h3,int h4,int h5)
{
   final int X=10;
   int imageWidth = 300;    //图片的宽度
   int imageHeight = 300;   //图片的高度
   int columnWidth=30;      //柱的宽度
   int columnHeight=200;    //柱的最大高度
   ChartGraphics chartGraphics = new ChartGraphics();
   chartGraphics.image = new BufferedImage(imageWidth, imageHeight,
     BufferedImage.TYPE_INT_RGB);
   Graphics graphics = chartGraphics.image.getGraphics();
   graphics.setColor(Color.white);
   graphics.fillRect(0,0,imageWidth,imageHeight);
   graphics.setColor(Color.red);
   graphics.drawRect(X+1*columnWidth, columnHeight-h1, columnWidth, h1);
   graphics.drawRect(X+2*columnWidth, columnHeight-h2, columnWidth, h2);
   graphics.drawRect(X+3*columnWidth, columnHeight-h3, columnWidth, h3);
   graphics.drawRect(X+4*columnWidth, columnHeight-h4, columnWidth, h4);
   graphics.drawRect(X+5*columnWidth, columnHeight-h5, columnWidth, h5);
   chartGraphics.createImage("D:\\temp\\chart.jpg");
}
public  static void main(String[] args){
   ChartGraphics bb=new ChartGraphics();
   bb.graphicsGeneration(10, 20, 30, 45, 60);
 }
}
```

第 2 步 新建文件 GetData.java 文件，主要代码如下。

```
package com;
import java.io.*;
public class GetData
 {
int heightArray[] = new int[5];
public int[] getHightArray()
{
try {
RandomAccessFile randomAccessFile = new RandomAccessFile
   ("d:\\temp\\ColumnHeightArray.txt","r");
for (int i=0;i<5;i++ )
{
heightArray[i] = Integer.parseInt(randomAccessFile.readLine());
}
}
catch(Exception e) {
System.out.println(e);
}
```

```
return heightArray;
}
}
```

第 3 步 新建一个 myjsp.jsp 页面文件，主要代码如下。

```
<%@ page import="com.ChartGraphics" %>
<%@ page import="com.GetData" %>
<jsp:useBean id="cg" class="com.ChartGraphics"/>
<jsp:useBean id="gd" class="com.GetData"/>
<%!
int height[]=new int[5];
%>
<%
height=gd.getHightArray();
cg.graphicsGeneration(height[0],height[1],height[2],height[3],height[4]);
%>
<html>
<body>
<img src="chat.jpg"></img>
</body>
</html>
```

将上述代码进行编译并运行后即可使用 JavaBean，执行效果如图 9-3 所示。

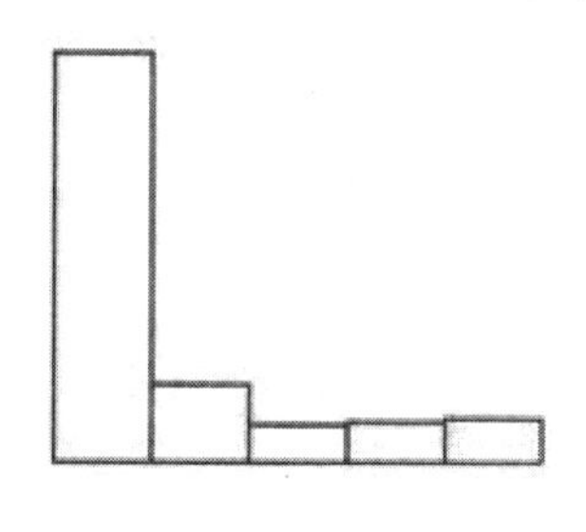

图 9-3　执行效果

9.3　设置 JavaBean 属性

JavaBean 的属性与一般 Java 程序中所指的属性是一个概念，在程序中的具体体现就是类中的变量。在 JavaBean 设计应用中，按照属性的不同作用可以将 JavaBean 的属性细分为四类，分别是 Simple、Indexed、Bound 和 Constrained。在本节的内容中，将详细讲解设置 JavaBean 属性的基本知识，为读者步入本书后面知识的学习奠定基础。

↑扫码看视频

9.3.1　简单属性 Simple

属性 Simple 也被称为简单属性，此类属性可以表示一个伴随有一对 get/set 方法(C 语言的过程或函数在 Java 程序中称为“方法”)的变量。属性名与和该属性相关的 get/set 方法名对应。假如在程序中存在方法 setX 和方法 getX，则暗指有一个名为 X 的属性。如果有一个方法名为 isX，则通常暗指 X 是一个布尔属性(即 X 的值为 true 或 false)。例如下面的代码。

```
public class alden1 extends Canvas
{
string ourString= "Hello";
//属性名为 ourString，类型为字符串
public alden1(){
//alden1()是 alden1 的构造函数
setBackground(Color.red);
setForeground(Color.blue);
}
/* "set"属性*/
public void setString(String newString)
 {
ourString=newString;
}
/* "get"属性 */
public String getString()
{
return ourString;
}
}
```

如果简单的数据类型为 boolean，则除了可以使用方法 setXXX()外，还可以使用方法 isXXX 代替方法 getXXX()，例如下面的代码。

```
public boolean isFlog()
{
Return flag;
}
public void setFlog(boolean flag)
{
This.flag=flag;
}
```

9.3.2 数组值属性 Indexed

在 Java Web 程序中，一个 Indexed 属性代表一个数组值，使用与该属性对应的 set/get 方法可以获取数组中的数值。另外，通过使用 Indexed 属性可以一次设置或取得整个数组的值。例如，下面的代码演示了属性 Indexed 的上述功能。

```
public class alden2 extends Canvas
{
int[] dataSet={1,2,3,4,5,6}; // dataSet 是一个 indexed 属性
public alden2()
{
setBackground(Color.red);
setForeground(Color.blue);
}
/* 设置整个数组 */
public void setDataSet(int[] x)
{
dataSet=x;
```

```
}
/* 设置数组中的单个元素值 */
public void setDataSet(int index, int x)
{
dataSet[index]=x;
}
/* 取得整个数组值 */
public int[] getDataSet()
{
return dataSet;
}
/* 取得数组中的指定元素值 */
public int getDataSet(int x)
{
return dataSet[x];
}
}
```

9.3.3　通知属性 Bound

属性 Bound 的功能是，当该属性的值发生变化时要通知其他对象。在每次属性值改变时，Bound 属性会激活一个 PropertyChange 事件(Java 程序中的事件，也是一个对象)。在事件中通常封装了属性名、属性的原值和属性变化后的新值。PropertyChange 是传递事件的 Bean，至于接收事件的 Bean 会决定自己做什么动作。例如，下面的代码说明了属性 Bound 的上述功能。

```
public class alden3 extends Canvas
{
String ourString= "Hello";
//ourString 是一个 Bound 属性
private PropertyChangeSupport changes = new PropertyChangeSupport(this);
/** 因为 Java 是纯面向对象的语言，如果要使用某种方法则必须指明是要使用哪个对象的方法，在下面的程序中要进行激活事件的操作，这种操作所使用的方法在 PropertyChangeSupport 类中。所以上面声明并实例化了一个 changes 对象，在下面将使用 changes 的 firePropertyChange 方法来激活 ourString 的属性改变事件。*/
public void setString(string newString)
{
String oldString = ourString;
ourString = newString;
/* ourString 的属性值已发生变化，于是接着激活属性改变事件 */
changes.firePropertyChange("ourString",oldString,newString);
}
public String getString()
{
return ourString;
}
/** 以下代码是为开发工具所使用的。不能预知 alden3 将与哪些 Beans 组合成为一个应用，无法预知如果 alden3 的 ourString 属性发生变化时有哪些组件与此变化有关，因而 alden3 这个 Beans 要预留出一些接口给开发工具，开发工具使用这些接口，把其他的 JavaBeans 对象与 alden3 挂接。
*/
public void addPropertyChangeListener(PropertyChangeLisener l)
{
changes.addPropertyChangeListener(l);
```

```
}
public void removePropertyChangeListener(PropertyChangeListener l)
{
changes.removePropertyChangeListener(l);
}
```

在上面的代码中，当使用开发工具调用 changes 中的方法 addPropertyChangeListener()时，会同时把其他 JavaBean 注册到 ourString 属性的监听者队列 l 中。队列 l 是一个 Vector 数组，在里面可以存储任何 Java 对象。同样，开发工具也可以使用 changes 中的方法 removePropertyChangeListener()，从队列 l 中注销指定的对象，使 alden3 的 ourString 属性的改变不再与这个对象有关。当开发人员手写代码编程时，也可直接调用这两个方法，把其他 Java 对象与 alden3 挂接。

9.3.4 否决属性 Constrained

属性 Constrained 的功能是，当这个属性的值要发生变化时，与这个属性已建立了某种连接的其他 Java 对象可以否决属性值的改变。属性 Constrained 的监听者通过抛出 PropertyVetoException 对象的方法，来阻止该属性值的改变。例如下面的代码演示了属性 Constrained 的用法。

```
public class JellyBean extends Canvas
{
private PropertyChangeSupport changes=new PropertyChangeSupport(this);
 private VetoableChangeSupport Vetos=new VetoableChangeSupport(this);
 /*与前述 changes 相同，可使用 VetoableChangeSupport 对象的实例 Vetos 中的方法，在特定条件下来阻止 PriceInCents 值的改变。*/
…
 public void setPriceInCents(int newPriceInCents)
throws PropertyVetoException
{
/*方法名中 throws PropertyVetoException 的作用是当有其他 Java 对象否决 PriceInCents 的改变时，要抛出例外。
*/
 /* 先保存原来的属性值*/
int oldPriceInCents=ourPriceInCents;
 /**激活属性改变否决事件*/
vetos.fireVetoableChange("priceInCents",new Integer(OldPriceInCents), new Integer(newPriceInCents));
 /**若有其他对象否决 priceInCents 的改变，则程序抛出例外，不再继续执行下面的两条语句，方法结束。若无其他对象否决 priceInCents 的改变，则在下面的代码中把 ourPriceIncents 赋予新值，并让属性改变事件*/
ourPriceInCents=newPriceInCents;
 changes.firePropertyChange("priceInCents", new Integer
(oldPriceInCents),new Integer(newPriceInCents));
 }
/**与前述 changes 相同，也要为 PriceInCents 属性预留接口，使其他对象可注册入 PriceInCents 否决改变监听者队列中，或把该对象从中注销 **/
public void addVetoableChangeListener(VetoableChangeListener l) {
vetos.addVetoableChangeListener(l);
 }
public void removeVetoableChangeListener(VetoableChangeListener l){
vetos.removeVetoableChangeListener(l);
 }
```

```
…
}
```

从上述代码可以看出，一个 Constrained 属性有两种监听者：属性变化监听者和否决属性改变的监听者。否决属性改变的监听者在自己的对象代码中有相应的控制语句，在监听到有 Constrained 属性要发生变化时，在控制语句中判断是否应否决这个属性值的改变。总之，某个 Bean 的 Constrained 属性值可否改变取决于其他的 Bean 或者 Java 对象是否允许这种改变。允许与否的条件由其他的 Bean 或 Java 对象在自己的类中进行定义。

9.3.5　JSP 设置属性

JSP 提供了动作指令<jsp:setProperty>用于设置 JavaBean 的属性，此指令有如下 4 种语法格式。

```
<jsp:setProperty name="实例化对象名" property="*"/>
<jsp:setProperty name="实例化对象名" property="属性名称"/>
<jsp:setProperty name="实例化对象名" property="属性名称" param="参数名称"/>
<jsp:setProperty name="实例化对象名" property="属性名称" value="属性值" />
```

其中，属性 name 使用设置实例化对象名，和<jsp:useBean>中的属性 id 保持一致。属性 property 用来指定 JavaBean 的属性名称。属性 param 用来指定接收参数名称，属性 value 用来指定属性值。

1. 根据所有参数设置 JavaBean 属性

动作指令<jsp:setProperty>可以根据所有参数设置 JavaBean 属性，其语法格式如下。

```
<jsp:setProperty name="实例化对象名" property="*"/>
```

其中，*表示根据表单传递的所有参数来设置 JavaBean 的属性。比如，通过表单传递了两个参数，如 username 和 password，这时就可以自动地对 JavaBean 中的 username 属性及 password 属性进行赋值。这里必须注意的是，表单的参数值必须和 JavaBean 中的属性名称保持大小写一致，否则无法进行赋值操作。

实例 9-4：创建可以用来传递参数的用户表单。
源文件路径：daima\9\shuxing

实例文件 UserForm.jsp 的主要代码如下。

```
<body>
<center>
    <form action="SetPropertyDemo1.jsp" method="post">
    <table>
    <tr><td colspan="2">用户表单</td></tr>
    <tr><td>用户名：</td>
    <td><input type="text" name="username"></td>
    </tr>
    <tr><td>密  码：</td>
    <td><input type="password" name="userpassword"></td>
    </tr>
    <tr>
      <td colspan="2">
```

```
        <input type="submit" value="提交">
        <input type="reset" value="重置">
      </td>
        </tr>
    </table>
    </form>
</center>
</body>
```

执行后的效果如图 9-4 所示。

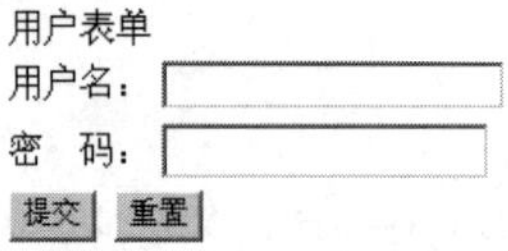

用户表单
用户名：
密　码：
提交 重置

图 9-4　执行效果

文件 SetPropertyDemo3.jsp 的功能是根据表单值设置 JavaBean 属性页面，具体代码如下。

```
<%@ page language="java" contentType="text/html;charset=gb2312"%>
<html>
<head>
    <title>设置 JavaBean 属性</title>
</head>
<body>
    <%--通过 useBean 动作指定调用 JavaBean --%>
    <jsp:useBean id="user" scope="page" class="com.javaweb.ch09.UserBean">
    </jsp:useBean>
    <%--根据所有的参数设置 JavaBean 中的属性 --%>
    <jsp:setProperty name="user" property="*"/>
    <%
        //打印输出 user 的 username 属性
        out.println("用户名: " + user.getUsername() + "<br>");
        //打印输出 user 的 password 属性
        out.println("用户密码: " + user.getPassword());
    %>
</body>
</html>
```

在上述代码中，通过<jsp:useBean>指令调用名为 UserBean 的 JavaBean，并设置其实例化对象名为 user，其存储范围为 page。然后通过<jsp:setProperty>动作指令来根据所有参数设置 JavaBean 属性。并且通过实例化对象名 user 分别获得其属性值并输出到页面上。在表单中输入用户名和密码信息后，单击“提交”按钮会根据表单值设置 JavaBean 属性。执行后的效果如图 9-5 所示。

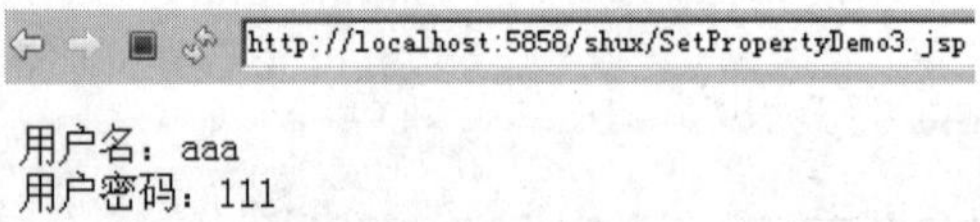

http://localhost:5858/shux/SetPropertyDemo3.jsp

用户名：aaa
用户密码：111

图 9-5　执行效果

2. 根据指定参数设置 JavaBean 属性

动作指令<jsp:setProperty>可以根据指定参数设置 JavaBean 属性，其语法格式如下。

```
<jsp:setProperty name="实例化对象名" property="数值名称"/>
```

与第一种<jsp:setProperty>动作指令相比，这种<jsp:setProperty>动作指令具有更好的弹性。第一种<jsp:setProperty>动作指令要求设置所有的参数，而这种<jsp:setProperty>动作指令可以用来设置指定的参数。比如通过表单传递了两个参数，如 username 和 password，这时就可以指定只为 JavaBean 的 username 属性赋值，也可以指定只为 JavaBean 的 password 属性赋值。

实例 9-5： 根据指定参数设置 JavaBean 的属性。
源文件路径： daima\9\shuxing\

实例文件 SetPropertyDemo2.jsp 的主要代码如下。

```
<%@ page language="java" contentType="text/html;charset=gb2312"%>
<html>
<head>
    <title>设置 JavaBean 属性</title>
</head>
<body>
    <%--通过 useBean 动作指定调用 JavaBean --%>
    <jsp:useBean id="user" scope="page" class="com.javaweb.ch09.UserBean">
    </jsp:useBean>
    <%--设置 username 属性值 --%>
    <jsp:setProperty name="user" property="username"/>
    <%
        // 打印输出 user 的 username 属性
        out.println("用户名: " + user.getUsername() + "<br>");
        // 打印输出 user 的 password 属性
        out.println("用户密码: " + user.getPassword());
    %>
</body>
</html>
```

在上述代码中，首先通过指令<jsp:useBean>调用了名为 UserBean 的 JavaBean，并设置其实例化对象名为 user，其存储范围为 page。然后通过动作指令<jsp:setProperty>根据指定参数 username 设置了 JavaBean 属性。最后通过实例化对象名 user 分别获得了其属性值并输出到页面上。因为并没有指定参数 password 来设置 JavaBean 中的属性，所以其值为 null。如果将上述文件作为前面实例的处理代码，则单击“提交”按钮后的效果如图 9-6 所示。

http://localhost:5858/shux/SetPropertyDemo2.jsp

用户名：aaa
用户密码：null

图 9-6　执行效果

3. 获得 JavaBean 的属性

前面介绍的 JavaBean 属性都是通过调用实例化对象名来获得的，其实在 Java Web 中还有一种更加简便的方法，就是 JSP 为我们提供的动作指令<jsp:getProperty>，使用此指令能很方便地获得 JavaBean 属性，其语法格式如下。

```
<jsp:getProperty name="实例化对象名" property="属性名称"/>
```

- name：设置实例化对象名，并且需要和<jsp:useBean>中的 id 属性保持一致。
- property：指定需要获得的 JavaBean 属性名称。

实例 9-6：使用<jsp:getProperty>动作指令获取 JavaBean 属性。
源文件路径：daima\9\shuxing\

实例文件 huoqu.jsp 的主要代码如下。

```
<%@ page language="java" contentType="text/html;charset=gb2312"%>
<html>
<head>
    <title>获得 JavaBean 属性</title>
</head>
<body>
    <%--通过 userBean 动作指令调用 UserBean --%>
    <jsp:useBean id="user" scope="page" class="com.javaweb.ch09.UserBean">
    </jsp:useBean>
    <%--设置 username 属性，其值为 111 --%>
    <jsp:setProperty name="user" property="username" value="111"/>
    <%--设置 password 属性，其值为 111 --%>
    <jsp:setProperty name="user" property="password" value="111"/>
    <%--获得 username 属性 --%>
    <jsp:getProperty name="user" property="username"/>
    <%--获得 password 属性--%>
    <jsp:getProperty name="user" property="password"/>
</body>
</html>
```

在上述代码中，首先通过<jsp:useBean>指令调用了名为 UserBean 的 JavaBean，并设置其实例化对象名为 user，其存储范围为 page。然后通过<jsp:setProperty>动作指令来设置 JavaBean 的 username 属性值为"111"，并使用<jsp:setProperty>动作指令设置了 JavaBean 的 password 属性为"111"。最后通过动作指令<jsp:getProperty>获得了 JavaBean 的 username 属性和 password 属性。执行后的效果如图 9-7 所示。

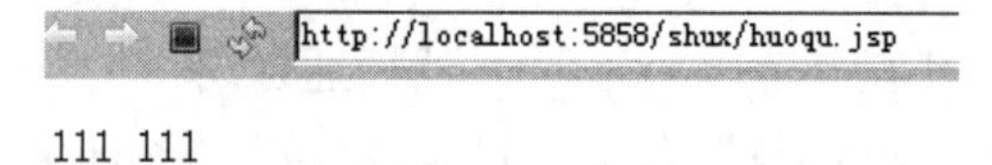

图 9-7 执行效果

9.4 使用 JavaBean 方法

在 Java Web 应用程序中，可以使用 JavaBean 的方法来实现指定的功能。下面将通过一个具体实例的实现过程，详细讲解使用 JavaBean 方法的基本流程。

↑扫码看视频

实例 9-7：使用 JavaBean 中的方法。
源文件路径：daima\9\JavaBeanmethod.java

实例文件 JavaBeanmethod.java 的主要代码如下。

```
import java.util.HashMap;
import java.util.Map;
public class JavaBeanmethod
{
    private String[]array=new String[6];
    private Map map=new HashMap();//带有 KEY 值
    public Map getMap()
{
        return this.map;
    }
    public Object getMap(Object key)
{
        return map.get(key);
    }
    public void setMap(Object value,Object key)
{
        map.put(value, key);
    }
    public void printMap(){
        for(int i=0,j=10;i<10;i++,j--)
{
            setMap(i+" ",(i*j)+" ");
            if(map.containsKey(i+" "))
{
                System.out.println("map{key="+i+""+"value="+map.get(i+" ")+"}");
            }
        }
    }
    public static void main(String args[]){
        JavaBeanmethod simple=new JavaBeanmethod();
        simple.printMap();
    }
    public void setMap(Map map)
{
        this.map = map;
    }
    public void setArray(int index,String value)
{
        this.array[index]=value;
    }
    public String getArray(int index)
{
        return array[index];
    }
}
```

编译运行后的效果如图 9-8 所示。

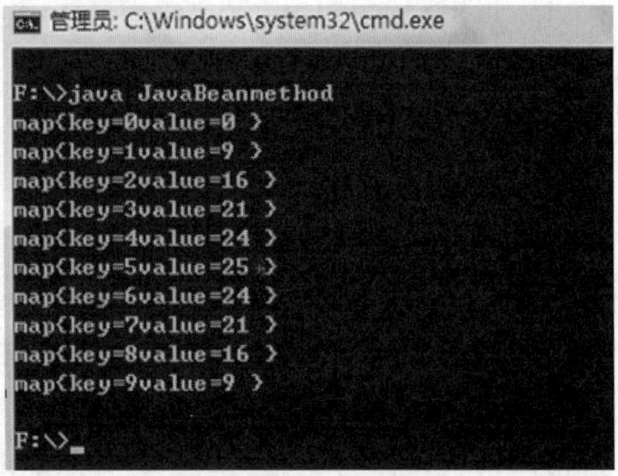

```
管理员: C:\Windows\system32\cmd.exe

F:\>java JavaBeanmethod
map(key=0value=0 )
map(key=1value=9 )
map(key=2value=16 )
map(key=3value=21 )
map(key=4value=24 )
map(key=5value=25 )
map(key=6value=24 )
map(key=7value=21 )
map(key=8value=16 )
map(key=9value=9 )

F:\>_
```

图 9-8　执行的结果

9.5　实践案例与上机指导

通过本章的学习，读者基本可以掌握使用 JavaBean 技术的知识。其实有关 JavaBean 技术的知识还有很多，这需要读者通过课外渠道来加深学习。下面通过练习操作，以达到巩固学习、拓展提高的目的。

↑扫码看视频

9.5.1　根据指定参数设置指定 JavaBean 属性

使用动作指令<jsp:setProperty>可以根据指定参数设置指定 JavaBean 属性，其语法格式如下。

```
<jsp:setProperty name="实例化对象名" property="属性名称" param="参数名称"/>
```

智慧锦囊

与 9.3.5 小节中的<jsp:setProperty>动作指令相比，这种<jsp:setProperty>动作指令更加具有弹性。前面两种<jsp:setProperty>动作指令都需要设置参数和 JavaBean 属性必须相同，而且必须保证大小写一致。而这种<jsp:setProperty>动作指令没有此限制，所以可以通过其指定需要设置的 JavaBean 属性。

实例 9-8：根据指定参数设置指定 JavaBean 的属性。
源文件路径：daima\9\shuxing\

实例文件 SetPropertyDemo3.jsp 的主要代码如下。

```
<%@ page language="java" contentType="text/html;charset=gb2312"%>
<html>
<head>
    <title>设置 JavaBean 属性</title>
</head>
<body>
    <%--通过 useBean 动作指令调用 JavaBean --%>
    <jsp:useBean id="user" scope="page" class="com.javaweb.ch09.UserBean">
    </jsp:useBean>
    <%--设置 username 属性，其值为 username 参数值--%>
    <jsp:setProperty name="user" property="username" param="username"/>
    <%--设置 password 属性，其值为 userpassword 参数值--%>
    <jsp:setProperty name="user" property="password" param="userpassword"/>
    <%
        out.println("用户名: " + user.getUsername() + "<br>");
        out.println("用户密码: " + user.getPassword());
    %>
</body>
</html>
```

在上述代码中，首先通过指令<jsp:useBean>调用了名为 UserBean 的 JavaBean，并设置其实例化对象名为 user，其存储范围为 page。然后通过动作指令<jsp:setProperty>根据参数 username 设置了 JavaBean 的 username 属性。最后通过动作指令<jsp:setProperty>根据参数 userpassword 设置了 JavaBean 的 password 属性。如果将上述文件作为前面实例的处理代码，单击“提交”按钮后会通过实例化对象名 user 分别获得其属性值并输出在页面上。执行效果如图 9-9 所示。

图 9-9　执行效果

9.5.2　为指定的值设置 JavaBean 属性

在 Java Web 程序中，使用动作指令<jsp:setProperty>可以为指定的 JavaBean 属性设置指定值，其语法格式如下。

```
<jsp:setProperty name="实例化对象名" property="属性名称" value="属性值" />
```

和前面三种<jsp:setProperty>动作指令相比，上述<jsp:setProperty>动作指令更加具有弹性。因为前面三种<jsp:setProperty>动作指令都需要接收表单参数，而这种可以根据需要动态地设置 JavaBean 属性值。

实例 9-9：为指定值设置指定 JavaBean 属性。

源文件路径：daima\9\shuxing

实例文件 SetPropertyDemo4.jsp 的主要代码如下。

```
<%@ page language="java" contentType="text/html;charset=gb2312"%>
<html>
```

```
<head>
    <title>设置 JavaBean 属性</title>
</head>
<body>
    <%--通过 useBean 动作指令调用 JavaBean --%>
    <jsp:useBean id="user" scope="page" class="com.javaweb.ch09.UserBean">
    </jsp:useBean>
    <%--设置 username 属性，其值为 abc --%>
    <jsp:setProperty name="user" property="username" value="abc" />
    <%--设置 password 属性，其值为 123--%>
    <jsp:setProperty name="user" property="password" value="123"/>
    <%
        //打印输出 user 的 username 属性
        out.println("用户名：" + user.getUsername() + "<br>");
        //打印输出 user 的 password 属性
        out.println("用户密码：" + user.getPassword());
    %>
</body>
</html>
```

在上述代码中，首先通过指令<jsp:useBean>调用了名为 UserBean 的 JavaBean，并设置其实例化对象名为 user，其存储范围为 page。然后通过动作指令<jsp:setProperty>设置 JavaBean 的 username 属性值为“abc”。最后通过动作指令<jsp:setProperty>设置 JavaBean 的 password 属性值为“123”，通过实例化对象名 user 分别获得其属性值并输出在页面上。如果将上述文件作为前面实例的处理代码，则单击“提交”按钮后的效果如图 9-10 所示。

用户名：aaa
用户密码：111

图 9-10　执行效果

思考与练习

本章详细讲解了使用 JavaBean 技术的知识，循序渐进地讲解了 JavaBean 基础、JSP 和 JavaBean、设置 JavaBean 属性、JavaBean 方法等知识。在讲解过程中，通过具体实例介绍了使用 JavaBean 技术的方法。通过本章的学习，读者应该熟悉使用 JavaBean 的方法，掌握它们的使用方法和技巧。

1. 选择题

(1) 在 Java Web 程序中，通过使用属性(　　)可以一次设置或取得整个数组的值。

A. Indexed　　B. Simple　　C. Constrained

(2) 属性(　　)的功能是，当这个属性的值要发生变化时，与这个属性已建立某种连接的其他 Java 对象可以否决属性值的改变。

A. Constrained　　B. Simple　　C. Indexed

2. 判断对错

(1) JSP 提供了访问 JavaBean 属性的动作指令，如果要将 JavaBean 的某个属性输出到网页上，可以用<jsp:getProperty>动作指令实现。 (　　)

(2) 要想在 JSP 中调用 JavaBean，就需要使用<jsp:useBean>动作指令，该动作指令主要用于创建和查找 JavaBean 的示例对象。 (　　)

3. 上机练习

(1) 使用 JavaBean 实现数据库操作。

(2) 移除 JavaBean 并释放内存。

新起点
电脑教程

第 10 章

JSTL 标签库

本章要点

- JSTL 基础
- Core 标签库
- I18N 标签库
- SQL 标签库

本章主要内容

JSP 标准标签库(JSP Standard Tag Library，JSTL)是在实现 Web 应用程序中常见的一个通用功能的定制标签库集，这些功能包括迭代和条件判断、数据管理格式化、XML 操作及数据库访问等。这些标签库实现了大量服务器端 Java 应用程序常用的基本功能，大大提高了 Web 应用程序的开发效率，同时也提高了 Web 应用程序的可阅读性和可维护性。本章将详细剖析 JSTL 标签库的基本知识，为读者步入本书后面知识的学习奠定基础。

10.1 JSTL 基础

本书使用的 JSTL 必须在支持 Servlet 2.4/JSP 2.0 或以上版本的容器中才能运行，即 Tomcat 5.x 以上。本书使用的平台是 Tomcat 7。在使用时需要将 JSTL 的两个文件 jstl.jar 和 standard.jar 复制到 Web 应用程序的 WEB-INF/lib 目录下。

↑扫码看视频

10.1.1 使用第三方提供的标签库

为了提高 Java Web 应用的开发效率，Java 制定了一组标准标签库的规范，这组标准标签库简称为 JSTL(JavaServer Pages Standard Tag Library)。利用官方或者第三方开发的标签库，为开发人员节省了大量的开发时间，提高了开发效率。假设甲方打算使用乙方开发的标签库，乙方需要把与标签库相关的所有文件打包成一个 JAR 文件(假定名为 standard.jar)，在这个 JAR 文件中需要包含以下内容。

- 所有标签处理类及相关类的.class 文件。
- META-INF 目录：在此目录下有一个描述标签库的 TLD 文件(假定名为 c.TLD)，在这个 TLD 文件中假定为标签库设置的 uri 为 http://java.sun.com/jsp/jstl/core，例如下面的代码。

```
<taglib xmlns="http://java.sun.com/xml/ns/j2ee"
   xmlns:xsi="http://www.w3.org/2001/XMLSchema-instance"
   xsi:schemaLocation="http://java.sun.com/xml/ns/j2ee
   http://java.sun.com/xml/ns/j2ee/web-jsptaglibrary_2_0.xsd"
   version="2.0">

  <description>JSTL 1.1 core library</description>
  <display-name>JSTL core</display-name>
  <tlib-version>1.1</tlib-version>
  <short-name>c</short-name>
  <uri>http://java.sun.com/jsp/jstl/core</uri>
…
</taglib>
```

假设甲方要开发一个 mm 应用，可以采用两种方式使用乙方的标签库。其中一种方式需要包括如下步骤。

(1) 把 standard.jar 文件复制到<CATALINA_HOME>/lib 目录或者 mm/WEB- INF/lib 目录下。

(2) 在 JSP 文件中通过 taglib 指令声明标签库，taglib 指令中的 uri 属性应该与上述 c.TLD 文件中的<uri>元素匹配。例如以下 sample.jsp 使用了乙方提供的标签库中的<out>标签。

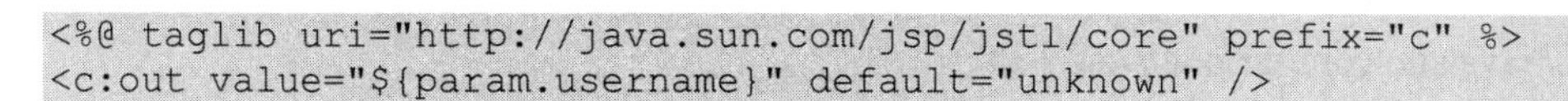

```
<%@ taglib uri="http://java.sun.com/jsp/jstl/core" prefix="c" %>
<c:out value="${param.username}" default="unknown" />
```

当在 Servlet 容器上运行以上文件 out.jsp 时，会自动到 standard.jar 文件的 META-INF 目录中读取 c.TLD 文件。

甲方使用乙方标签库的另一种方式包括如下步骤。

(1) 把乙方的 standard.jar 文件展开，然后把 META-INF 目录中的 c.TLD 文件复制到 mm/WEB-INF 目录下。

(2) 从甲方的 standard.jar 文件的展开目录中删除 META-INF 目录下的 c.TLD 文件，再把不包含 c.TLD 文件的展开目录重新打包为 standardNew.jar 文件。

(3) 把 standardNew.jar 文件复制到 <CATALINA_HOME>/lib 目录或者 mm/WEB-INF/lib 目录下。

(4) 在 Java Web 项目 hexin 中的 web.xml 文件中声明引入标签库。

```
<taglib>
  <taglib-uri>/corelib</taglib-uri>
  <taglib-location>/WEB-INF/c.tld</taglib-location>
</taglib>
```

(5) 在 JSP 文件中通过 taglib 指令声明标签库，taglib 指令中的 uri 属性应该与上述 web.xml 文件中的<taglib-uri>元素匹配。例如以下 sample.jsp 文件使用了乙方提供的标签库中的<out>标签：

```
<%@ taglib uri="corelib" prefix="c" %>
<c:out value="${param.username}" default="unknown" />
```

通过比较上述两种方式，可以看出第一种方式更加方便，因此本书将采用第一种方式使用 JSTL 标签库。

10.1.2　JSTL 标签的构成

JSTL 标签库中包含 5 个不同的标签库，JSTL 1.1 规范为这些标签库的 URI 和前缀做了约定。JSTL 标签库的种类信息如表 10-1 所示。

表 10-1　JSTL 标签库的种类

标签库名	前缀	URL	描　述
Core	c	http://java.sun.com/jsp/jstl/core	核心标签库，包括一般用途的标签、条件标签、迭代标签和 URL 相关的标签
I18N	fmt	http://java.sun.com/jsp/jstl/fmt	包含编写国际化 Web 应用的标签，以及对日期、时间和数字格式化的标签
Sql	sql	http://java.sun.com/jsp/jstl/sql	包含访问关系数据库的标签
Xml	x	http://java.sun.com/jsp/jstl/xml	包含对 XML 文档进行操作的标签
Functions	fn	http://java.sun.com/jsp/jstl/functions	包含一组通用的 EL 函数，在 EL 表达式中可以使用这些 EL 函数

下载 JSTL 规范的地址如下：

http://java.sun.com/products/jsp/jstl/

JSTL 规范由 Apache 开源软件组织实现。为了在 Web 应用中使用 JSTL，需要从以下网址下载 JSTL 的安装包。

http://jakarta.apache.org/site/downloads/

下载后会得到一个名为 jakarta-taglibs-standard-1.1.2.zip 的压缩包，当把该文件解压后，在 lib 目录下有如下两个 JAR 文件。

- jstl.jar 文件：包含在 JSTL 规范中定义的接口和类的.class 文件。
- standard.jar 文件：包含 Apache 开源软件组织用于实现 JSTL 的.class 文件，并且在其 META-INF 目录下，包含表 15-1 中列出的 5 个标签库的 TLD 文件，这些 TLD 文件为各个标签库设定的 URI 符合表 10-1 的约定。

假如要在一个名为 hexin 的 Java Web 项目中使用 JSTL 标签库，需要先把文件 jstl.jar 和 standard.jar 复制到此项目的/WEB-INF/lib 目录下或者<CATALINA_HOME>/lib 目录下。

在 jakarta-taglibs-standard-1.1.2.zip 的展开目录中还有一个 standard-examples.war 文件，它是使用 JSTL 标签库的范例 Web 应用，把它复制到<CATALINA_HOME>/webapps 目录下，就可以运行这个 Web 应用。

10.2 Core 标签库

Core 标签库主要包含 4 种类型的标签，分别是一般用途的标签、条件标签、迭代标签和 URL 相关的标签。在 JSP 文件中使用 Core 标签库时，需要先通过指令 taglib 引入该标签库，具体格式如下。

```
<%@ taglib uri="http://java.sun.com/jsp/jstl/core" prefix="c" %>
```

↑扫码看视频

Core 标签库是在编写 JSP 时最常用的标签库，它包括以下标签。

- <c:out>：用于把一个表达式的结果打印到网页上。
- <c:set>：用于设定命名变量的值。如果命名变量为 JavaBean，还可以设定 JavaBean 的属性的值；如果命名变量为 Map 类型，还可以设定与其中的 Key 对应的值。
- <c:remove>：用于删除一个命名变量。
- <c:catch>：用于捕获异常，把异常对象放在指定的命名变量中。
- <c:if>：用于实现 Java 语言中 if 语句的功能。
- <c:choose>、<c:when>和<c:otherwise>：用于实现 Java 语言中 if...else 语句的功能。
- <c:forEach>：用于遍历集合中的对象，并且能重复执行标签主体。
- <c:forTokens>：用于遍历字符串中用特定分隔符分隔的子字符串，并且能重复执行标签主体。
- <c:import>：用于包含其他 Web 资源，与<jsp:include>指令的作用有些类似。

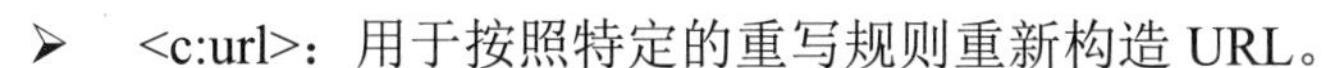

- <c:url>：用于按照特定的重写规则重新构造 URL。
- <c:redirect>：用于重定向。

在<c:set>、<c:remove>、<c:catch>、<c:if>、<c:forEach>、<c:forTokens>、<c:import> 和<c:url>标签中都可以包含 var 属性，该属性用于设定命名变量。

10.2.1 一般用途的标签

核心标签库(Core)主要为基本输入输出、流程控制、迭代操作和 URL 操作提供定制标签。这些标签不仅可以让页面设计人员直接使用，而且还为与其他 JSTL 库相结合从而提供更复杂的表示逻辑奠定了基础。JSTL 标签库中的许多标签都会使用命名变量，命名变量实际上是指存放在特定范围内的属性，命名变量的名字就是属性的名字。Core 标签库中作为一般用途的标签如下。

1. <c:out>标签

标签<c:out>能够把一个表达式的结果打印到网页上，这个表达式可以是基于<%=和%>形式的传统 Java 表达式，也可以是 EL 表达式。使用<c:out>标签的基本语法如下。

```
<c:out value="表达式" />
```

其中，属性 value 用于设定表达式。例如：

```
<c:out value="${param.username}" />
```

通过上述代码可以打印输出 username 请求参数，如果参数 username 的值为 null，就会输出一个空字符串。以上代码的作用与单纯的 EL 表达式${param.username}等价。

标签<c:out>还可以采用以下两种方式设定默认值，如果表达式的值为 null，<c:out>标签就打印默认值。

```
<%--方式一：用 default 属性设定默认值--%>
<c:out value="表达式"  default="默认值" />

<%--方式二：用标签主体设定默认值--%>
<c:out value="表达式" >
默认值
</c:out>
```

例如，如下代码中的两个<c:out>标签的作用是等价的，作用都是打印输出 username 请求参数，如果 username 参数的值为 null，就打印 unknown。具体代码如下所示。

```
<%@ taglib uri="http://java.sun.com/jsp/jstl/core" prefix="c" %>
<%--第 1 个 out 标签--%>
<c:out value="${param.username}" default="unknown" />
   
<%--第 2 个 out 标签--%>
<c:out value="${param.username}">
  unknown
</c:out>
```

通过浏览器访问 http://localhost:5858/biao/out.jsp，打印结果为 unknown unknown。执行效果如图 10-1 所示。

图 10-1 执行效果

如果通过浏览器访问 http://localhost:5858/biao/out.jsp?username=dadi，那么打印结果为 dadi dadi。执行效果如图 10-2 所示。

http://localhost:5858/biao/out.jsp?username=dadi

dadi dadi

图 10-2 执行效果

2. <c:set>标签

<c:set>标签有三个作用，具体说明如下。

1) 为 String 类型的命名变量设定值

当使用<c:set>标签为特定范围内的 String 类型的命名变量设定值时，可以使用如下语法格式实现。

```
<c:set var="命名变量的名字" value="表达式" scope="{page|request|session|
application}" />
```

上述 scope 属性用于指定范围的名字，此属性的可选值有 page、request、session 和 application，scope 属性的默认值为 page(页面范围)。

例如以下代码在会话范围内设置了一个 user 命名变量，它的值为“dadi”，表达式 ${sessionScope.user}的打印结果为 dadi。

```
<c:set var="user" value="dadi" scope="session" />
${sessionScope.user}
```

上述代码中的<c:set>标签与下面的 Java 代码的作用是等价的。

```
<%
pageContext.setAttribute("user","dadi",PageContext.SESSION_SCOPE);
%>
```

例如，下面代码在页面范围中设置了一个 user 属性，此属性的值为 username 请求参数的值。

```
<c:set var="user" value="${param.username}" />
```

标签<c:set>的 value 属性可以设定命名变量的值，并且也可以用标签主体来设定值。例如下面的两段代码是等价的，它们都在会话范围内设置了一个 user 命名变量，该变量的值为“dadi”。

```
<%--代码 1--%>
<c:set var="user" value="dadi" scope="session" />

<%--代码 2--%>
<c:set var="user" scope="session" >
dadi
</c:set>
```

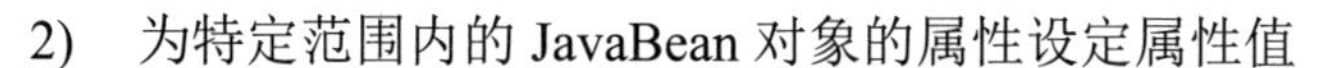

2)　为特定范围内的 JavaBean 对象的属性设定属性值

标签<c:set>可以为特定范围内的 JavaBean 对象的属性设定属性值，此时可以采用如下语法格式实现。

```
<c:set target="代表 JavaBean 的命名变量" property="JavaBean 的属性名" value="表达式" />
```

例如在下面的代码中，先使用标签<jsp:useBean>定义了一个 Web 应用范围内的 counterBean 命名变量，接下来使用标签<c:set>把这个 counterBean 命名变量的 count 属性设为“2”，此时${counterBean.count}的打印结果为 2。

```
<%@ page import="mypack.CounterBean" %>
<jsp:useBean id="counterBean" scope="application"
 class="mypack.CounterBean" />
<c:set target="${counterBean}" property="count" value="2" />
${counterBean.count}
```

上述代码中的<c:set>标签与下面的 Java 代码的作用是等价的。

```
<%
CounterBean counterBean=(CounterBean)pageContext.findAttribute("counterBean");
counterBean.setCount(2);
%>
```

3)　为特定范围内的 Map 对象的 Key 设定值

当使用标签<c:set>为特定范围内的 Map 对象的 Key 设定值时，可以使用如下语法格式实现。

```
<c:set target="代表 Map 对象的命名变量" property="key 的名字" value="表达式" />
```

例如在下面的代码中，先通过标签<jsp:useBean>定义一个请求范围内的 HashMap 类型的 weeks 命名变量，然后通过两个<c:set>标签向这个 weeks 命名变量中加入两个元素。

```
<%@ page import="java.util.HashMap" %>
<jsp:useBean id="weeks" scope="request" class="java.util.HashMap" />
<c:set target="${weeks}" property="1" value="Monday" />
<c:set target="${weeks}" property="2" value="Tuesday" />
```

在上述代码中，第一个<c:set>标签与下面的 Java 代码的作用是等价的。

```
<%
Map weeks=(Map)pageContext.findAttribute("weeks");
weeks.put("1","Monday");
%>
```

3. <c:remove>标签

标签<c:remove>的功能是删除特定范围内的命名变量，其语法格式如下。

```
<c:remove var="命名变量的名字" scope="{page|request|session|application}" />
```

上面的属性 scope 可以指定范围，可选值有 page、request、session 和 application。如果没有设定 scope 属性，则会从所有范围内删除 var 指定的命名变量。

例如下面的代码会删除会话范围内的 user 命名变量。

```
<c:remove var="user" scope="session" />
```

上述代码中的<c:remove>标签与如下 Java 代码的作用是等价的。

```
<%
pageContext.removeAttribute("user",PageContext.SESSION_SCOPE);
%>
```

在下面的<c:remove>标签中没有设置 scope 属性，所以会删除所有范围内的 user 命名变量。

```
<c:remove var="user" />
```

4. <c:catch>标签

标签<c:catch>的功能是捕获标签主体中可能出现的异常，并且它把异常对象作为命名变量保存在页面范围内。使用<c:catch>标签的语法格式如下。

```
<c:catch var="代表异常对象的命名变量的名字" />
```

例如下面代码中的<c:catch>标签的主体内容为 Java 代码。

```
<c:catch var="ex">
<%
int a=11;
int b=0;
int c=a/b; //抛出异常
%>
</c:catch>
<c:out value="${ex.message}" default="No exception" />
```

上述<c:catch>标签等价于下面的 Java 代码。

```
<%
try{
  int a=11;
  int b=0;
  int c=a/b;
}catch(Exception e){
  //把异常对象存放在页面范围内
  pageContext.setAttribute("ex", e, PageContext.PAGE_SCOPE);
}
%>
```

10.2.2 条件标签

在 Java Web 程序中，通过条件标签可以实现 Java 语言中的 if 语句及 if...else 语句的功能。Java Web 主要包括以下几种条件标签。

1. <c:if>标签

标签<c:if>的作用是实现 Java 语言中的 if 语句的功能，其语法格式如下。

```
<c:if test="逻辑表达式"
    var="代表逻辑表达式的值的命名变量的名字"
    scope="{page|request|session|application}" / >
```

标签<c:if>能够把逻辑表达式的值存放在 var 属性指定的命名变量中，属性 scope 用于指定命名变量的范围，scope 属性的默认值是 page(页面范围)。

例如在下面的代码中，<c:if>标签先判断 username 请求参数的值是否为 dadi，然后把判断结果作为 result 命名变量存放在请求范围内。

```
<c:if test="${param.username=='dadi'}" var="result" scope="request" />
${result}
```

上述<c:if>标签等价于如下 Java 代码。

```
<%
String username=request.getParameter("username");
if(username!=null && username.equals("dadi"))
  request.setAttribute("result",true);
else
  request.setAttribute("result",false);
%>
```

在<c:if>标签中还可以包含标签主体，只有当逻辑表达式的值为 true 时，才会执行标签主体。例如下面的代码。

```
<c:if test="${param.save=='user'}" >
  Saving user
  <c:set var="user" value="dadi" />
</c:if>
```

上述<c:if>标签等价于如下 Java 代码。

```
<%
String save=request.getParameter("save");
if(save!=null && save.equals("user")){
  //对应<c:if>标签的主体
  out.print("Saving user")
  pageContext.setAttribute("user","dadi");
}
%>
```

2. <c:choose>、<c:when>和<c:otherwise>标签

标签<c:choose>、<c:when>和<c:otherwise>在一起联合使用，可以实现 Java 语言中的 if…else 语句的功能。例如下面的代码可以根据 username 请求参数的值来打印不同的结果。

```
<c:choose>
  <c:when test="${empty param.username}">
    unknown user.
  </c:when>
  <c:when test="${param.username=='dadi'}">
    ${param.username} is manager.
  </c:when>
  <c:otherwise>
    ${param.username} is employee.
  </c:otherwise>
</c:choose>
```

上述标签等价于如下 Java 代码。

```
<%
String username=request.getParameter("username");
```

```
if(username==null){
  //对应第一个<c:when>标签的主体
  out.print("unknown user.");
}else if(username.equals("dadi")){
  //对应第二个<c:when>标签的主体
  out.print(username+" is manager.");
}else{
  //对应<c:otherwise>标签的主体
  out.print(username+" is employee.");
}
%>
```

在使用标签<c:choose>、<c:when>和<c:otherwise>时，必须注意如下语法规则。

- <c:when>和<c:otherwise>不能单独使用，它们必须位于父标签<c:choose>中。
- 在<c:choose>标签中可以包含一个或多个<c:when>标签。
- 在<c:choose>标签中可以不包含<c:otherwise>标签。
- 在<c:choose>标签中如果同时包含<c:when>和<c:otherwise>标签，那么<c:otherwise>标签必须位于<c:when>标签之后。

10.2.3 迭代标签

在 JSTL 中包括如下几种迭代标签。

1. <c:forEach>标签

标签<c:forEach>的功能是遍历集合中的对象，并且能重复执行标签主体。

1) 基本语法

使用<c:forEach>标签的基本语法如下。

```
<c:forEach var="代表集合中的一个元素的命名变量的名字"  items="集合">
标签主体
</c:forEach>
```

标签<c:forEach>会每次从集合中取出一个元素，并且把它存放在 NESTED 范围内的命名变量中，在标签主体中可以访问这个命名变量。NESTED 范围是指当前标签主体构成的范围，只有当前标签主体才能访问 NESTED 范围内的命名变量。

例如在下面的代码中先创建一个名为 names 的集合，然后通过标签<c:forEach>遍历这个集合，最后打印输出集合中的所有元素。

```
<%@ page import="java.util.HashSet" %>
<%
HashSet names=new HashSet();
names.add("AA");
names.add("BB");
names.add("CC");
%>
<c:forEach var="name" items="<%=names %>" >
  ${name}  
</c:forEach>
```

运行以上代码，得到的打印结果为“AA　BB　CC”。上述<c:forEach>标签等价于如下 Java 代码。

```
<%@ page import="java.util.Iterator" %>
<% //第一段 Java 程序片段
  Iterator it=names.iterator();
  while(it.hasNext()){
    String name=(String)it.next();
    //把元素作为 name 命名变量存放在页面范围内
    pageContext.setAttribute("name",name);
%>

<%  //第二段 Java 程序片段，对应<c:forEach>标签的主体
    name=(String)pageContext.getAttribute("name");
    out.print(name+"  ");
%>

<% //第三段 Java 程序片段
    pageContext.removeAttribute("name");
  }
%>
```

在上述代码中，第一段和第三段 Java 代码完成了<c:forEach>标签的任务，即在每一次循环中，先从 names 集合中取出一个元素，把它作为 name 命名变量存放在页面范围内，然后执行标签主体，最后从页面范围内删除 name 命名变量，这样做可以确保只有当前标签主体才能访问 name 命名变量。所以尽管在实现上 name 命名变量位于页面范围，但是在逻辑上 name 命名变量属于 NESTED 范围。

上述第二段 Java 代码负责完成<c:forEach>标签主体的任务，也就是从页面范围内读取 name 命名变量，并输出它的值。

2)　varStatus 属性

在<c:forEach>标签中，属性 varStatus 用于设定一个 javax.servlet.jsp.jstl.core.LoopTagStatus 类型的命名变量，它位于 NESTED 范围，这个命名变量包含从集合中取出的当前元素的状态信息。

- count：当前元素在集合中的序号，从 1 开始计数。
- index：当前元素在集合中的索引，从 0 开始计数。
- first：当前元素是否是集合中的第一个元素。
- last：当前元素是否是集合中的最后一个元素。

实例 10-1：在标签<c:forEach>中使用 varStatus 属性。
源文件路径：daima\10\cor

实例文件 WebContent\list.jsp 的主要实现代码如下。

```
<%@ page contentType="text/html; charset=GB2312" %>
<%@ taglib prefix="c" uri="http://java.sun.com/jsp/jstl/core" %>
<%@ page import="java.util.HashSet" %>

<%
HashSet names=new HashSet();
names.add("AA");
names.add("BB");
names.add("CC");
```

```
%>
<table border="1">
  <tr>
   <td>序号</td>
   <td>索引</td>
   <td>是否是第一个元素</td>
   <td>是否是最后一个元素</td>
   <td>元素的值</td>
  </tr>

<c:forEach var="name" items="<%=names %>" varStatus="status">
  <tr>
    <td>${status.count} </td>
    <td>${status.index} </td>
    <td>${status.first} </td>
    <td>${status.last} </td>
    <td>
      <c:choose>
        <c:when test="${status.last}">
          <font color="red">${name} </font>
        </c:when>
        <c:otherwise>
          <font color="green">${name} </font>
        </c:otherwise>
      </c:choose>
    </td>
  </tr>
</c:forEach>
</table>
```

上述代码中，在<c:forEach>标签中嵌套了一个<c:choose>标签，目的是判断当前元素是否是集合中的最后一个元素。如果满足条件，就用红色字体显示元素的值，否则用绿色字体显示元素的值。执行后的效果如图 10-3 所示。

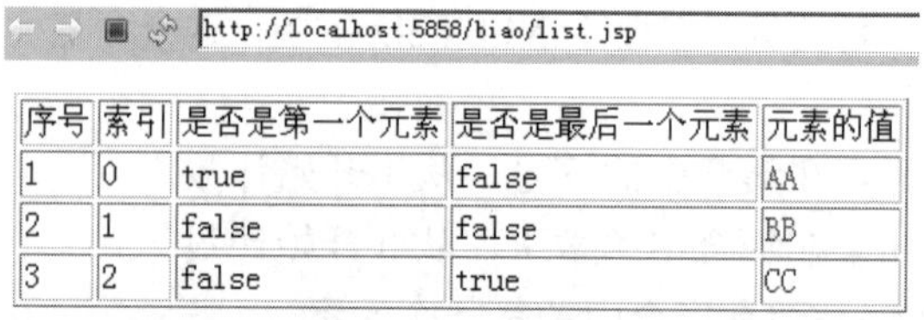

http://localhost:5858/biao/list.jsp

序号	索引	是否是第一个元素	是否是最后一个元素	元素的值
1	0	true	false	AA
2	1	false	false	BB
3	2	false	true	CC

图 10-3　执行效果

3)　属性 begin、end 和 step

在<c:forEach>标签中，使用属性 begin、end 和 step 可以分别指定循环的起始索引、结束索引和步长。例如在下面的代码中，标签<c:set>在页面范围内存放了一个集合类型的 colors 命名变量，里面包含 5 个元素，标签<c:forEach>会依次访问 colors 集合中索引为 1 和 3 的元素。

```
<%@ page import="java.util.ArrayList" %>
<%
ArrayList colors=new ArrayList();
colors.add("AA");    //index:0
colors.add("BB");
   //index:1
colors.add("CC");
```

```
   //index:2
colors.add("DD");
   //index:3
colors.add("EE");
   //index:4
%>
<c:set var="colors" value="<%=colors%>" />

<c:forEach var="color" items="${colors}" begin="1"  end="3" step="2" >
  ${color}  
</c:forEach>
```

以上代码的执行效果为：

```
BB  EE
```

如果没有为标签<c:forEach>设置 items 属性，那么会直接把每次循环的索引赋值给 var 属性指定的命名变量。例如下面代码中的<c:forEach>标签。

```
<c:forEach var="i"  begin="10"  end="20" step="4" >
  ${i}  
</c:forEach>
```

执行上述代码后输出：

```
10  14  18
```

4)　遍历的集合

通过标签<c:forEach>可以遍历集合，此标签可以遍历的集合包括如下三大类。

- java.util.Set、java.util.List、java.util.Map、java.util.Iterator 和 java.util.Enumeration 接口的实现类。
- Java 数组。
- 以逗号(,)分隔的字符串。

例如在下面的代码中，标签<c:forEach>遍历 Map 类型的 weeks 集合中的元素。

```
<%@ page import="java.util.HashMap" %>
<jsp:useBean id="weeks" scope="application" class="java.util.HashMap" />

<c:set target="${weeks}" property="one" value="Monday" />
<c:set target="${weeks}" property="two" value="Tuesday" />

<c:forEach var="entry" items="${weeks}">
 ${entry.key}:${entry.value} <br>
</c:forEach>
```

执行上述代码后输出：

```
two:Tuesday
one:Monday
```

再看下面的代码，标签<c:forEach>遍历了数组 fruits 中的元素。

```
<%
String[] fruits={"AA","BB","CC","DD","EE"};
%>
<c:forEach var="fruit" items="<%=fruits %>" end="2">
  ${fruit}  
</c:forEach>
```

执行上述代码后输出：

```
AA  BB  CC
```

在下面的代码中，标签<c:forEach>遍历了字符串"AA,BB,CC"中的每个被逗号分隔的子字符串。

```
<c:forEach var="name" items="AA,BB,CC" >
   ${name}  
</c:forEach>
```

执行上述代码后输出：

```
AA  BB  CC
```

2. <c:forTokens>标签

标签<c:forTokens>的功能是遍历字符串中用特定分隔符分隔的子字符串，并且能重复执行标签主体。使用<c:forTokens>标签的基本语法格式如下。

```
<c:forTokens var="代表子字符串的命名变量的名字"  items="被分隔的字符串"  delims
    ="分隔符" >
标签主体
</c:forTokens>
```

例如，通过如下代码可以遍历字符串"AA:BB:CC"中的内容，会遍历输出用分隔符“:”分隔的子字符串：

```
<c:forTokens var="name" items="AA:BB:CC" delims=":">
   ${name}  
</c:forTokens>
```

执行上述代码后输出：

```
AA  BB  CC
```

在标签<c:forTokens>中也可以使用属性 varStatus、begin、end 和 step，它们的作用和标签<c:forEach>中的相应属性相同。

10.2.4　和 URL 相关的标签

在 JSTL 库中，包括如下几种和 URL 相关的标签：<c:import>、<c:url>和<c:redirect>。

为了更好地讲解上述各个标签的作用，假定在<CATALINA_HOME>/webapps 目录下包含 mm 和 mm1 两个 Web 应用。在 mm 目录下包含两个 JSP 文件：mm/dir1/test.jsp 和 mm/dir1/dir2/target.jsp。

在 mm1 目录下包含一个 JSP 文件：mm1/dir1/dir2/target.jsp。

本小节后面的演示都是基于上述假设的目录进行的，请读者注意。

1. <c:import>标签

标签<c:import>的功能是包含其他 Web 资源，它与指令<jsp:include>的作用类似。标签<c:import>与标签<jsp:include>的区别是前者不仅可以包含同一个 Web 应用中的资源，还能包含其他 Web 应用中的资源，甚至是其他网站的资源。

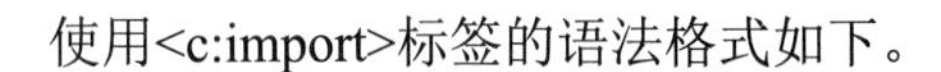

使用<c:import>标签的语法格式如下。

```
<c:import url="Web 资源的 URL" / >
```

此时在文件 test.jsp 中可以按如下方式包含其他 JSP 文件。

(1) 包含当前 mm 应用中的文件 target.jsp，url 属性为相对于当前 test.jsp 文件的相对路径。

```
<c:import url="dir2/target.jsp"  />
```

(2) 包含当前 mm 应用中的 target.jsp 文件，url 属性为以“/”开头的绝对路径。

```
<c:import url="/dir1/dir2/target.jsp"  />
```

(3) 包含 JavaThinker 网站中的 index.jsp 文件，url 属性为以“http://”开头的绝对路径。

```
<c:import url="http://www.javathinker.org/index.jsp" />
```

Web 项目的 mm 与 mm1 位于同一个 Servlet 容器内，mm 应用中的文件 test.jsp 可以按照如下步骤包含 mm1 应用中的文件 target.jsp。

(1) 修改 mm 应用的 META-INF/context.xml 文件，把<Context>元素的 crossContext 属性设为 true，使得 mm 应用具有访问同一个 Servlet 容器内的其他 Web 应用的权限。

```
<Context  reloadable="true" crossContext="true" />
```

(2) 在 test.jsp 文件中通过以下<c:import>标签包含 mm1 应用中的文件 target.jsp：

```
<c:import url="/dir1/dir2/target.jsp" context="/mm1" />
```

上述属性 context 用于设定 mm1 应用的根路径，属性 url 用于设定文件 target.jsp 在 mm1 应用中的绝对路径。

知识精讲

在标签<c:import>中可以通过属性 var 设定一个 String 类型的命名变量。如果设定了 var 属性，那么标签<c:import>不会把 url 属性设定的目标文件的内容直接包含到当前文件中，而是把目标文件中的文本内容保存在 var 属性设定的命名变量中。

例如下面的标签<c:import>可以把文件 target.jsp 中的文本内容存放在 target 命名变量中，使用${target}可以输出 target.jsp 文件中的文本内容。

```
<c:import url="dir2/target.jsp" var="target" />
${target}
```

2. <c:url>标签

标签<c:url>的功能是按照特定的重写规则重新构造 URL，其语法格式如下。

```
<c:url   value="原始 URL"  var="存放新的 URL 的命名变量"
scope="{page|request|session|application}" />
```

标签<c:url>可以把重新生成的 URL 存放在属性 var 指定的命名变量中，并且属性 scope 可以指定命名变量的范围，其默认值为 page(页面范围)。

例如下面的标签<c:url>可以在页面范围内创建一个 myurl 命名变量，它的值为 dir2/target.jsp。

```
<c:url value="dir2/target.jsp" var="myurl" />
```

在下面的<c:url>标签中，属性 value 以“/”开头，此时标签<c:url>会在重新生成的 URL 中加上当前 Web 应用的根路径，因此 myurl 命名变量的值为“/mm/dir1/dir2/ target.jsp”：

```
<c:url value="/dir1/dir2/target.jsp" var="myurl" />
<a href="${myurl}" >target.jsp </a>
```

在标签<c:url>中可以包含<c:param>的子标签，功能是设定请求参数，例如在下面的标签<c:url>中包含两个<c:param>子标签，功能是分别设定 username 请求参数和 description 请求参数。

```
<c:url value="/dir1/dir2/target.jsp" var="myurl" >
  <c:param name="username" value="Tom" />
  <c:param name="description" value="Age>10&Age<30" />
</c:url>

<a href="${myurl}" >target.jsp </a>
```

标签<c:param>会对 value 属性中的特殊符号(如“>”和“&”)正确地进行编码，例如上述标签<a>生成的代码如下。

```
<a href="/mm/dir1/dir2/target.jsp?username=Tom&description=
Age%3e10%26Age%3c30">
target.jsp </a>
```

从上述代码可以看出，参数值 description 中的“>”符号被编码为“%3e”，“&”符号被编码为“%26”，“<”符号被编码为“%3c”。

标签<c:param>中的属性 name 用于设定请求参数名，属性 value 用于设定请求参数值，并且也可以在标签主体内设定请求参数值。例如在下面的代码中，标签<c:param>的主体用于判断 username 命名变量是否为“AA”，如果满足条件，就把 role 请求参数设为“Manager”；如果 username 命名变量为空或者不是“AA”，就把 role 请求参数设为“Employee”。

```
<c:url value="/dir1/dir2/target.jsp" var="myurl" >
  <c:param name="role">
    <c:if test="${username=='AA'}">
      Manager
    </c:if>
    <c:if test="${empty username || ! username=='AA'}">
      Employee
    </c:if>
  </c:param>
</c:url>

<a href="${myurl}" >target.jsp </a>
```

如果 username 命名变量为空，那么上述标签<a>可以生成如下代码。

```
<a href="/mm/dir1/dir2/target.jsp?role=Employee" >target.jsp </a>
```

3. <c:redirect>标签

标签<c:redirect>的功能是把请求重定向到其他 Web 资源，在 Java Web 中使用

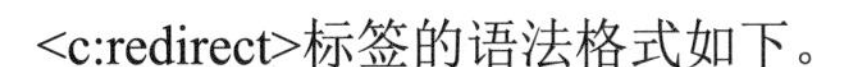
<c:redirect>标签的语法格式如下。

```
<c:redirect url="目标 Web 资源的 URL" />
```

例如通过如下代码可以把请求重定向到同一个 Web 应用中的文件 target.jsp。

```
<c:redirect url="dir2/target.jsp" >
```

通过如下代码可以把请求重定向到搜狐网的文件 index.jsp。

```
<c:redirect url="http://www.sohu.com/index.jsp" >
```

在标签<c:redirect>中也可以设置属性 context，并且还可以加入<c:param>子标签。例如下面的代码可以把请求重定向到 mm1 应用中的文件 target.jsp，并且提供了 num1 和 num2 请求参数：

```
<c:redirect url="/dir1/dir2/target.jsp" context="/mm1" >
  <c:param name="num1" value="10" />
  <c:param name="num2" value="20" />
</c:redirect>
```

10.3　I18N 标签库

I18N 标签库的功能是为 Web 应用程序的国际化、消息和数字日期的格式化提供定制标签。凡是要用到核心标签库的 JSP 页面，均要使用<%@ taglib %>指令设定 prefix 和 uri 的值。在本节的内容中，将详细讲解 I18N 标签库中常用标签的基本知识，为读者步入本书后面知识的学习奠定基础。

↑扫码看视频

10.3.1　<fmt:formatNumber>标签

标签<fmt:formatNumber>的功能是在 JSP 网页中对数字、货币、百分比数据作格式化处理。使用<fmt:formatNumber>标签的语法格式如下。

第 1 种是不需要使用 body 正文的格式：

```
<fmt:formatNumber value="数值" [type="{number|currency|percent}"]
    [pattern="格式定制模式"] [currencyCode="货币代码"] [currencySymbol="货币符号"]
     [groupingUsed="{true|false}"]
     [maxIntegerDigits="最多的整数位数"]
     [minIntegerDigits="最少的整数位数"]
     [maxFractionDigits="最多的小数位数"]
     [minFractionDigits="最少的小数位数"]
     [var="变量名"] [scope="{page|request|session|application}"]/>
```

第 2 种是需要使用 body 正文的格式：

```
<fmt:formatNumber [type="{number|currency|percent}"] [pattern="格式定制模式"]
    [currencyCode="货币代码"] [currencySymbol="货币符号"]
    [groupingUsed="{true|false}"]
    [maxIntegerDigits="最多的整数位数"]
    [minIntegerDigits="最少的整数位数"]
    [maxFractionDigits="最多的小数位数"]
    [minFractionDigits="最少的小数位数"] [var="变量名"]
    [scope="{page|request|session|application}"]>
    要被格式化处理的数字
</fmt:formatNumber>
```

标签<fmt:formatNumber>的属性信息如表 10-2 所示。

表 10-2 <fmt:formatNumber>标签的属性

属　性	数据类型	是否是必选项	默 认 值	属性值的说明
value	String 或数字	是	无	要被格式化的数值
type	String	否	number	指定被格式化的数值的数据类型，只能是 number、currency 或 percent 中的一种
pattern	String	否	无	定制的格式模式
currencyCode	String	否	无	ISO 4217 标准中的货币代码，仅当格式化货币数据类型时有效
currencySymbol	String	否	无	货币符号，如¥，仅当格式化货币数据类型时有效
groupingUsed	boolean	否	true	是否输出分隔符，如：1,234,567
maxIntegerDigits	int	否	无	整数部分最多的整数位数
minIntegerDigits	int	否	无	整数部分最少的整数位数
maxFractionDigits	int	否	无	小数部分最多的小数位数
minFractionDigits	int	否	无	小数部分最少的小数位数
var	String	否	无	存储格式化处理输出的结果字符串的变量
scope	String	否	page	属性 var 中指定的变量的有效范围

知识精讲

如果指定了属性 scope，则属性 var 也必须被指定。属性 currencyCode 中设置的值必须是 ISO 4217 标准中规定的有效代码。如果属性 value 中的值为 null 或 empty，则不会作输出处理，即便指定了 var 属性，也会从 scope 属性指定的范围中把这个 var 变量删除。如果格式化处理失败，则会将要格式化处理的数值转化为字符串输出，若指定属性 var 则不会作输出处理，只是把格式化的结果存入属性 var 指定的变量中。

如果处理的数据类型是 percent，即百分比，则数值会被乘以 100，再根据本地化设置

来作输出处理，数值为“.24”表示“24%”，数值为“24”表示“2400%”。例如下面的代码。

```
<fmt:formatNumber type="percent" value="24"/>
```

上述代码如果在美国区域设置下，则输出为 2,400%；如果在法国区域设置下，则输出为 2400%。

货币数据有两个重要的特性。

(1) 有货币符号，如美元为$，人民币为¥，法郎为 F。

(2) 小数点后的位数有特定的标准，如人民币和美元可以有 2 位小数，但意大利里拉是不能带小数的。

例如下面的代码语句：

```
<fmt:formatNumber type="currency" value="710.74901"/>
```

对于上述代码，如果是人民币，则输出¥710.75，如果是意大利里拉则输出 L.79。

一般情况下，只需使用系统默认的货币代码即可，如果需要设置特定的货币代码，就要设置属性 currencyCode 的值，例如 USD 表示美元，具体说明如表 10-3 所示。

表 10-3　常用的货币代码

货币代码	货　币
CNY	人民币元
EUR	欧元
GBP	英镑
JPY	日元
USD	美元

若需要更多的货币代码，可参见如下网址：

http://www.bsi-global.com/iso4217currency

属性 groupingUsed 指定格式化数据时，是否加入分隔符，默认情况下是加入的。例如下面的代码。

```
<fmt:formatNumber value="500000.01" groupingUsed="true" />
```

货币代码在英国区域设置下，输出为 500,000.01。

```
fmt:formatNumber value="500000.01" groupingUsed="true" />
```

货币代码在英国区域设置下，输出为 500000.01。

属性 maxIntegerDigits、minIntegerDigits、maxFractionDigits 和 minFractionDigits 用于设置数字位数。如果整数部分位数少于 minIntegerDigits，将在左边补 0；如果多于 maxIntegerDigits，将会截去前面多的位数。如果小数部分位数少于 minFractionDigits，将在右边补 0；如果多于 maxFractionDigits，则会作四舍五入处理。

例如，数字 99.2，根据上述 4 个属性设置格式化之后的结果如表 10-4 所示。

表 10-4　数字位数控制情况示例

minIntegerDigits	maxIntegerDigits	minFractionDigits	maxFractionDigits	结　果
		2		99.20
		3		99.200
		4		99.2000
			0	99
			1	99.2
			2	99.2
			3	99.2
4		4		0099.2000
	1		1	9.2
2	4	2	4	99.20

属性 pattern 用于设置数值的显示风格，在针对大的数字需要作科学记数法处理时特别有用，如# # #.# #E0。下面的代码会输出"203.787E27"。

```
<fmt:formatNumber value="203787490020343266877275964040" pattern=
"###.###E0" />
```

实例 10-2：演示标签<fmt:formatNumber>的基本用法。

源文件路径：daima\10\cor\formatNumber.jsp

实例文件 formatNumber.jsp 的主要实现代码如下。

```
<%@ page language="java" import="java.util.*" pageEncoding="gb2312"%>
<%@ taglib prefix="c" uri="http://java.sun.com/jsp/jstl/core" %>
<%@ taglib prefix="fmt" uri="http://java.sun.com/jsp/jstl/fmt" %>
<html>
  <head><title>formatNumber 标签应用示例</title></head>
  <body>
    <h2>formatNumber 标签应用示例</h2><hr>
    <fmt:formatNumber value="6789.3581"
                    var="result"
                    type="currency"
                    maxFractionDigits="2"
                    groupingUsed="true"/>
    人民币 6789.3581 格式化的结果为：<c:out value="${result}"/><br><br>
    <fmt:formatNumber value="3.1415926"
    var="result"
    maxFractionDigits="2"
    groupingUsed="false"/>
    3.1415926 保留两位小数格式化的结果为：<c:out value="${result}"/><br><br>
    <fmt:formatNumber value="0.653789"
                    type="percent"
                    var="result"
                    maxFractionDigits="2"
                    groupingUsed="false"/>
    0.653789 按百分比格式化的结果为：<c:out
value="${result}"/><br><br>
  </body>
</html>
```

上述代码执行后的效果如图 10-4 所示。

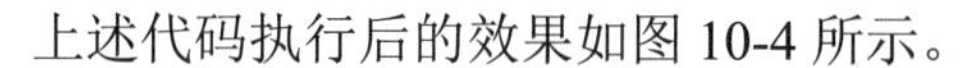
http://localhost:5858/biao/formatNumber.jsp
formatNumber标签应用示例
人民币6789.3581格式化的结果为：￥6,789.36
3.1415926保留两位小数格式化的结果为：3.14
0.653789按百分比格式化的结果为：65.38%

图 10-4　执行后的效果

10.3.2　<fmt:parseNumber>标签

<fmt:parseNumber>标签的功能是，在 JSP 网页中实现将字符串形式的数字、货币或百分比转换成数字。使用<fmt:parseNumber>标签的语法如下。

第 1 种格式是没有 body 的：

```
<SPAN><SPAN>
   <fmt:parseNumber value="被解析的字符串"
      [type="{number|currency|percent}"]
        [pattern="定制的格式模式"] [parseLocale="区域设置"]
        [integerOnly="{true|false}"] [var="变量名"]
        [scope="{page|request|session|application}"]/>
```

第 2 种格式是带有 body 的：

```
<fmt:parseNumber [type="{number|currency|percent}"]
[pattern="定制的格式模式"]
    [parseLocale="区域设置"] [integerOnly="{true|false}"]
    [var="变量名"] [scope="{page|request|session|application}"]>
   被解析的字符串
</fmt:parseNumber>
```

标签<fmt:parseNumber>的属性信息如表 10-5 所示。

表 10-5　<fmt:parseNumber>标签的属性

属　性	数据类型	是否是必选项	默认值	属性值的说明
value	String	是	无	要被解析的字符串
type	String	否	number	被解析的字符串所代表的数值数据类型
pattern	String	否	无	被解析的字符串所使用的定制的格式模式
parseLocale	String 或 Java.util.Locale	否	无	被解析的字符串格式所使用的区域设置
integerOnly	boolean	否	false	是否放弃小数部分数据
var	String	否	无	存放解析结果的变量
scope	String	否	page	属性 var 中指定的变量的有效范围

实例 10-3：演示标签<fmt:parseNumber>的基本用法。

源文件路径：daima\10\cor\WebContent\parseNumber.jsp

实例文件 parseNumber.jsp 的主要实现代码如下。

```
<%@ page language="java" import="java.util.*" pageEncoding="gb2312"%>
<%@ taglib prefix="c" uri="http://java.sun.com/jsp/jstl/core" %>
<%@ taglib prefix="fmt" uri="http://java.sun.com/jsp/jstl/fmt" %>
<html>
  <head><title>parseNumber 标签应用示例</title></head>
  <body>
    <h2>parseNumber 标签应用示例</h2><hr>
    <fmt:parseNumber value="¥6789.36"
              var="result"
              type="currency"/>
    "¥6789.36"转换为数字的结果为：<c:out value="${result}"/><br><br>
    <fmt:parseNumber value="3.1415926 圆周率" var="result"/>
    "3.1415926 圆周率"转换为数字的结果为：<c:out
value="${result}"/><br><br>
    <fmt:parseNumber value="710.90%"
              type="percent"
              var="result"/>
    "710.90%"转换为数字的结果为：<c:out value=
"${result}"/><br><br>
  </body>
</html>
```

上述代码执行后的效果如图 10-5 所示。

http://localhost:5858/biao/parseNumber.jsp

parseNumber标签应用示例

"¥6789.36"转换为数字的结果为：6789.36

"3.1415926圆周率"转换为数字的结果为：3.1415926

"78.90%"转换为数字的结果为：0.789

图 10-5　执行后的效果

10.4　SQL 标签库

SQL 标签库主要为常见的数据库操作，如查询、更新及设置数据库连接等提供定制标签，在这里有一点必须明白，SQL 标签库没有提供连接池功能，因此在较大型的数据库应用开发项目中，不建议使用。

↑扫码看视频

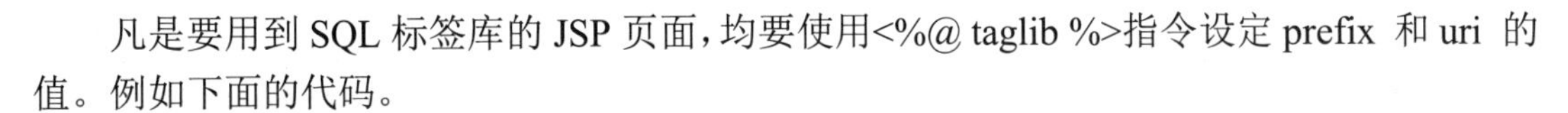

凡是要用到 SQL 标签库的 JSP 页面，均要使用<%@ taglib %>指令设定 prefix 和 uri 的值。例如下面的代码。

```
<%@ taglib prefix="sql" uri="http://java.sun.com/jsp/jstl/sql" %>
```

智慧锦囊

SQL 标签使用方便，开发迅速，编写出来的代码可读性良好，但也有许多开发人员反对使用 SQL 标签，其根本原因是认为使用 SQL 标签破坏了软件的体系架构。比如在 MVC 架构中，将 M(Model，模型)中的功能也放在 V(View)中直接实现了；另外就是安全性不够好，如果一个 JSP 页面出错或被攻击者得到源代码，则可能连接数据库的用户名和密码、操作数据的 SQL 语句都将暴露。但是 SQL 标签在一些应用开发的场合仍有较大的使用价值，比如要快速开发一个系统的原型、要开发一个小型的管理信息系统等。

JSTL 中的 SQL 标签主要有 6 个：<sql:setDataSource>标签、<sql:query>标签、<sql:param>标签、<sql:update>标签、<sql:dateParam>标签、<sql:transaction>标签，用于设置数据源，做数据查询操作(select)，做数据更新操作(update、insert、delete)，以及做事务处理。

在本节将对 SQL 标签库的知识进行详细介绍，为读者步入本书后面知识的学习奠定基础。

10.4.1　<sql:setDataSource>标签

标签<sql:setDataSource>的功能是在 JSP 网页中设置数据源，使用<sql:setDataSource>标签的语法格式如下。

```
<sql:setDataSource  {dataSource="数据源" |url="JDBC 连接 URL"
    [driver="驱动程序类名"]  [user="连接数据库时使用的用户名"]
    [password="连接数据库的用户的密码"]}  [var="变量名"]
    [scope="{page|request|session|application}"]/>
```

如果属性 dataSource 的值为 null，则会抛出一个 JspException 异常。属性 dataSource 的值可以是一个定义好的 dataSource 对象、JNDI 路径、JDBC 连接参数字符串。另外，我们也可以通过 url、driver、user、password 这 4 个属性的配合来连接数据库。标签<sql:setDataSource>中的属性信息如表 10-6 所示。

表 10-6　<sql:setDataSource>标签的属性

属　性	数据类型	是否为必选项	默认值	属性值的说明
dataSource	String 或 javax.sql.DataSource	否	无	数据源
url	String	否	无	连接数据库的 URL
driver	String	否	无	连接数据库的驱动程序类名
user	String	否	无	连接数据库时使用的用户名

续表

属　性	数据类型	是否为必选项	默认值	属性值的说明
password	String	否	无	连接数据库时使用的用户密码
var	String	否	无	代表数据源的变量名
scope	String	否	无	var 属性指定的变量的有效范围

例如，在下面的代码中使用了<sql:setDataSource>标签。

```
<sql:setDataSource
driver="com.mysql.jdbc.Driver"
user="root"
password=""
url="jdbc:mysql://localhost:3306/eshop"/>
```

10.4.2　<sql:query>标签和<sql:param>标签

1. <sql:query>标签

<sql:query>标签的功能是查询数据库中的数据，这就相当于执行 select 查询 SQL 语句。使用<sql:query>标签的语法格式如下。

第 1 种是不带 body 的格式：

```
<c:param name=>< SPAN><c:out value=>< SPAN>
<sql:query sql="SQL 查询语句"
    var="变量名" [scope="{page|request|session|application}"]
    [dataSource="数据源"] [maxRows="返回的记录集最大行数"]
    [startRow="返回的记录集的起始位置"]/>
```

第 2 种是带有指定查询参数的 body 的格式：

```
<sql:query sql=" SQL 查询语句"
    var="变量名" [scope="{page|request|session|application}"]
    [dataSource="数据源"] [maxRows="返回的记录集最大行数"]
    [startRow="返回的记录集的起始位置">
    <sql:param> 标签语句
</sql:query>
```

第 3 种是带有指定查询和查询参数选项的 body 的格式：

```
<sql:query var="变量名" [scope="{page
|request|session|application}"]
    [dataSource="数据源"] [maxRows="返回的记录集最大行数"]
    [startRow="返回的记录集的起始位置">
   SQL 查询语句
   <sql:param> 标签语句
</sql:query>
```

在上述格式中，第 1 种语法最简单，第 2 种和第 3 种语法就像是使用了 JDBC 中的 PreparedStatement 对象。标签<sql:query>中的属性信息如表 10-7 所示。

如果属性 maxRows 没有被设置或设置为“-1”，则表示对最大行数不作限制；startRow 是指返回的记录集在 SQL 查询结果中的起始位置，首行的位置为 0，如果没有指定此属性的值，则默认为 0。从 SQL 查询结果记录集的位置 0 到 startRow-1 的记录将不会被包含到由<sql:query>标签查询得到的结果记录集对象中。属性 maxRows 设置的值必须大于等于-1。

表 10-7　<sql:query>标签的属性

属　性	数据类型	是否为必选项	默认值	属性值的说明
sql	String	是	无	查询数据的 SQL 语句
dataSource	String 或 javax.sql.DataSource	否	无	数据源，可以是一个定义好的 dataSource 对象、JNDI 路径、JDBC 连接参数字符串
maxRows	int	否	无	返回查询结果记录集的最大行数
startRow	int	否	无	返回查询结果记录集的起始位置
var	String	否	无	保存查询结果的对象，数据类型为 javax.servlet.jsp.jstl.sql.Result
scope	String	否	page	var 属性指定变量的有效范围

标签<sql:query>会将从数据库中查询的结果数据集放入 var 属性指定的变量中。如果找到需要查询的数据，则得到一个结果为 empty 的 javax.servlet.jsp.jstl.sql.Result 对象，即记录条数为 0。

属性 startRow 和 maxRows 在做数据分页处理时特别有用，其中 startRow 可以指定当前页在 SQL 查询结果中的起始位置，maxRows 可以指定页面的尺寸，即当前页面的记录条数。

标签<sql:query>的分页处理并不能从根本上减少网络流量，如果要降低流量，应当想办法构造出仅查询当前页数据的 SQL 语句。

2. <sql:param>标签

在前面的查询数据的 SQL 语句中，如果使用的是第 1 种语法，需要在属性 sql 中设定；如果使用的是第 2 种语法和第 3 种语法，则在标签的 body 内容中指定。SQL 语句如果是参数语句，即其中含有“?”的语句，则需要有<sql:param>标签语句来设置其中的“?”参数的值。

<sql:param>标签用于设置数据库操作标签语句中 SQL 语句中的参数值，嵌套<sql:param>的标签可以是<sql:query>、<sql:update>。

```
<sql:param value="参数值"/>
```

或

```
<sql:param>
参数值
</sql:param>
```

如果参数值设置为 null，则会将 SQL 语句中相应的“?”参数的值设为 NULL。

3. 属性介绍

通过标签<sql:query>可以得到查询的结果记录集，要显示数据就需要用到这个结果记录集的一些属性。其中常用的属性如下。

(1) rows：返回的是一个 java.util.SortedMap 一维数组，数组中的一个元素对应查询结果记录集中特定的一行。

(2) rowsByIndex：返回的是一个 java.lang.Object 二维数组，每一维代表结果记录集中特定的一行。

(3) columnNames：字段名(即列名)String 数组。

(4) rowCount：结果记录集中记录的总条数。

(5) limitedByMaxRows：标签中的最多记录条数属性值。

读者可以根据结果记录集再结合以上的 5 个属性，使用标签<c:forEach>循环输出结果记录集中的数据。

10.4.3 <sql:update>标签

当对数据库中的数据进行 insert、update、delete 等操作时，程序中的 SQL 语句都可以通过<sql:update>标签来实现更新操作。另外，标签<sql:update>可以执行没有返回结果的 SQL DDL(Data Definition Language，数据定义语言)语句，但实践工程中很少这样做。使用<sql:update>标签的语法格式如下。

第 1 种是不带 body 的格式：

```
<sql:update sql="SQL 语句" [dataSource="数据源"]
    [var="变量名"] [scope="{page|request|session|application}"]/>
```

第 2 种是带有指定 SQL 语句参数的 body 的格式：

```
<sql:update sql="SQL 语句" [dataSource="数据源"]
    [var="变量名"] [scope="{page|request|session|application}"]>
   <sql:param>标签语句
</sql:update>
```

第 3 种是带有指定的 SQL 语句和语句参数的 body 的格式：

```
<sql:update [dataSource="数据源"] [var="变量名"]
    [scope="{page|request|session|application}"]>
   SQL 语句
   <sql:param>标签语句
</sql:update>
```

标签<sql:update>中的属性信息如表 10-8 所示。

表 10-8 <sql:update>标签的属性

属 性	数据类型	是否为必选项	默认值	属性值的说明
sql	String	是	无	操作数据的 SQL 语句
dataSource	String 或 javax.sql.DataSource	否	无	数据源
var	String	否	无	代表操作结果的变量，数据类型为 java.lang.Integer
scope	String	否	无	var 属性指定的变量的有效范围

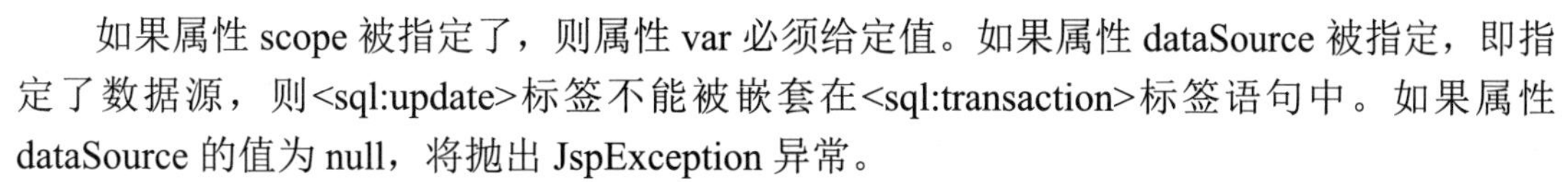

如果属性 scope 被指定了，则属性 var 必须给定值。如果属性 dataSource 被指定，即指定了数据源，则<sql:update>标签不能被嵌套在<sql:transaction>标签语句中。如果属性 dataSource 的值为 null，将抛出 JspException 异常。

属性 var 指定的变量存放的是 SQL 语句(insert、update、delete)操作所影响的记录条数，如果值为 0，表示没有数据被更新。如果是 SQL DDL 语句，则没有返回值。这就相当于执行了 JDBC 中的 executeUpdate()方法。

10.4.4　<sql:dateParam>标签

标签<sql:dateParam>的功能是设置 SQL 语句中的 java.util.Date 类型参数的值，使用此标签的语法格式如下。

```
<sql:dateParam value="值" [type="{timestamp|time|date}"]/>
```

标签<sql:dateParam>中的属性信息如表 10-9 所示。

表 10-9　<sql:dateParam>标签的属性

属性	数据类型	是否为必选项	默认值	属性值的说明
value	java.util.Date	是	无	操作数据库表的 SQL 语句中的参数值，在数据库表中的字段类型为 date、time 或 timestamp
type	String	否	timestamp	数据库中字段的数据类型

在使用标签<sql:dateParam>时，必须嵌套在<sql:query>标签、<sql:update>标签中。如果属性 value 的值为 null，则 SQL 语句中该参数的值会被设为 NULL。

标签<sql:dateParam>会根据标签中属性的设置情况和实际需要，将 java.util.Date 类型数据转换成 SQL 数据库中所需的 java.sql.Date、java.sql.Time 和 java.sql.Timestamp 类型数据。

10.4.5　<sql:transaction>标签

标签<sql:transaction>的功能是为<sql:query>标签和<sql:update>标签实现事务处理。使用<sql:transaction>标签的语法格式如下。

```
<sql:transaction [dataSource="数据源"]
    [isolation="事务隔离级别"]>
   <sql:query>标签和<sql:update>标签语句
</sql:transaction>
```

在上述格式中，“事务隔离级别”有如下 4 个取值。

- read_committed：表示读取未提交的数据是不允许的，这个级别下仍然允许不可重复的读和虚读。
- read_uncommitted：表示一个事务在提交前其变化对于其他事务来说是可见的，在此级别下，脏读、不可重复的读、虚读都是允许的。
- repeatable_read：保证能够再次读取相同的数据而不会失败，但虚读仍然可能会出现。

➢ serializable：最高的事务级别，防止脏读、不可重复的读和虚读。

如果属性 dataSource 的值为 null，则会抛出 JspException 异常。事务中的 SQL 语句执行过程中如果发生异常，需要捕获异常并作出处理，事务会自动回滚。

10.5 实践案例与上机指导

通过本章的学习，读者基本可以掌握使用 JSTL 标签库的知识。其实有关使用 JSTL 标签库的知识还有很多，这需要读者通过课外渠道来加深学习。下面通过练习操作，以达到巩固学习、拓展提高的目的。

↑扫码看视频

10.5.1 使用求长度函数

在 JSTL 标签中，可以使用函数 length 来获取某个对象中元素的个数，使用此函数的语法格式如下。

```
fn:length(要求元素个数的对象)
```

此函数会返回 int 数据类型的数据。要求元素个数的对象数据是可以用<c:forEach>作迭代处理的数据类型，也可以是一个字符串，如果是字符串，则函数返回字符串中字符的个数。如果要求元素个数的对象为 null，则函数返回 0。

求长度的对象并不限于字符串，只要是能用<c:forEach>作迭代处理的数据类型就可以，具体说明如下。

- 可以是实现 java.util.Collection 接口的类，包括 List、LinkedList、ArrayList、Vector、Stack、Set。
- 可以是实现 java.util.Map 接口的类，包括 HashMap、Hashtable、Properties、Provider、Attributes。
- 可以是数组 arrays，数组中的数据是简单数据类型，例如 int、float 等；
- 可以是实现 java.util.Iterator 和 java.util.Enumeration 的类。
- 可以是一个用逗号分隔的字符串，例如"Monday,Sunday,Tuesday"。

实例 10-4：演示函数 length 的基本用法。

源文件路径：daima\10\han\WebContent\length.jsp

实例文件 length.jsp 的主要实现代码如下。

```
<%@ page contentType="text/html; charset=GB2312" %>
<%@ taglib prefix="fn" uri="http://java.sun.com/jsp/jstl/functions" %>
<%@ taglib prefix="c" uri="http://java.sun.com/jsp/jstl/core" %>
```

```
<%@ page import="java.util.ArrayList" %>
<html>
<head><title>length</title></head>
<body>
<%
int[] array={1,2,3,4};
ArrayList list=new ArrayList();
list.add("one");
list.add("two");
list.add("three");
%>
<c:set value="<%=array %>" var="array" />
<c:set value="<%=list %>" var="list" />
数组长度：${fn:length(array)} <br>
集合长度：${fn:length(list)}  <br>
字符串长度：${fn:length("Tomcat")}  <br>
</body>
</html>
```

上述代码执行后的效果如图 10-6 所示。

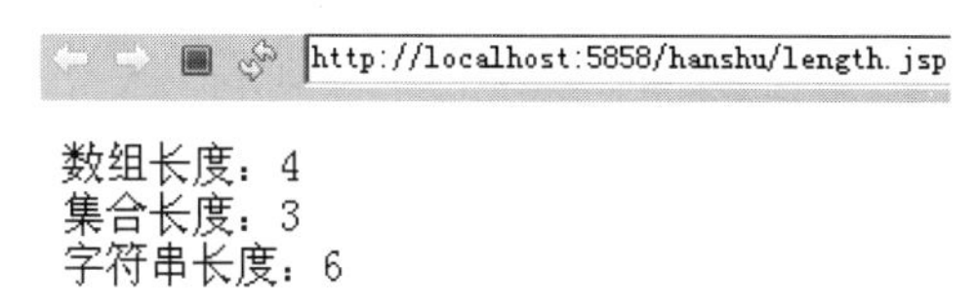

图 10-6　执行效果

10.5.2　使用函数 escapeXml

函数 escapeXml 的功能是将字符串中的 XML 标记转换为实体字符，返回转换后的结果字符串。使用函数 escapeXml 的语法格式如下。

```
fn:escapeXml(要转换的字符串)
```

实例 10-5：演示函数 escapeXml 的基本用法。

源文件路径：daima\10\cor\WebContent\han1.jsp

实例文件 han1.java 的主要代码如下。

```
<%@ page contentType="text/html;charset=GB2312" %>
<%@ taglib prefix="c" uri="http://java.sun.com/jsp/jstl/core" %>
<%@ taglib prefix="fn" uri="http://java.sun.com/jsp/jstl/functions" %>
<html>
  <head>
  <title>函数使用示例</title>
  </head>
<body>
----------------length 函数使用示例---------------<br>
<c:set var="str" value="出版社(PHEI)"/>
字符串"红红红红"的长度为：${fn:length(str)}<br>
------------字符串大小写转换函数使用示例------------<br>
字符串"红红红红 aaa"转换为小写:${fn:toLowerCase(str)}<br>
 ---------------求子串函数使用示例-------------------<br>
字符串"红红红红"的下标 0 到下标 4 的子串是：
```

```
 ${fn:substring(str,0,4)}<br>
---------------replace 函数使用示例------------------<br>
将字符串"红红红红(aaa)"中的"("替换为":":
<c:set var="frontStr" value="("/>
<c:set var="backStr" value=":"/>
${fn:replace(str,frontStr,backStr)}<br>
</body>
</html>
```

思考与练习

本章详细讲解了使用 JSTL 标签库的知识，循序渐进地讲解了 JSTL 基础、Core 标签库、I18N 标签库、SQL 标签库等知识。在讲解过程中，通过具体实例介绍了使用 JSTL 标签库的方法。通过本章的学习，读者应该熟悉使用 JSTL 标签库的知识，掌握它们的使用方法和技巧。

1. 选择题

(1) 在<c:choose>标签中可以包含一个或多个(　　)标签。

A. <c:otherwise>　　B. <c:when>　　C. <c:forEach>

(2) 在<fmt:formatNumber>标签中，属性(　　)表示货币符号，如¥，仅当格式化货币数据类型时有效。

A. currencySymbol　　B. groupingUsed　　C. maxIntegerDigits

2. 判断对错

(1) 标签<c:choose>、<c:when>和<c:otherwise>在一起联合使用，可以实现 Java 语言中的 if...else 语句的功能。　　(　　)

(2) 标签<c:forEach>每次从集合中取出一个元素，并且把它存放在 NESTED 范围内的命名变量中，在标签主体中可以访问这个命名变量。　　(　　)

3. 上机练习

(1) 演示标签<fmt:formatDate>的基本用法。

(2) 演示标签<fmt:parseDate>的基本用法。

第 11 章

Ajax 开发技术

本章要点

- Ajax 技术基础
- XMLHttpRequest 对象
- 与服务器通信——发送请求与处理响应
- 解决中文乱码问题

本章主要内容

Ajax(Asynchronous JavaScript and XML)是 Web 2.0 中的一种有代表性的技术，可以为用户带来较好的体验。本章将学习 Ajax 的基础知识，首先通过一些实际的案例，了解 Ajax 技术的原理，然后学习 Ajax 技术的基础 API 编程，为读者步入本书后面知识的学习奠定基础。

11.1 Ajax 技术基础

Ajax 是一种用于创建快速动态网页的技术。通过在后台与服务器进行少量数据交换，Ajax 可以使网页实现异步更新。这意味着可以在不重新加载整个网页的情况下，对网页的某些部分进行更新。传统的网页(不使用 Ajax)如果需要更新内容，必须重载整个页面。现实中有很多使用 Ajax 的应用程序案例，例如新浪微博、Google 地图和开心网等。

↑扫码看视频

11.1.1 Ajax 技术介绍

Ajax 技术在 1998 年前后得到了应用，第一个 Ajax 应用[允许客户端脚本发送 HTTP 请求(XMLHTTP)]由 Outlook Web Access 小组开发。该应用原属于微软 Exchange Server，并且迅速地成为 Internet Explorer 4.0 的一部分。2005 年年初，Ajax 被大众所接受。Google 在它著名的交互应用程序中使用了异步通信，如 Google 讨论组、Google 地图、Google 搜索建议、Gmail 等。Ajax 这个词由著名论文 *Ajax:A New Approach to Web Applications* 一文所创，在此文章中生成 Ajax 的前景非常乐观，它可以提高系统性能，优化用户界面。

Ajax 实际上并不是新技术，而是几个老技术的融合。具体来说，Ajax 包含以下五个部分。

(1) 异步数据获取技术，使用 XMLHttpRequest。

(2) 基于标准的表示技术，使用 XHTML 与 CSS。

(3) 动态显示和交互技术，使用 Document Object Model(文档对象模型)。

(4) 数据互换和操作技术，使用 XML 与 XSLT。

(5) JavaScript，将以上技术融合在一起。

在上述五种技术中，异步数据获取技术是所有技术的基础。

随着 Web 2.0 时代的到来，越来越多的网站开始应用 Ajax。实际上，Ajax 为 Web 应用带来的变化，我们已经在不知不觉中体验过了。例如，Google 地图和百度地图。下面我们就来看看哪些网站在用 Ajax，从而更好地了解 Ajax 的用途。

➢ 百度搜索提示

在百度首页的搜索文本框中输入要搜索的关键字时，下方会自动给出相关提示。如果给出的提示中有符合要求的内容，可以直接选择，这样可以方便用户。例如，输入“Java”后，在下面将显示如图 11-1 所示的提示信息。

➢ 网易邮箱注册

在注册网易邮箱时，将采用 Ajax 实现不刷新页面检测输入数据的合法性。例如，在“用户名”文本框中输入“w”，将光标移动到“密码”文本框后，将显示如图 11-2 所示的页面。

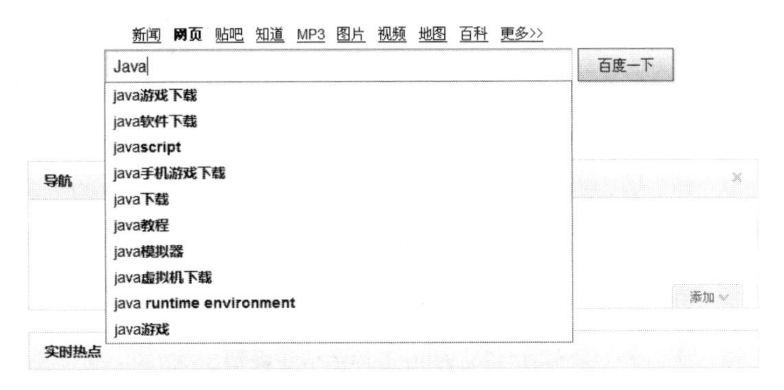

图 11-1　Google 搜索提示页面

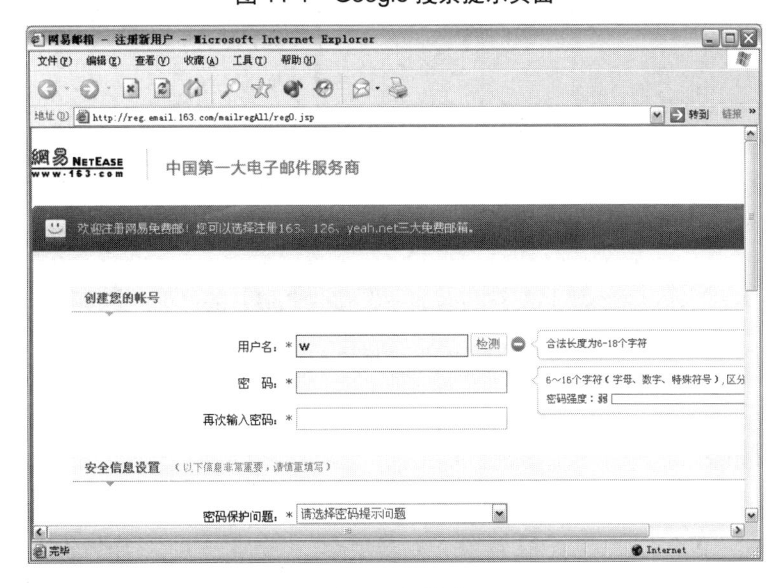

图 11-2　网易邮箱注册页面

11.1.2　Ajax 开发模式与传统开发模式的比较

在 Web 2.0 时代以前，多数网站都采用传统的开发模式，而随着 Web 2.0 时代的到来，越来越多的网站都开始采用 Ajax 开发模式。为了让读者更好地了解 Ajax 开发模式，下面将对 Ajax 开发模式与传统开发模式进行比较。

在传统的 Web 应用模式中，页面中用户的每一次操作都将触发一次返回 Web 服务器的 HTTP 请求，服务器进行相应的处理(获得数据、运行与不同的系统会话)后，返回一个 HTML 页面给客户端，如图 11-3 所示。

而在 Ajax 应用中，页面中用户的操作将通过 Ajax 引擎与服务器端进行通信，然后将返回结果提交给客户端页面的 Ajax 引擎，再由 Ajax 引擎来决定将这些数据插入到页面的指定位置，如图 11-4 所示。

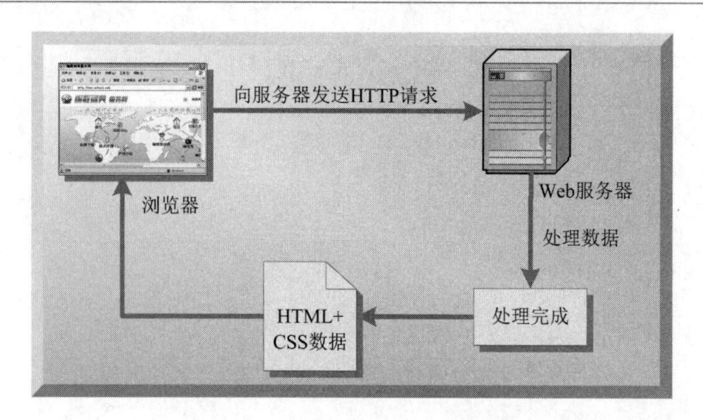

图 11-3 Web 应用的传统模型

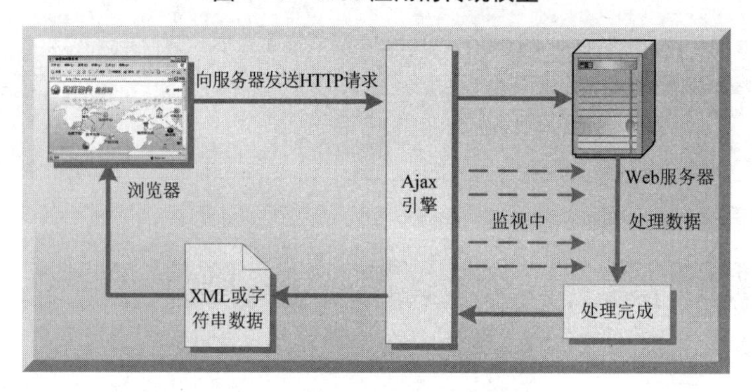

图 11-4 Web 应用的 Ajax 模型

知识精讲

从图 11-3 和图 11-4 中可以看出，对于每个用户的行为，在传统的 Web 应用模型中，将生成一次 HTTP 请求，而在 Ajax 应用开发模型中，将变成对 Ajax 引擎的一次 JavaScript 调用。在 Ajax 应用开发模型中通过 JavaScript 实现在不刷新整个页面的情况下，对部分数据进行更新，从而降低了网络流量，给用户带来了更好的体验。

11.1.3 提高用户体验的技术

Ajax 其实是一门提高用户体验的技术。假如我们正在开发一个会员登录系统，要求输入账号以及密码并单击“提交”按钮后，系统能够根据输入的账号和密码，在数据库中进行搜索，判断是否登录成功。大多数开发者的实现流程如下：

(1) 编写文件 login.jsp 负责等待用户输入账号和密码。

(2) 提交后的数据交给 LoginServlet 来处理。

(3) LoginServlet 调用 DAO 来访问数据库。

(4) 根据“登录是否成功”这个结果返回给客户端文件 loginResult.jsp。

在上述验证的过程中，登录用户只能等待。如果服务器因为访问频繁，或者网络传输

问题，客户就要进行长时间的等待。在上述情况下进行等待，会带来下面的诸多问题。

(1) 客户等待时，界面一片空白，客户浏览效果不好。

(2) 一般情况下，网页上除了有登录表单之外，还会有其他内容，如新闻、图片、视频等，用户失去了访问这些内容的权利。

(3) 有些情况下，登录之后的界面和登录界面只有少量不同，而这些相同内容需要重新载入，会占用额外时间。

而在使用 Ajax 技术之后，当用户单击“提交”按钮时，浏览器界面不会刷新，提交处理改在后台异步进行。当服务器端验证完毕后，将结果在界面上原来登录表单所在的位置显示出来。Ajax 就是这样一门神奇的技术，能够通过“异步”实现无刷新处理，单击“登录”按钮后网页不动，只是在原来的表单位置显示登录结果。

由此可见，与传统的 Web 应用不同，Ajax 在用户与服务器之间引入了一个中间媒介(Ajax 引擎)，从而消除了网络交互过程中的处理—等待—处理—等待的缺点，从而大大改善了网站的视觉效果。下面我们就来看看使用 Ajax 的优点有哪些。

(1) 可以把一部分以前由服务器负担的工作转移到客户端，利用客户端闲置的资源进行处理，从而减轻服务器和带宽的负担，节约空间和成本。

(2) 无刷新更新页面，从而使用户不用再像以前一样在服务器处理数据时，只能在呆板的白屏前焦急地等待。Ajax 使用 XMLHttpRequest 对象发送请求并得到服务器响应，在不需要重新载入整个页面的情况下，就可以通过 DOM 及时将更新的内容显示在页面上。

(3) 可以调用 XML 等外部数据，进一步促进页面显示和数据的分离。

(4) 基于标准化的并被广泛支持的技术，不需要下载插件或者小程序，即可轻松实现桌面应用程序的效果。

(5) Ajax 没有平台限制。Ajax 把服务器的角色由原本传输内容转变为传输数据，而数据格式则可以是纯文本格式和 XML 格式，这两种格式没有平台限制。

同其他事物一样，Ajax 也不尽是优点，它也有一些缺点，具体表现在以下几个方面。

(1) 大量的 JavaScript，不易维护。

(2) 可视化设计比较困难。

(3) 打破了“页”的概念。

(4) 会给搜索引擎带来困难。

11.1.4　Ajax 需要注意的几个问题

在应用 Ajax 时，需要注意安全问题、性能问题和浏览器兼容性问题，下面进行具体介绍。

1. 安全问题

随着网络的普及，安全问题已经是一个不容忽视的重要问题。由于 Web 本身就是不安全的，所以尽可能降低 Ajax 的安全风险就显得尤为重要。Ajax 应用主要面临以下安全问题。

1) JavaScript 本身的安全问题

虽然 JavaScript 的安全性已逐步提高，提供了很多受限功能，包括访问浏览器的历史记录、上传文件、改变菜单栏等。但是，当在 Web 浏览器中执行 JavaScript 代码时，将允许任何人编写的代码运行在自己的机器上，这就为移动代码自动跨越网络来运行提供了方便条件，从而给网站带来了安全隐患。为了解决这一潜在的危险，浏览器厂商在一个 sandbox(沙箱)中执行 JavaScript 代码，沙箱是一个只能访问很少计算机资源的密闭环境，从而使 Ajax 应用不能读取或写入本地文件系统。虽然这会给程序开发带来困难，但时，它提高了客户端 JavaScript 的安全性。

2) 数据在网络上传输的安全问题

当采用普通的 HTTP 请求时，请求参数的所有代码都是以明码的方式在网络上传输的。对于一些不太重要的数据，采用普通的 HTTP 请求即可满足要求，但是如果涉及特别机密的信息，这样做是不行的，因为某些恶意的路由，可能会读取传输的内容。为了保证 HTTP 传输数据的安全性，可以对传输的数据进行加密，这样即使被看到，危险性也不大。虽然对传输的数据进行加密，可能会降低服务器的性能，但对于敏感数据，以性能换取更高的安全性，还是值得的。

3) 客户端调用远程服务的安全问题

虽然 Ajax 允许客户端完成部分服务器的工作，并可以通过 JavaScript 来检查用户的权限，但是通过客户端脚本控制权限并不可取，一些解密高手可以轻松绕过 JavaScript 的权限检查，直接访问业务逻辑组件，从而对网站造成威胁。通常情况下，在 Ajax 应用中，应该将所有的 Ajax 请求都发送到控制器，由控制器负责检查调用者是否有访问资源的权限。

2. 性能问题

由于 Ajax 将大量的计算从服务器移到了客户端，这就意味着浏览器将承受更大的负担，而不再只是负责简单的文档显示。由于 Ajax 的核心语言是 JavaScript，而 JavaScript 并不以高性能知名；另外，JavaScript 对象也不是轻量级的，特别是 DOM 元素耗费了大量的内存。因此，如何提高 JavaScript 代码的性能对于 Ajax 开发者来说尤为重要。下面介绍几种优化 Ajax 应用执行速度的方法。

- 尽量使用局部变量，而不使用全局变量。
- 优化 for 循环。
- 尽量少用 eval，每次使用 eval 都需要消耗大量的时间。
- 将 DOM 结点附加到文档上。
- 尽量减少点号操作符“.”的使用。

3. 浏览器兼容性问题

Ajax 使用了大量的 JavaScript 和 Ajax 引擎，而这些内容需要浏览器提供足够的支持。目前提供这些支持的浏览器主要分为两大类：一类是 IE 浏览器，在 IE 浏览器中，只有 IE 5.0 及以上版本支持；另一类是非 IE 浏览器，例如 Firefox、Mozilla 1.0、Safari 1.2 及以上版本。虽然 IE 浏览器和非 IE 浏览器都支持 Ajax，但是它们提供的创建 XMLHttpRequest 对象的方式不一样，所以使用 Ajax 的程序必须测试针对各个浏览器的兼容性。

11.2 XMLHttpRequest 对象

XMLHttpRequest 对象是 Ajax 技术的核心内容。当前市面中的主流浏览器均支持 XMLHttpRequest 对象，XMLHttpRequest 用于在后台与服务器交换数据。这意味着可以在不重新加载整个网页的情况下，对网页的某些部分进行更新。在本节的内容中，将详细讲解 XMLHttpRequest 对象的基本知识。

↑扫码看视频

11.2.1 创建 XMLHttpRequest 对象

在不同的浏览器中创建 XMLHttpRequest 对象的方法不同，其中 IE 创建 XMLHttpRequest 对象的方法如下。

```
//使用较新版本的 IE 创建 IE 兼容的对象(Msxml2.XMLHTTP)
var xmlhttp = new ActiveXObject("Msxml2.XMLHTTP");
//使用较老版本的 IE 创建 IE 兼容的对象(Microsoft.XMLHTTP)
var xmlhttp = new ActiveXObject("Microsoft.XMLHTTP");
```

在 Mozilla、Opera、Safari 和大部分非 IE 的浏览器中，都使用如下方法创建 XMLHttpRequest 对象。

```
var xmlhttp = new XMLHttpRequest();
```

在 Internet Explorer 7 以前的浏览器中，使用的是 XMLHttp 对象，而不是 XMLHttpRequest 对象，而在 Mozilla、Opera、Safari 和大部分非 Microsoft 浏览器中都使用 XMLHttpRequest 对象。从 IE 7 开始也使用 XMLHttpRequest 对象。

在创建 XMLHttpRequest 对象时，如果在浏览器中使用了不正确的创建方法，则浏览器将会报错，并且无法使用该对象。由此可见，很需要一种可以兼容不同浏览器的创建 XMLHttpRequest 对象的方法。例如下面就是一个通用的解决方法。

```
//创建一个新变量 request 并赋值 false。使用 false 作为判断条件，它表示还没有创建
//XMLHttpRequest 对象
var xmlhttp = false;
function CreateXMLHttp(){
    try{
    //尝试创建 XMLHttpRequest 对象，除 IE 外的浏览器都支持这个方法
        xmlhttp = new XMLHttpRequest();
    }
    catch (e){
        try{
        //使用较新版本的 IE 创建 IE 兼容的对象(Msxml2.XMLHTTP)
            xmlhttp = new ActiveXObject("Msxml2.XMLHTTP");
        }
```

```
        catch (e){
            try{
            //使用较老版本的 IE 创建 IE 兼容的对象(Microsoft.XMLHTTP)
             xmlhttp = new ActiveXObject("Microsoft.XMLHTTP");
            }
            catch (failed){
                 xmlhttp = false;  //如果失败则保证 request 的值仍然为 false
            }
        }
    }
    return xmlhttp;
}
```

此时可以使用如下代码判断创建 XMLHttpRequest 对象是否成功。

```
if (!xmlhttp){
 //创建 XMLHttpRequest 对象失败!
}
else{
 //创建成功!
}
```

XMLHttpRequest 对象创建完毕后，开始详细分析此对象的方法、属性以及最重要的 onreadystatechange 事件句柄。

11.2.2 XMLHttpRequest 对象的方法

XMLHttpRequest 对象中的方法如下。

(1) open(method,url,async)：规定请求的类型、URL 以及是否异步处理请求，参数的具体说明如下。

- method：请求的类型，有 GET 或 POST 两种。
- url：文件在服务器上的位置。
- async：true(异步)或 false(同步)。

方法 open()中的参数 url 是服务器上文件的地址，例如下面的代码。

```
xmlhttp.open("GET","ajax_test.jsp",true);
```

该文件可以是任何类型的文件，比如.txt 和.xml，或者服务器脚本文件，比如.asp 和.jsp(在传回响应之前，能够在服务器上执行任务)。

其实 Ajax 提及的异步是指 JavaScript 和 XML(Asynchronous JavaScript and XML)。XMLHttpRequest 对象如果要用于 Ajax，其方法 open()的 async 参数必须设置为 true。例如下面的代码。

```
xmlhttp.open("GET","ajax_test.jsp",true);
```

知识精讲

对于 Web 开发人员来说，发送异步请求是一个巨大的进步。很多在服务器执行的任务都相当费时。在 Ajax 技术出现之前，这可能会引起应用程序挂起或停止。通过 Ajax 技术，JavaScript 无须等待服务器的响应，而是在等待服务器响应时执行其他脚本，当响应就绪后对响应进行处理。

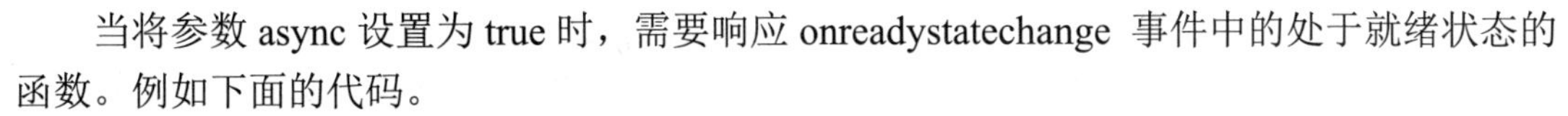

当将参数 async 设置为 true 时，需要响应 onreadystatechange 事件中的处于就绪状态的函数。例如下面的代码。

```
xmlhttp.onreadystatechange=function()
  {
  if (xmlhttp.readyState==4 && xmlhttp.status==200)
    {
    document.getElementById("myDiv").innerHTML=xmlhttp.responseText;
    }
  }
xmlhttp.open("GET","test1.txt",true);
xmlhttp.send();
```

如果需要使用异步功能，需要将方法 open()中的第三个参数改为 false。例如下面的代码。

```
xmlhttp.open("GET","test1.txt",false);
```

笔者不推荐将参数 async 设置为 false，但是对于一些小型的请求也是可以的。

另外，读者需要注意，JavaScript 会等到服务器响应就绪时才继续执行。如果服务器繁忙或缓慢，应用程序会挂起或停止。当将参数 async 设置为 false 时，不要编写函数 onreadystatechang，把代码放到函数 send()语句的后面即可。

```
xmlhttp.open("GET","test1.txt",false);
xmlhttp.send();
document.getElementById("myDiv").innerHTML=xmlhttp.responseText;
```

(2) abort()：取消当前响应，关闭连接并且结束任何未决的网络活动。其语法格式如下：

```
abort()
```

(3) getAllResponseHeaders()：把 HTTP 响应头部作为未解析的字符串返回。用于以字符串形式返回完整的 HTTP 头信息，包括 Server、Date、Content-Type 和 Content-Length。getAllResponseHeaders()方法的语法格式如下：

```
getAllResponseHeaders()
```

例如，应用下面的代码调用 getAllResponseHeaders()方法，将弹出如图 11-5 所示的对话框显示完整的 HTTP 头信息。

```
alert(http_request.getAllResponseHeaders());
```

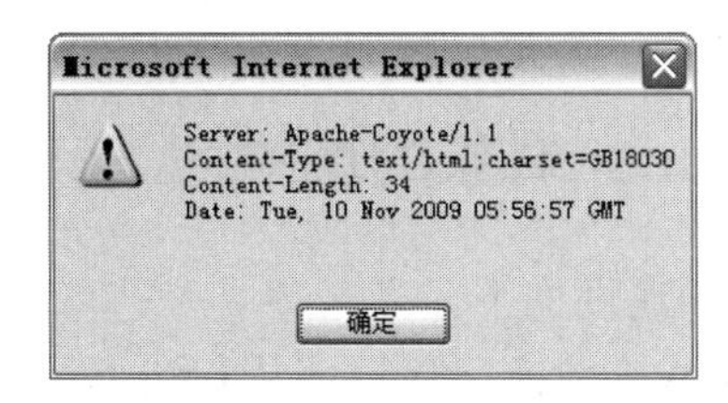

图 11-5　获取的完整的 HTTP 头信息

(4) setRequestHeader(header,value)：返回指定的 HTTP，响应头部的值。

➢ header：规定头的名称。

➢ value：规定头的值。

(5) send(string)：发送 HTTP 请求，使用传递给 open()方法的参数，以及传递给该方法的可选请求体。此方法用于向服务器发送请求。如果请求声明为异步，该方法将立即返回，否则将等到接收到响应为止。send()方法的语法格式如下：

```
send(string)
```

参数 string 用于指定发送的数据，可以是 DOM 对象的实例、输入流或字符串。如果没有参数需要传递可以设置为 null。

例如，向服务器发送一个不包含任何参数的请求，可以使用下面的代码：

```
http_request.send(null);
```

(6) setRequestHeader()：向一个打开但未发送的请求设置或添加一个 HTTP 请求。setRequestHeader()方法的具体语法格式如下：

```
setRequestHeader("header", "value")
```

- header：用于指定 HTTP 头。
- value：用于为指定的 HTTP 头设置值。
- setRequestHeader()方法必须在调用 open()方法之后才能调用。

例如，在发送 POST 请求时，需要设置 Content-Type 请求头的值为“application/x-www-form-urlencoded”，这时就可以通过 setRequestHeader()方法进行设置，具体代码如下：

```
http_request.setRequestHeader("Content-Type","application/x-www-form-
urlencoded");
```

(7) getResponseHeader()：用于以字符串的形式返回指定的 HTTP 头信息。其语法格式如下：

```
getResponseHeader("headerLabel")
```

其中，headerLabel 用于指定 HTTP 头，包括 Server、Content-Type 和 Date 等。

例如，要获取 HTTP 头 Content-Type 的值，可以使用以下代码：

```
http_request.getResponseHeader("Content-Type")
```

上面的代码将获取以下内容：

```
text/html;charset=GB18030
```

11.2.3 XMLHttpRequest 对象的属性

XMLHttpRequest 对象中的属性如下。

(1) readyState：HTTP 请求的状态，属性值从 0 到 4，具体说明如下。

- 0：请求未初始化。
- 1：服务器连接已建立。
- 2：请求已接收。
- 3：请求处理中。
- 4：请求已完成，且响应已就绪。

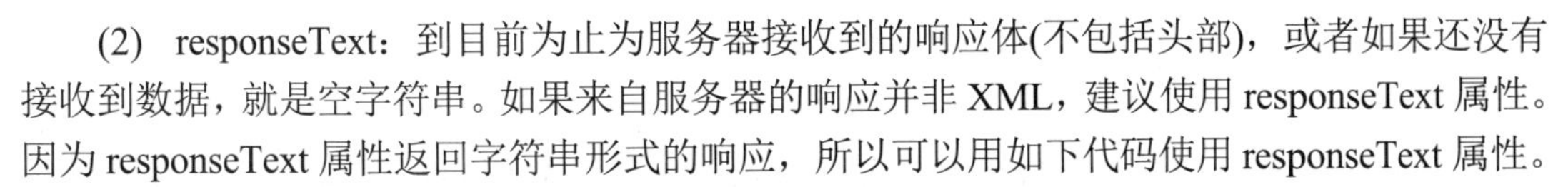

(2)　responseText：到目前为止为服务器接收到的响应体(不包括头部)，或者如果还没有接收到数据，就是空字符串。如果来自服务器的响应并非 XML，建议使用 responseText 属性。因为 responseText 属性返回字符串形式的响应，所以可以用如下代码使用 responseText 属性。

```
document.getElementById("myDiv").innerHTML=xmlhttp.responseText;
```

(3)　responseXML：对请求的响应，解析为 XML 并作为 Document 对象返回。如果来自服务器的响应是 XML，而且需要作为 XML 对象进行解析，则需要使用 responseXML 属性。

(4)　tatus：由服务器返回的 HTTP 状态代码。

(5)　statusText：这个属性用名称而不是数字指定请求的 HTTP 的状态代码。

11.2.4　XMLHttpRequest 对象的事件句柄函数

当请求被发送到服务器时，我们需要执行一些基于响应的任务。事件 onreadystatechange 是每次改变 readyState 属性时调用的事件句柄函数。在属性 readyState 中保存了 XMLHttpRequest 的状态信息。

在 onreadystatechange 事件中规定，当服务器响应已做好被处理的准备时所执行的任务。当 readyState 等于 4 且状态为 200 时，表示响应已经就绪。例如下面的代码：

```
xmlhttp.onreadystatechange=function()
  {
  if (xmlhttp.readyState==4 && xmlhttp.status==200)
    {
    document.getElementById("myDiv").innerHTML=xmlhttp.responseText;
    }
  }
```

智慧锦囊

如果在网站上存在多个 Ajax 任务，那么我们应该为创建的 XMLHttpRequest 对象编写一个标准的函数，并为每个 Ajax 任务调用函数 callback。函数 callback 应该调用包含 URL 以及发生 onreadystatechange 事件时执行的任务(每次调用可能不尽相同)。

11.3　与服务器通信——发送请求与处理响应

通过本章前面章节的学习，相信大家已经对 Ajax 以及 Ajax 所使用的技术有所了解了。在本节的内容中，将详细介绍使用 Ajax 与服务器进行通信的知识，为读者步入本书后面知识的学习奠定基础。

↑扫码看视频

11.3.1 发送请求

Ajax 可以通过 XMLHttpRequest 对象实现采用异步方式在后台发送请求。通常情况下，Ajax 发送请求有两种：一种是发送 GET 请求，另一种是发送 POST 请求。但是无论发送哪种请求，都需要经过以下 4 个步骤。

(1) 初始化 XMLHttpRequest 对象。为了提高程序的兼容性，需要创建一个跨浏览器的 XMLHttpRequest 对象，并且判断 XMLHttpRequest 对象的实例是否成功，如果不成功，则给予提示。具体代码如下：

```
http_request = false;
if (window.XMLHttpRequest) {                    //非 IE 浏览器
     http_request = new XMLHttpRequest();  //创建 XMLHttpRequest 对象
} else if (window.ActiveXObject) {      // IE 浏览器
     try {
         //创建 XMLHttpRequest 对象
         http_request = new ActiveXObject("Msxml2.XMLHTTP");
     } catch (e) {
         try {
             //创建 XMLHttpRequest 对象
             http_request = new ActiveXObject("Microsoft.XMLHTTP");
        } catch (e) {}
     }
  }
if (!http_request) {
     alert("不能创建 XMLHttpRequest 对象实例！");
     return false;
}
```

(2) 为 XMLHttpRequest 对象指定一个返回结果处理函数(即回调函数)，用于对返回结果进行处理，具体代码如下。

```
http_request.onreadystatechange = getResult;   //调用返回结果处理函数
```

使用 XMLHttpRequest 对象的 onreadystatechange 属性指定回调函数时，不能指定要传递的参数。如果要指定传递的参数，可以应用以下方法。

```
http_request.onreadystatechange = function(){getResult(param)};
```

(3) 创建一个与服务器的连接。在创建时，需要指定发送请求的方式(即 GET 或 POST)，以及设置是否采用异步方式发送请求。

例如，采用异步方式发送 GET 方式的请求的具体代码如下。

```
http_request.open('GET', url, true);
```

例如，采用异步方式发送 POST 方式的请求的具体代码如下：

```
http_request.open('POST', url, true);
```

open()方法中的 url 参数，可以是一个 JSP 页面的 URL 地址，也可以是 Servlet 的映射地址。也就是说，请求处理页，可以是一个 JSP 页面，也可以是一个 Servlet。

智慧锦囊

在指定 URL 参数时，最好将一个时间戳追加到该 URL 参数的后面，这样可以防止因浏览器缓存结果而不能实时得到最新的结果。例如，可以指定 URL 参数为以下代码:

```
String url="deal.jsp?nocache="+new Date().getTime();
```

(4) 向服务器发送请求。XMLHttpRequest 对象的 send()方法可以实现向服务器发送请求，该方法需要传递一个参数，如果发送的是 GET 请求，可以将该参数设置为 null，如果发送的是 POST 请求，可以通过该参数指定要发送的请求参数。

向服务器发送 GET 请求的代码如下：

```
http_request.send(null);                //向服务器发送请求
```

向服务器发送 POST 请求的代码如下：

```
var
param="user="+form1.user.value+"&pwd="+form1.pwd.value+"&email="+form1.
email.value;                        //组合参数
http_request.send(param);           //向服务器发送请求
```

需要注意的是：在发送 POST 请求前，还需要设置正确的请求头，具体代码如下：

```
http_request.setRequestHeader("Content-Type","application/x-www-form-
urlencoded");
```

上面的这句代码，需要添加在 http_request.send(param);语句之前。

11.3.2　处理服务器响应

向服务器发送请求后，接下来就需要处理服务器响应了。在向服务器发送请求时，需要通过 XMLHttpRequest 对象的 onreadystatechange 属性指定一个回调函数，用于处理服务器响应。在这个回调函数中，首先需要判断服务器的请求状态，保证请求已完成，然后再根据服务器的 HTTP 状态码，判断服务器对请求的响应是否成功，如果成功，则获取服务器的响应并反馈给客户端。

XMLHttpRequest 对象提供了两个用来访问服务器响应的属性，一个是 responseText 属性，返回字符串响应；另一个是 responseXML 属性，返回 XML 响应。

1. 处理字符串响应

字符串响应通常应用于响应不是特别复杂的情况。例如：将响应显示在提示对话框中，或者响应只是显示成功或失败的字符串。

将字符串响应显示到提示对话框中的回调函数的具体代码如下：

```
function getResult() {
    if (http_request.readyState == 4) {          // 判断请求状态
        if (http_request.status == 200) {        // 请求成功，开始处理返回结果
            alert(http_request.responseText);    // 显示判断结果
```

```
        } else {                                        //请求页面有错误
            alert("您所请求的页面有错误！");
        }
    }
}
```

如果需要将响应结果显示到页面的指定位置，也可以先在页面的合适位置添加一个<div>或<span>标记，并设置该标记的 id 属性，例如 div_result，然后在回调函数中应用以下代码显示响应结果。

```
document.getElementById("div_result").innerHTML=http_request.responseText;
```

2. 处理 XML 响应

如果在服务器端需要生成特别复杂的响应，那么就需要应用 XML 响应。应用 XMLHttpRequest 对象的 responseXML 属性，可以生成一个 XML 文档，而且当前浏览器已经提供了很好的解析 XML 文档对象的方法。

例如，有一个保存图书信息的 XML 文档，具体代码如下：

```
<?xml version="1.0" encoding="UTF-8"?>
<mr>
    <books>
        <book>
            <title>Java Web 程序</title>
            <publisher>XXXX 出版社</publisher>
        </book>
        <book>
            <title>Java Web 程序 MMM</title>
            <publisher>XXXX 出版社</publisher>
        </book>
    </books>
</mr>
```

在回调函数中遍历保存图书信息的 XML 文档，并显示到页面中的代码如下：

```
function getResult() {
    if (http_request.readyState == 4) {                 //判断请求状态
        if (http_request.status == 200) {               //请求成功，开始处理响应
            var xmldoc = http_request.responseXML;
            var str="";
            for(i=0;i<xmldoc.getElementsByTagName("book").length;i++){
                var book = xmldoc.getElementsByTagName("book").item(i);
                    str=str+"《"+book.getElementsByTagName
                    ("title")[0].firstChild.data+"》由""+
                    book.getElementsByTagName('publisher')[0].
                    firstChild.data+""出版<br>";
            }
            document.getElementById("book").innerHTML=str;    //显示图书信息
        } else {                                        //请求页面有错误
            alert("您所请求的页面有错误！");
        }
    }
}
<div id="book"></div>
```

通过上面的代码获取的 XML 文档的信息如下：

```
《Java Web 程序》由“XXXX 出版社”出版
《Java Web 程序 MMM》由“XXXX 出版社”出版
```

11.4 解决中文乱码问题

Ajax 不支持多种字符集，它默认的字符集是 UTF-8，所以在应用 Ajax 技术的程序中应及时进行编码转换，否则程序中出现的中文字符会变成乱码。一般情况下，有以下两种情况会产生中文乱码。

↑扫码看视频

11.4.1 发送请求时出现中文乱码

将数据提交到服务器有两种方法：一种是使用 GET 方法提交；另一种是使用 POST 方法提交。使用不同的方法提交数据，在服务器端接收参数时解决中文乱码的方法是不同的。具体解决方法如下。

(1) 当接收使用 GET 方法提交的数据时，要将编码转换为 GBK 或是 GB2312。例如，将省份名称的编码转换为 GBK 的代码如下：

```
String selProvince=request.getParameter("parProvince");    //获取选择的省份
selProvince=new String(selProvince.getBytes("ISO-88511-1"),"GBK");
```

(2) 对于应用 POST 方法提交的数据，默认的字符编码是 UTF-8，所以当接收使用 POST 方法提交的数据时，要将编码转换为 UTF-8。例如，将用户名的编码转换为 UTF-8 的代码如下：

```
String username=request.getParameter("user");              //获取用户名
username=new String(username.getBytes("ISO-88511-1"),"UTF-8");
```

11.4.2 获取服务器的响应结果时出现中文乱码

由于 Ajax 在接收 responseText 或 responseXML 的值时是按照 UTF-8 的编码格式进行解码的，所以如果服务器端传递的数据不是 UTF-8 格式，在接收 responseText 或 responseXML 的值时，就可能产生乱码。解决的办法是保证从服务器端传递的数据采用 UTF-8 的编码格式。

11.5　实践案例与上机指导

通过本章的学习，读者基本可以掌握使用 Ajax 技术的知识。其实使用 Ajax 技术的知识还有很多，这需要读者通过课外渠道来深入学习。下面通过练习操作，以达到巩固学习、拓展提高的目的。

↑扫码看视频

11.5.1　一个简单的 Ajax 程序

下面通过一个简单实例的实现过程，讲解 Ajax 技术在 Java Web 项目中的作用。本实例的功能是设计一个欢迎界面，单击此页中的按钮后能够显示指定的信息。

实例 11-1：一个简单的 Ajax 程序。

源文件路径：daima\11\ajax1\WebContent\welcome1.jsp、info.jsp

(1)　编写欢迎界面文件 welcome1.jsp，主要代码如下。

```
<%@ page language="java" import="java.util.*" pageEncoding="gb2312"%>
<!DOCTYPE HTML PUBLIC "-//W3C//DTD HTML 4.01 Transitional//EN">
<html>
  <body>
    <SCRIPT LANGUAGE="JavaScript">
    function showInfo(){
        window.location = "info.jsp";
    }
    </SCRIPT>
    欢迎来到本系统. <HR>
    <input type="button" value="显示公司信息" onClick="showInfo()">
  </body>
</html>
```

执行上述代码后的效果如图 11-6 所示。

图 11-6　执行效果

单击“显示公司信息”按钮后会执行文件 info.jsp，也就是说显示的信息是文件 info.jsp 中的信息。文件 info.jsp 的主要代码如下。

```
<%@ page language="java" import="java.util.*" pageEncoding="gb2312"%>
```

```
地址：羊城是我的家<BR>
电话:XXXXX
```

单击“显示公司信息”按钮后的效果如图 11-7 所示。

http://localhost:5858/aj/info.jsp

地址：羊城是我的家
电话:XXXXX

图 11-7　执行效果

可以看到，单击按钮后界面进行了刷新，浏览器地址栏中的地址也发生了变化。如果服务器反应慢，会出现空白界面。

(2) 使用 Ajax 技术实现无刷新界面的功能。文件 info.jsp 保持不变，编写测试文件 welcome2.jsp，使用了 Ajax 功能，主要代码如下。

```
<%@ page language="java" import="java.util.*" pageEncoding="gb2312"%>
<!DOCTYPE HTML PUBLIC "-//W3C//DTD HTML 4.01 Transitional//EN">
<html>
  <body>
    <SCRIPT LANGUAGE="JavaScript">
    function showInfo(){
        var xmlHttp=new ActiveXObject("Msxml2.XMLHTTP");
        xmlHttp.open("GET", "info.jsp", true);
        xmlHttp.onreadystatechange=function() {
            if (xmlHttp.readyState==4) {
                infoDiv.innerText = xmlHttp.responseText;
            }
        }
        xmlHttp.send();
    }
    </SCRIPT>
    欢迎来到本系统. <HR>
    <input type="button" value="显示公司信息" onClick="showInfo()">
    <div id="infoDiv"></div>
  </body>
</html>
```

上述代码比较简单，只支持 IE 浏览器的 Ajax 功能。运行上述代码，执行效果如图 11-8 所示。

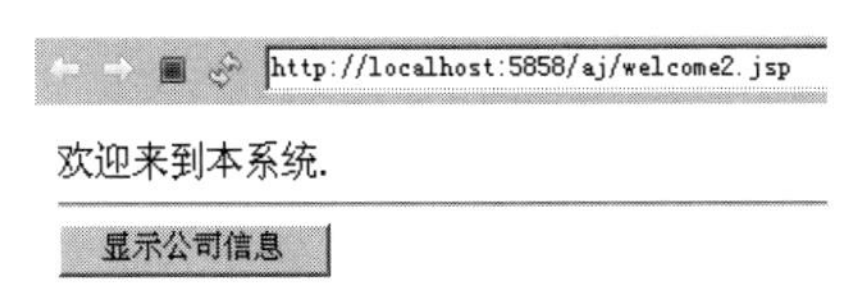

图 11-8　执行效果

单击“显示公司信息”按钮后会无刷新地显示文件 info.jsp 中的信息，如图 11-9 所示。

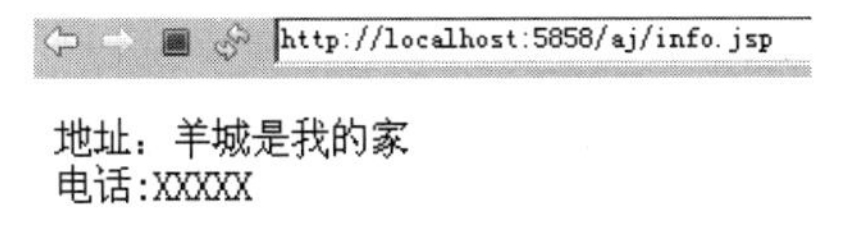

图 11-9　执行效果

11.5.2 每当状态改变时调用相应的处理函数

实现 Ajax 的程序需要 5 个步骤，接下来对这 5 个步骤进行详细讲解。

(1) 在 IE 中实例化 Msxml2.XMLHTTP 对象，步骤 1 的代码如下。

```
var xmlHttp=new ActiveXObject("Msxml2.XMLHTTP");
```

Msxml2.XMLHTTP 是 IE 浏览器内置的对象，该对象具有异步提交数据和获取结果的功能。如果不是 IE 浏览器，则需要编写如下实例化方法代码。

```
<SCRIPT LANGUAGE="JavaScript">
var xmlHttp=new XMLHttpRequest();
//Mozilla 等浏览器
</SCRIPT>
```

其他浏览器的写法可以查看相应文档，因为不同浏览器都有相应的内置对象。本章 11.2.1 节曾经给出了一个通用解决方案，在此推荐一个编程框架，具体代码如下。

```
<SCRIPT LANGUAGE="JavaScript">
var xmlHttp = false;
function initAjax(){
    if(window. XMLHttpRequest){ //Mozilla 等浏览器
        xmlHttp=new XMLHttpRequest();
    }
    else if(window.ActiveXObject){ //IE 浏览器
        try{
            xmlHttp=new ActiveXObject("Msxml2.XMLHTTP");
        }catch(e){
            try{
                xmlHttp=new ActiveXObject("Microsoft.XMLHTTP");
            }catch(e){
                window.alert("该浏览器不支持 Ajax");
            }
        }
    }
}
</SCRIPT>
```

函数 initAjax()可以解决浏览器的兼容问题，可以在网页载入时运行该函数，例如下面的代码。

```
<html>
    <body onLoad="initAjax ()">
    …
 </html>
```

(2) 指定异步提交的目标和提交方式，调用了 xmlHttp 的 open 方法。此步骤对应的代码如下。

```
xmlHttp.open("get", "info.jsp", true);
```

该方法一共有 3 个参数，第一个参数表示请求的方式，可以选择的值是 get、post。第二个参数表示请求的目标是 info.jsp，当然，也可以在此处给 info.jsp 一些参数，例如写成下面的格式。

```
xmlHttp.open("get", "info.jsp?account=0001", true);
```

表示赋予文件 info.jsp 名为 account、值为 0001 的参数，文件 info.jsp 可以通过方法 request.getParameter("account")获得该参数的值。

第三个参数最重要，当为 true 时表示异步请求，否则表示非异步请求。异步请求可以通俗理解为后台提交，此种情况下，请求在后台执行。以前面的文件 welcome2.jsp 为例，如果参数 3 取 true，按钮被点下去之后马上抬起。但是如果是 false，按钮被点下去之后，要等到服务器返回信息之后才能抬起，等待时间之内，网页处于类似停滞状态。

在 Ajax 情况下，第三个参数选择 true 值。

读者需要注意，此时只是指定异步提交的目标和提交方式，并没有进行真正的提交。

(3) 指定当 xmlHttp 状态改变时，需要进行的处理。处理一般是以响应函数的形式进行。

```
xmlHttp.onreadystatechange=function() {
    //处理代码
}
```

上述代码中用到了 xmlHttp 的 onreadystatechange 事件，表示 xmlHttp 状态改变时，调用处理代码。此种方式是将处理代码直接写在后面，还有一种情况，那就是将处理代码单独写成函数。

```
xmlHttp.onreadystatechange=handle;
…
function handle(){
    //处理代码
}
```

在请求的过程中，xmlHttp 的状态不断改变，其状态保存在 xmlHttp 的 readyState 属性中，用 xmlHttp.readyState 表示，常见的 readyState 属性值如下。

- 0：未初始化状态，对象已创建，尚未调用 open()。
- 1：已初始化状态，调用 open()方法以后。
- 2：发送数据状态，调用 send()方法以后。
- 3：数据传送中状态，已经接到部分数据，但接收尚未完成。
- 4：完成状态，数据全部接收完成。

实例 11-2：每当状态改变时调用相应的处理函数。

源文件路径：daima\11\ajax1\WebContent\welcome3.jsp

实例文件 welcome3.jsp 的实现代码如下。

```
<%@ page language="java" import="java.util.*" pageEncoding="gb2312"%>
<!DOCTYPE HTML PUBLIC "-//W3C//DTD HTML 4.01 Transitional//EN">
<html>
  <body>
    <SCRIPT LANGUAGE="JavaScript">
    var xmlHttp=new ActiveXObject("Msxml2.XMLHTTP");
    function showInfo(){
        xmlHttp.open("GET", "info.jsp", true);
        xmlHttp.onreadystatechange=showState;
        xmlHttp.send();
    }
    function showState(){
```

```
        document.writeln(xmlHttp.readyState);
    }
    </SCRIPT>
    欢迎来到本系统. <HR>
    <input type="button" value="显示公司信息" onClick="showInfo()">
  </body>
</html>
```

执行上述代码并单击“显示公司信息”按钮后的效果如图 11-10 所示。

http://localhost:5858/aj/welcome3.jsp

1 2 3 4

图 11-10　执行效果

通过上述执行效果说明该响应函数运行了 4 次。在一般情况下，仅仅在 readyState 状态为 4 时才作相应操作。

(4) 编写如下处理代码。

```
    xmlHttp.onreadystatechange=function() {
        if (xmlHttp.readyState==4) {
            infoDiv.innerHTML = xmlHttp.responseText;
            }
        }
```

上述代码表示当 xmlHttp 的 readyState 为 4 时，将 infoDiv 内部的 HTML 代码变为 xmlHttp.responseText，其中，xmlHttp.responseText 表示 xmlHttp 从提交目标中得到的输出的文本内容，也就是文件 info.jsp 的输出。

智慧锦囊

xmlHttp 除了具有 responseText 属性外，还有 responseXml 属性，表示从提交目标中得到的 xml 格式的数据。

infoDiv 除了具有 innerHTML 属性之外，还有 innerText 属性，表示在该 div 内显示内容时，不考虑其中的 HTML 格式的标签，也就是说将内容原样显示。例如在上述实例中，如果将 infoDiv.innerHTML=xmlHttp.responseText;改为 infoDiv.innerText= xmlHttp.responseText;，则执行效果如图 11-11 所示。

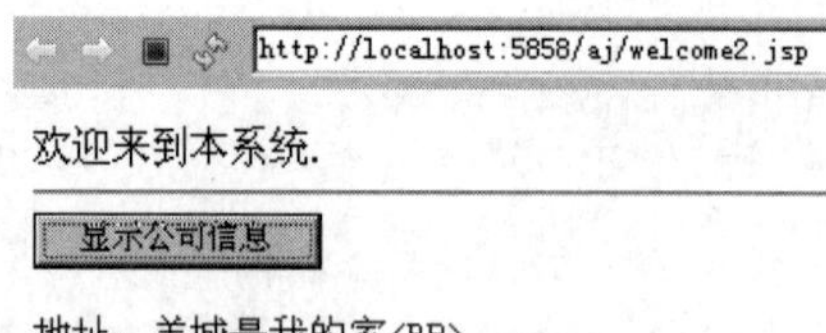

图 11-11　执行效果

另外，除了 div 可以实现动态显示内容的效果之外，HTML 中的 span 也可以实现该效果。不同的是，span 将其内部的内容以文本段显示，div 将其内部的内容以段落显示。一般

而言，使用 div 从界面上看到的效果是：内容会另起一行单独显示。

(5) 发出请求，调用 xmlHttp 的 send 函数。

```
xmlHttp.send();
```

如果请求方式为 get，则 send 可以没有参数，或者参数为 null；如果请求方式为 post，可以将需要传送的内容传入 send 函数中以字符串的形式发出。不过，即使是以 post 方式请求，函数 send 仍然可以将参数置空，因为可以将需要传送的内容附加在 url 的后面进行请求，例如下面的代码。

```
xmlHttp.open("post", "info.jsp?account=0001", true);
…
xmlHttp.send();
```

在文件 info.jsp 中用 request.getParameter("account")得到传递数据。

因为 Ajax 项目中的目标页面是异步提交，所以如果目标页面做了修改，在客户端不一定能够马上检测到，显示的仍是以前目标页面的内容。在这种情况下，可以使用如下方法进行解决。

- 将目标页面直接输入 URL 进行访问，迫使服务器重新编译。
- 将目标页面用 response.setHeader("Cache-Control","no-cache");设置为不在客户端缓存驻留。

思考与练习

本章详细讲解了使用 Ajax 技术的知识，循序渐进地讲解了 Ajax 技术基础、XMLHttpRequest 对象、与服务器通信——发送请求与处理响应、解决中文乱码问题等知识。在讲解过程中，通过具体实例介绍了使用 Ajax 技术的方法。通过本章的学习，读者应该熟悉使用 Ajax 技术的知识，掌握它们的使用方法和技巧。

1. 选择题

(1) XMLHttpRequest 对象如果要用于 Ajax，其方法 open()的 async 参数必须设置为(　　)。

A. true　　　B. 0　　　C. false

(2) 在使用 XMLHttpRequest 对象的属性(　　)时可以生成一个 XML 文档，而且当前浏览器已经提供了很好的解析 XML 文档对象的方法。

A. responseXML　　　B. requestXML　　　C. documentXML

2. 判断对错

(1) Ajax 使用 XMLHttpRequest 对象发送请求并得到服务器响应，在不需要重新载入整个页面的情况下，就可以通过 DOM 及时将更新的内容显示在页面上。　　(　　)

(2) 当将参数 async 设置为 false 时，需要响应 onreadystatechange 事件中的处于就绪状态的函数。　　(　　)

3. 上机练习

(1) 使用 Ajax 技术实现表单验证。
(2) 基于验证码的无刷新验证。

第 12 章

数据库编程

本章要点

- 数据库基础知识
- SQL 语言
- 常用的几种数据库

本章主要内容

数据库技术是实现动态软件技术的必要手段，在软件项目中通过数据库可以存储海量的数据。人们通过修改数据库内容来实现动态交互功能，因为软件显示的内容是从数据库中读取的。可以说，数据库在软件实现过程中起着一个中间媒介的作用。本章将介绍数据库方面的基本知识，为读者步入本书后面知识的学习奠定基础。

12.1 数据库基础知识

在本节的内容中，将介绍数据库技术的基本知识，使读者了解数据库技术的常用概念，为读者步入本书后面知识的学习奠定基础。

↑扫码看视频

12.1.1 数据库概述

随着计算机技术、通信技术和网络技术的飞速发展，信息系统渗透到社会各个领域。作为其核心的数据库技术更是得到了广泛的应用。数据的建设规模、数据库的信息量大小以及使用频度已成为衡量一个国家信息化程度的重要标志。

从性质上讲，数据库就是存储信息的工具，是依照某种数据模型组织起来的存放二级存储器中的数据的集合。这种数据集合具有如下特点。

(1) 尽可能不重复，以最优方式为某个特定组织的多种应用服务。

(2) 对数据的增、删、改和检索由统一软件进行管理和控制。

从发展的历史看，数据库是数据管理的高级阶段，它是由文件管理系统发展起来的。数据库技术是随着数据管理的需要而产生的。数据管理指的是对数据的分类、组织、编码、存储、检索和维护，它是数据处理的核心。随着计算机硬件技术和软件技术的发展，数据管理经历了如下 3 个阶段。

① 人工管理；

② 文件系统处理；

③ 数据库管理。

随着社会的发展和数据量的急剧增长，现在人们开始借助计算机和数据库技术科学保存大量的数据，以便能更好地利用这些数据资源。自此，数据库便成为计算机领域的核心技术。

在 Web 应用程序中需要显示各种各样的信息，而这些显示的信息是以数据库中存储的数据为基础的。数据库技术和动态站点开发技术相互结合，为广大浏览用户奉献了丰富多彩的 Web 页面。

12.1.2 数据库的几个概念

1. 数据库管理

数据库管理(Database Administration)是有关建立、存储、修改和存取数据库中信息的技

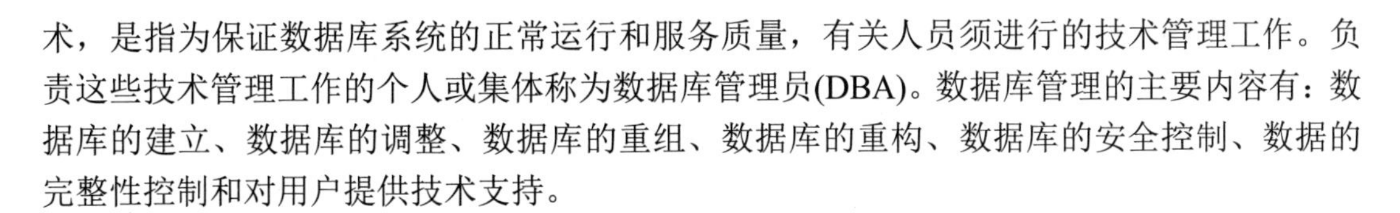

术，是指为保证数据库系统的正常运行和服务质量，有关人员须进行的技术管理工作。负责这些技术管理工作的个人或集体称为数据库管理员(DBA)。数据库管理的主要内容有：数据库的建立、数据库的调整、数据库的重组、数据库的重构、数据库的安全控制、数据的完整性控制和对用户提供技术支持。

2．数据库

数据库是长期存储在计算机内有组织的大量共享的数据集合，它可以提供多个用户共享数据，并以较小的冗余度和独立性供应用程序使用。

3．数据模型

数据模型是现实世界数据特征的抽象，是数据技术的核心和基础。数据模型是数据库系统的数学形式框架，是用来描述数据的一组概念和定义，主要包括下面的内容。

- 静态特征：对数据结构和关系的描述。
- 动态特征：在数据库上的操作，例如添加、删除和修改。
- 完整性约束：数据库中的数据必须满足的规则。

4．概念模型

概念模型用于实现信息世界的建模，人们常常先将现实世界抽象为信息世界，然后将信息世界转换为机器世界。而概念模型是现实世界到机器世界的一个中间层次。

概念模型是对信息世界的建模，它可以用 E-R 图来描述。E-R 图提供了表示实体型、属性和联系的方法。

- 实体型：用矩形表示，框内写实体名称。
- 属性：用椭圆表示，框内写属性名称。
- 联系：用菱形表示，框内写联系名称。

例如，图 12-1 描述了实体-属性图。图 12-2 描述了实体-联系图。

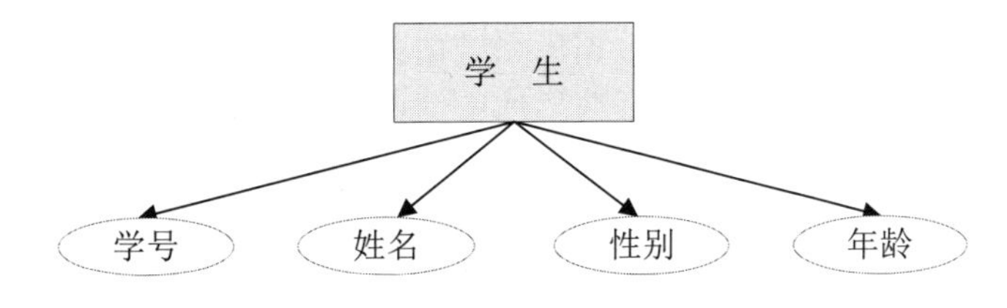

图 12-1　实体-属性图

5．数据模型

不同的数据模型具有不同的数据结构。目前最常用的数据模型有层次模型、网状模型、关系模型和面向对象数据模型。其中层次模型和网状模型统称为非关系模型。

概念模型是按照用户的观点对数据和信息进行建模，而数据模型是按照计算机系统的观点对数据进行建模。

6．关系数据模型

关系模型是当前应用最广泛的一种模型。关系数据库都采用关系模型作为数据的组织方式。自从 20 世纪 80 年代以来，计算机厂商推出的数据库管理系统几乎都支持关系模型。关系模型的基本要求是关系必须要规范，即要求关系模式必须满足一定的规范条件，关系的分量必须是一个不可再分的数据项。

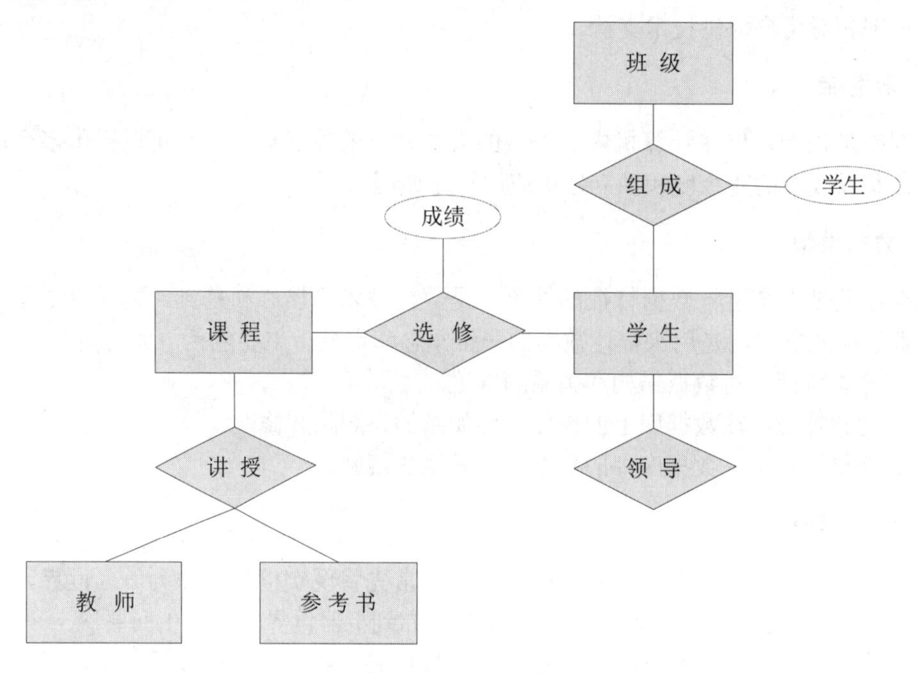

图 12-2　实体-联系图

7. 数据库系统的结构

在设计数据库时，强调的是数据库结构。在使用数据库时，关心的是数据库中的数据。从数据库系统角度看，数据库系统通常采用三级模式结构，这是数据库管理系统的内部系统结构。

数据库系统的三级模式结构是指数据库系统由外模式(物理模式)、模式(逻辑模式)和内模式三级抽象模式构成，这是数据库系统的体系结构或总结构，如图 12-3 所示。

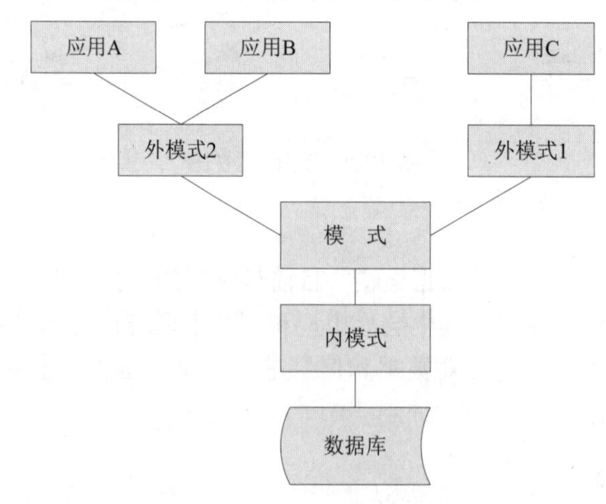

图 12-3　三级模式结构

8. 数据库管理系统

数据库管理系统即 DBMS，是数据库系统的核心，是为数据库的建立、使用和维护而配置的软件。它建立在操作系统的基础之上，是位于操作系统与用户之间的一层数据管理软件，负责对数据库进行统一的管理和控制。

数据库管理系统的功能主要包括 8 个方面，分别是数据定义、数据操纵、数据库运行管理、数据组织、存储和管理、数据库的建立和维护、数据通信接口。

12.2 SQL 语言

SQL 又称为结构化查询语言，1986 年 10 月美国国家标准局确立了 SQL 标准，1987 年，国际标准化组织也通过了这一标准。自此，SQL 成为国际标准语言。所以各个数据库厂家纷纷推出各自支持的 SQL 软件或接口软件。

↑扫码看视频

SQL 已经成为关系数据库领域的一个主流语言，主要具有 3 个功能：数据定义、数据操作和视图。

在本节的内容中，将详细讲解 SQL 查询语言的基本知识。

12.2.1 数据定义

关系数据库是由模式、外模式和内模式构成的，所以关系数据库的基本对象是表、视图和索引。因此 SQL 的数据定义功能包括定义表、定义视图和定义索引。

1. 数据库操作

数据库是一个包括多个基本表的数据集，使用 SQL 创建数据库的语句格式如下。

```
CREATE DATABASE <数据库名> 〔其他参数〕;
```

其中，<数据库名>在系统中必须是唯一的，不能重复，不然将导致数据存取失误。〔其他参数〕因具体数据库实现系统的不同而异。

例如，可以使用下面的语句建立一个名为 manage 的数据库。

```
CREATE DATABASE manage;  ← 数据库名
```

将数据库及其全部内容从系统中删除的语法格式如下。

```
DROP DATABASE <数据库名>
```

例如，可以通过如下语句删除上面创建的数据库 manage。

```
DROP DATABASE manage;
```

2. 表操作

表是数据库最重要的构成部分，通过数据库表可以存储大量的网站数据。操作数据库表主要涉及如下 3 个方面。

1) 创建表

SQL 语言使用 CREATE TABLE 语句定义基本表，使用此语句的语法格式如下。

```
CREATE TABLE  <表名>;
```

例如，创建一个职工表 ZHIGONG，它由职工编号 id、姓名 name、性别 sex、年龄 age 和部门 dept 5 个属性组成，具体实现代码如下。

```
CREATE TABLE ZHIGONG
(id CHAR(5),
Name  CHAR(20),
Sex  CHAR(1),
Age  INT,
Dept  CHAR(15));
```

在上述代码中，CHAR()和 INT 是属性的数据类型。

2) 修改表

随着应用环境和应用需求的变化，有时需要修改已经建立好的表。修改表的语法格式如下。

```
ALTER TABLE<表名>
[ADD<新列名><数据类型>[完整性约束]]
[DROP<完整性约束名>]
[MODIFY<列名><数据类型>]
```

其中，<表名>是指要修改的表，ADD 子句用于向表内添加新列和新的完整性约束条件，DROP 子句用于删除指定的完整性约束条件，MODIFY 子句用于修改原有的列定义。

例如，通过下面的语句向 ZHIGONG 表增加“工作时间”列，并设置数据类型为日期型。

```
ALTER TABLE ZHIGONG ADD shijian DATE;
```

3) 删除表

当删除某个不需要的表时，可以使用 SQL 语句中的 DROP TABLE 进行删除。删除表的语法格式如下。

```
DROP TABLE<表名>;
```

例如，通过如下语句可以删除表 ZHIGONG。

```
DROP TABLE ZHIGONG;
```

智慧锦囊

使用 DROP TABLE 命令时一定要小心，一旦表被删除，将无法恢复。在建设一个站点时，很可能需要向数据库中输入测试数据。而当将这个站点推出时，需要清空表中的这些测试信息。如果想清除表中的所有数据但不删除这个表，可以使用 TRUNCATE TABLE 语句。例如，通过下面的代码可以删除表 ZHIGONG 中的所有数据。

```
TRUNCATE TABLE ZHIGONG
```

3. 索引操作

建立索引是提高表的查询速度的有效手段。读者可以根据个人需要在基本表上建立一个或多个索引，从而提高系统的查询效率。建立和删除索引是由数据库管理员或表的创建者负责完成的。

1)　建立索引

在数据库中建立索引的语法格式如下。

```
CREATE [UNIQUE|FULLTEXT|SPATIAL] INDEX index_name
   [USING index_type]
   ON tbl_name (index_col_name,...)
index_col_name:
   col_name [(length)] [ASC | DESC]
```

CREATE INDEX 被映射到一个 ALTER TABLE 语句上，用于创建索引。通常，在使用 CREATE TABLE 创建表时，也同时在表中创建了所有的索引，CREATE INDEX 允许向已有的表中添加索引。

例如，通过如下语句为表 ZHIGONG 建立索引，按照职工号升序和姓名降序建立唯一索引。

```
CREATE UNIQUE index  NO-Index ON ZHIGONG(ID ASC, NAME DESC);
```

2)　删除索引

通过 DROP 子句可以删除创建的索引，删除索引的语法格式如下。

```
DROP INDEX<索引名>
```

12.2.2　数据操作

SQL 中操作数据的语句包括 SELECT、INSERT、DELETE 和 UPDATE，即分为检索查询和更新两部分。在接下来的内容中，将分别介绍这两部分内容。

1. SQL 查询语句

SQL 的中文意思是结构化查询语言，其主要功能是同各种数据库建立联系沟通。查询要完成的任务是：将 SELECT 语句的结果集提供给用户。SELECT 语句从 SQL 中检索出数据，然后以一个或多个结果集的形式返回给用户。

使用 SELECT 查询语句的基本语法结构如下。

```
SELECT[predicate]{*|table.*|[table.]]field [,[table.]field2[,...]}
[AS alias1 [,alias2[,...]]]
[INTO new_table_name]
FROM tableexpression [, ...]
[WHERE...]
[GROUP BY...]
[ORDER BY...][ASC | DESC] ]
```

上述格式的具体说明如下。

- predicate：指定返回记录(行)的数量，可选值有 ALL 和 TOP。
- *：指定表中所有字段(列)。
- table：指定表的名称。
- field：指定表中字段(列)的名称。
- [AS alias]：替代表中实际字段(列)名称的化名。
- [INTO new_table_name]：创建新表及名称。
- Tableexpression：表的名称。
- [GROUP BY...]：表示以该字段的值分组。
- [ORDER BY...]：表示按升序排列，降序选 DESC。

例如，使用下面的代码可以获取表 ZHIGONG 内的所有职工信息。

```
SELECT * FROM ZHIGONG;
```

通过如下代码选择获取表 ZHIGONG 内的部分职工信息。

```
SELECT id,name
FROM ZHIGONG;
```

上述代码只是获取职工表中的职工编号和姓名。

使用下面的代码可以获取表 ZHIGONG 内的指定信息：

```
SELECT *
FROM ZHIGONG
WHERE name="红红";
```

上述代码获取职工表中姓名为“红红”的职工信息。

使用下面的代码可以获取表 ZHIGONG 内年龄大于 30 岁的职工信息。

```
SELECT *
FROM users
WHERE age>30
```

2. SQL 更新语句

SQL 的更新语句包括修改、删除和插入 3 类，接下来将分别介绍。

1) 修改

使用 SQL 语句修改数据的语法格式如下。

```
UPDATE<表名> SET <列名> = <新列名>
WHERE <表达式>
```

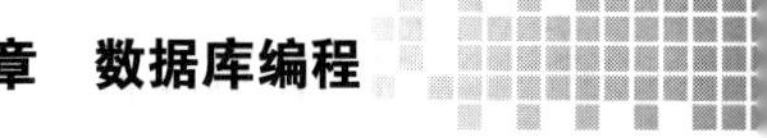

例如，以下代码将表 ZHIGONG 内名为“红红”的职工年龄修改为 50 岁。

```
UPDATE ZHIGONG SET AGE = '50'
WHERE Name = '红红'
```

用 UPDATE 语句也可以同时更新多个字段，例如，以下代码将表 ZHIGONG 内名为“红红”的职工年龄修改为 50，所属部门修改为“化学”。

```
UPDATE ZHIGONG SET AGE = '50',DPT='化学'
WHERE Name = '红红'
```

2)　删除

使用 SQL 语句删除数据的语法格式如下。

```
DELETE
FROM <表名>
WHERE <表达式>
```

例如，以下代码将表 ZHIGONG 内名为“红红”的职工信息删除。

```
DELETE ZHIGONG WHERE Name = '红红'
```

3)　插入

使用 SQL 语句插入新数据的语法格式如下。

```
INSERT INTO <表名>
VALUES (value1, value2,...)
```

在指定的字段上插入一行数据的语法格式如下。

```
INSERT INTO <表名> (column1, column2,...)
VALUES (value1, value2,...)
```

例如，通过以下代码向表 ZHIGONG 中插入名为“红红”、年龄为“20”的职工信息。

```
INSERT INTO ZHIGONG (tName, AGE)
VALUES ('红红', '20')
```

12.2.3　视图

视图是关系数据库系统提供给用户以多种角度观察数据库中数据的重要机制。视图是从一个或几个表导出的表，它与基本表不同，是一个虚表。数据库中只存放视图的定义，而不存放视图对应的数据。视图一经定义，就可以和基本表一样被查询、删除，也可以在一个视图上再定义新的视图。在下面的内容中，将对视图的操作知识进行简要介绍。

1. 建立视图

使用 SQL 语句建立视图的语法格式如下。

```
CREATE VIEW <视图名> [(列名)]
AS <子查询>
[WHERE CHECK OPTION];
```

例如，通过以下代码建立不及格学生的视图：

```
CREATE VIEW v_101 不及格(学号,姓名,课程号,成绩)
AS SELECT top 1000
XS_KC.课程号, XS_KC.成绩, XSQK.学号, 姓名
from XS_KC,XSQK
where 课程号='101'and 成绩<60
order by 学号
```

注意：上面的子查询可以是任意复杂的 SELECT 语句，但是通常不允许含有 ORDER BY 子句和 DISTING 短句。

2. 删除视图

使用 SQL 语句删除视图的语法格式如下。

```
DROP VIEW <视图名>;
```

例如，通过以下代码删除不及格学生视图 v_101。

```
DROP VIEW v_101;
```

也可以一次删除多个视图，例如：

```
DROP VIEW view1,view_2;
```

3. 修改视图

使用 SQL 语句修改视图的语法格式如下。

```
ALTER VIEW [ < database_name > .] [ < owner > .] view_name [ ( column [ ,...n ] ) ]
[ WITH < view_attribute > [ ,...n ] ]
AS
select_statement
[ WITH CHECK OPTION ]
```

12.2.4 SQL 高级操作

经过前面内容的学习，初步掌握了 SQL 语言的基本语法格式，接下来介绍 SQL 高级操作方面的知识。

1. 查询运算符

通过查询运算符，可以将数据库中的数据以更加精确的格式显示出来。

1) UNION 运算符

UNION 运算符通过组合两个结果表(例如 TABLE1 和 TABLE2)并消去表中的重复行而派生出一个结果表。当 ALL 随 UNION 一起使用时(即 UNION ALL)，不消除重复行。两种情况下，派生表中的每一行不是来自 TABLE1 就是来自 TABLE2。

2) EXCEPT 运算符

EXCEPT 运算符通过包括所有在 TABLE1 中但不在 TABLE2 中的行并消除所有重复行而派生出一个结果表。当 ALL 随 EXCEPT 一起使用时(EXCEPT ALL)，不消除重复行。

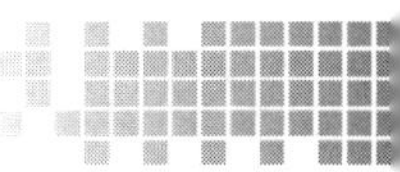

3)　INTERSECT 运算符

INTERSECT 运算符通过只包括 TABLE1 和 TABLE2 中都有的行并消除所有重复行而派生出一个结果表。当 ALL 随 INTERSECT 一起使用时(INTERSECT ALL)，不消除重复行。

注意：使用运算符的几个查询结果行必须是一致的。

2．连接查询

1)　左外连接

左外连接(左连接)：结果集既包括连接表的匹配行，也包括左连接表的所有行，例如下面的代码。

```
SQL: select a.a, a.b, a.c, b.c, b.d, b.f from a LEFT OUT JOIN b ON a.a = b.c
```

2)　右外连接

右外连接(右连接)：结果集既包括连接表的匹配行，也包括右连接表的所有行。

3)　全外连接

全外连接：不仅包括符号连接表的匹配行，还包括两个连接表中的所有记录。

3．跨数据库操作

用以下语句可以实现跨数据库的表的拷贝功能。

```
insert into b(a, b, c) select d,e,f from b in'data.mdb' where 条件
```

此处的数据库必须使用绝对路径。

4．between 的用法

between 限制的查询数据范围包括边界值，not between 表示不包括边界值。例如下面的代码。

```
select * from table1 where time between time1 and time2
select a,b,c, from table1 where a not between 数值 1 and 数值 2
```

5．关联表操作

例如，通过下面的代码可以删除主表中已经在副表中没有的信息。

```
delete from table1 where not exists ( select * from table2 where
table1.field1=table2.field1 )
```

而下面的代码可以实现四表联查。

```
select * from a left inner join b on a.a=b.b right inner join c on a.a=c.c
inner join d on a.a=d.d where …
```

12.3 常用的几种数据库

在 Java 开发应用中，最常用的数据库工具是 Access、SQL Server 和 MySQL。在本节的内容中，将简要讲解这三种数据库的基本知识，为读者步入本书后面知识的学习奠定基础。

↑扫码看视频

12.3.1 Access 数据库

1. Access 概述

Microsoft Access 是一种关系型数据库，由一系列表组成。表又由一系列行和列组成，每一行是一个记录，每一列是一个字段，每个字段有一个字段名，字段名在一个表中不能重复。

Access 数据库由以下 6 种对象组成。

- 表(Table)：数据库的基本对象，是创建其他 5 种对象的基础。表由记录组成，记录由字段组成，表用来存储数据库的数据，故又称数据表。
- 查询(Query)：可以按索引快速查找到需要的记录，可以按要求筛选记录并能连接若干个表的字段组成新表。
- 窗体(Form)：也称为表单，它提供了一种方便的浏览、输入及更改数据的窗口。还可以创建子窗体显示相关联的表的内容。
- 报表(Report)：将数据库中的数据分类汇总，然后打印出来，以便分析。
- 宏(Macro)：相当于 DOS 中的批处理，用来自动执行一系列操作。Access 列出了一些常用的操作供用户选择，使用起来十分方便。
- 模块(Module)：其功能与宏类似，但它定义的操作比宏更精细和复杂，用户可以根据自己的需要编写程序。

Access 适用于小型商务活动，用以存储和管理商务活动所需要的数据。Access 具有强大的数据管理功能，可以方便地利用各种数据源，生成窗体(表单)、查询、报表和应用程序等。当利用 ASP 开发小型项目时，Access 往往是首先考虑的数据库工具。Access 以操作简单、易学易用的特点而受到大多数用户的青睐。

2. 为 Access 建立 ODBC 数据源

在使用 ODBC 之前，需要配置 ODBC 数据源，让 ODBC 知道连接的具体数据库。下面的示例都是在 Windows XP 下进行，其他 Windows 系统与其类似。为 Access 数据库建立数据源的基本流程如下。

第 1 步 建立一个名为 School.mdb 的 Access 数据库文件，保存在本地硬盘上，例如“E:\web\daima\10”，如图 12-4 所示。

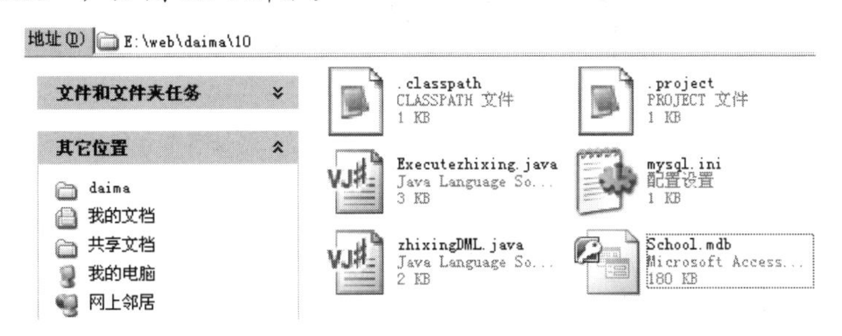

图 12-4 建立数据库文件

第 2 步 在数据库 School.mdb 中建立一张表格 T_STUDENT(STUNO,STUNAME, STUSEX)，在里面插入一些记录，如图 12-5 所示。

STUNO	STUNAME	STUSEX	添加新字段
0001	小海	男	
0002	小山	女	
0003	小平	男	
0004	小欢	女	
0005	小为	男	
0006	小风	女	
0007	小平	男	
0008	小强	男	
0009	小发	女	
0010	小海	女	

图 12-5 数据表中的数据

第 3 步 在“控制面板”中选择“管理工具”，双击“数据源(ODBC)”图标，如图 12-6 所示。

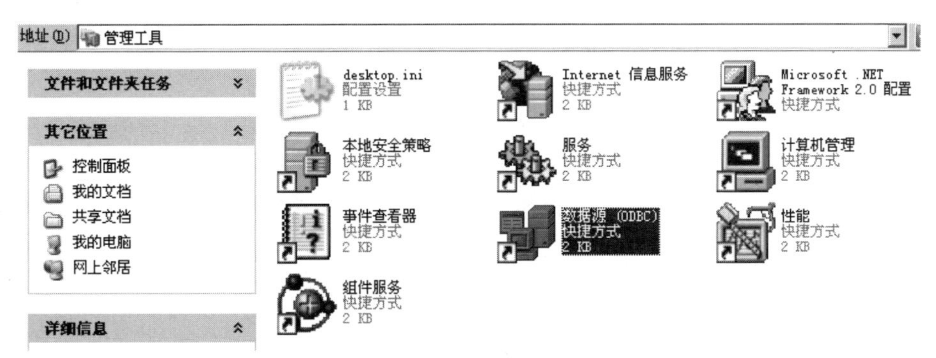

图 12-6 双击“数据源(ODBC)”图标

第 4 步 在“ODBC 数据源管理器”对话框的“系统 DSN”选项卡中单击“添加”按钮，如图 12-7 所示。

第 5 步 从弹出的“创建新数据源”对话框的数据源名称列表中选择 Microsoft Access Driver(*.mdb)选项并单击“完成”按钮，如图 12-8 所示。

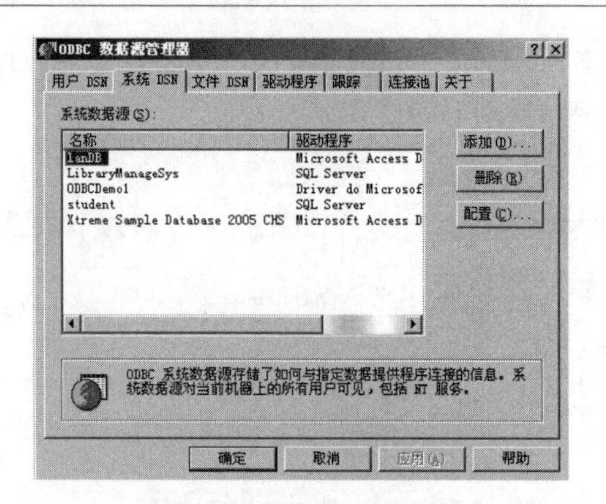

图 12-7　单击“添加”按钮

图 12-8　选择“Microsoft Access Driver(*.mdb)”选项

第 6 步 在弹出的“ODBC Microsoft Access 安装”对话框的“数据源名”文本框中输入自定义的数据源名称，然后单击“选择”按钮，选择 Access 数据库所在的目录，得到的结果如图 12-9 所示。

图 12-9　建立数据源

这样就建立了一个连接到 School.mdb 的数据源，数据源名为 DSSchool。

3. 添加数据

在接下来的实例代码中，可以在数据库表 T_STUDENT 中添加一条学号为“0032”，姓名为“小江”，性别为“男”的记录。

实例 12-1：向数据库中添加一条数据。
源文件路径：daima\12\odbc\src\Insert1.java

实例文件 Insert1.java 的实现代码如下。

```
import java.sql.Connection;//指定驱动，表示连接到 ODBC，而不是别的驱动
import java.sql.DriverManager;
import java.sql.Statement;

public class Insert1 {
    public static void main(String[] args) throws Exception {
        Class.forName("sun.jdbc.odbc.JdbcOdbcDriver");
        Connection conn = DriverManager.getConnection("jdbc:odbc:DSSchool");
        Statement stat = conn.createStatement();
        String sql =
        "INSERT INTO T_STUDENT(STUNO,STUNAME,STUSEX) VALUES('0032','小江','男')";
        int i = stat.executeUpdate(sql);
        System.out.println("成功添加" + i + "行");
        stat.close();
        conn.close();
    }
}
```

在上述代码中，Class.forName("驱动名")表示加载数据库的驱动类，sun.jdbc.odbc.JdbcOdbcDriver 为 JDBC 连接到 ODBC 的驱动名，如果是其他驱动，则要写相应的驱动类名。

DriverManager.getConnection("URL","用户名","密码")用于获取连接，如果是 Aceess，可以不指定用户名和密码。

URL 表示需要连接的数据源的位置，此处使用的是 JDBC-ODBC 桥的连接方式，URL 为“jdbc:odbc:数据源名称”。

执行上述代码后会在控制台中输出“成功添加 1 行”提示，在 Access 数据库中成功添加了一条指定的数据，如图 12-10 所示。

```
<terminated> Insert1
成功添加1行
```

T_STUDENT

STUNO	STUNAME	STUSEX	添加新字段
0001	小海	男	
0002	小山	女	
0003	小平	男	
0004	小欢	女	
0005	小为	男	
0006	小风	女	
0007	小平	男	
0008	小强	男	
0009	小发	女	
0010	小海	女	
0032	小江	男	

图 12-10　添加一行数据

12.3.2　SQL Server 数据库

SQL Server 是微软公司提出的，建立在 Windows NT/2000/2003 操作系统基础上，同时能够支持多个并发用户的大型关系数据库。SQL Server 的常用版本有 SQL Server 2000、SQL Server 2005，其中 SQL Server 2000 最稳定，所以本书下面的内容将以 SQL Server 2000 为基

础进行介绍。

1. 安装驱动

要想在 Java Web 程序中使用 SQL Server 数据库，需要先加载专用的驱动程序。我们可以通过搜索引擎来搜索 SQL Server 2000 Driver for JDBC SP3 驱动程序，下载后将其安装，具体安装流程如下。

第 1 步 双击下载的 SQL Server 2000 Driver for JDBC SP3.exe，经过短暂的等待将会打开如图 12-11 所示的对话框。

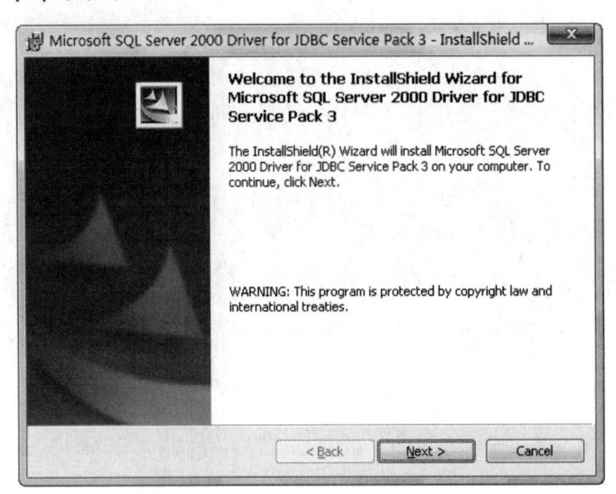

图 12-11　第一个向导对话框

第 2 步 单击 Next 按钮进入协议对话框，选择第一个单选按钮，即同意协议内容，然后单击 Next 按钮，如图 12-12 所示。

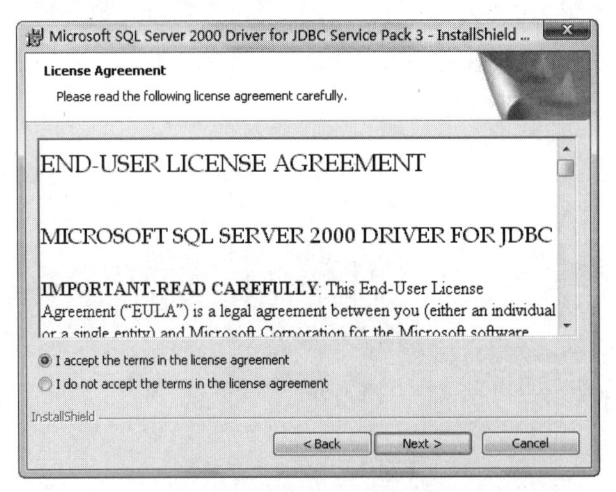

图 12-12　协议对话框

第 3 步 在打开的对话框中采用默认设置即可，然后单击 Next 按钮，如图 12-13 所示。

第 4 步 在打开的对话框中单击 Install 按钮进行安装，安装完成后将会打开一个完成安装的对话框，此时单击 Finish 按钮完成安装，如图 12-14 所示。

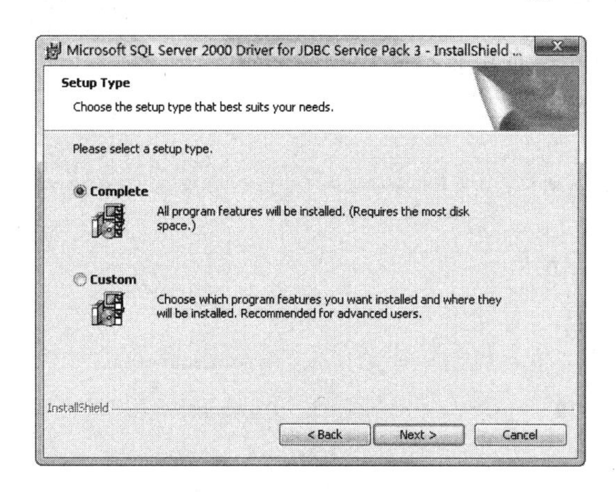

图 12-13　采用默认设置

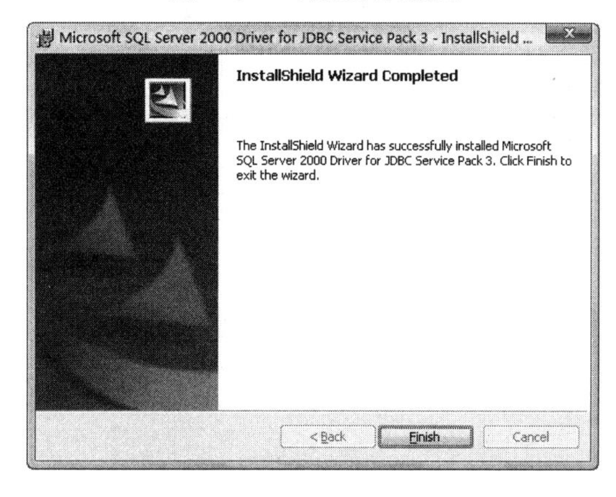

图 12-14　完成安装

2．将驱动加载到 Eclipse 里

在安装文件夹的 lib 文件夹下，复制里面的三个 JAR 文件，然后通过如下步骤进行配置，具体操作过程如下。

第 1 步 复制下载的驱动文件，然后启动 Eclipse，选择需要使用驱动的项目，将驱动粘贴到项目中，如图 12-15 所示。

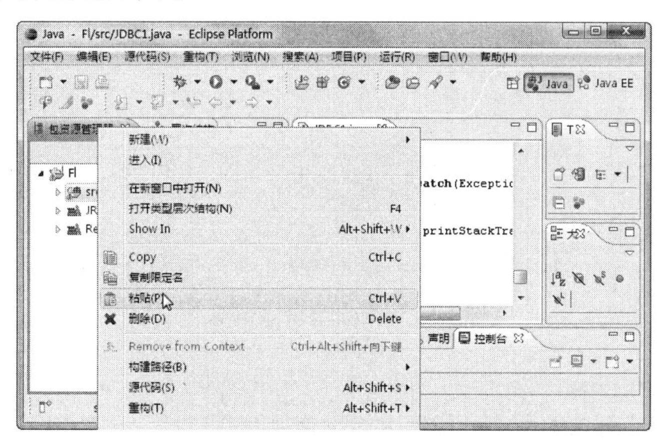

图 12-15　粘贴 JAR 文件

第 2 步 在 Eclipse 项目中选择加载的驱动，单击鼠标右键，在弹出的快捷菜单中选择“构建路径”→“添加至构建路径”命令，如图 12-16 所示。

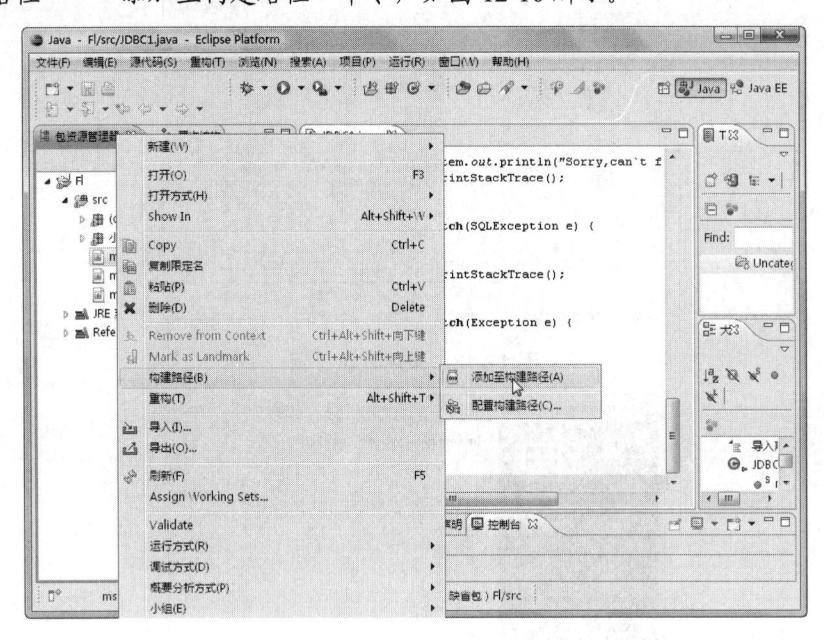

图 12-16　添加到构建路径

第 3 步 用相同的方法添加三个 JAR 文件，最后得到如图 12-17 所示的结果。

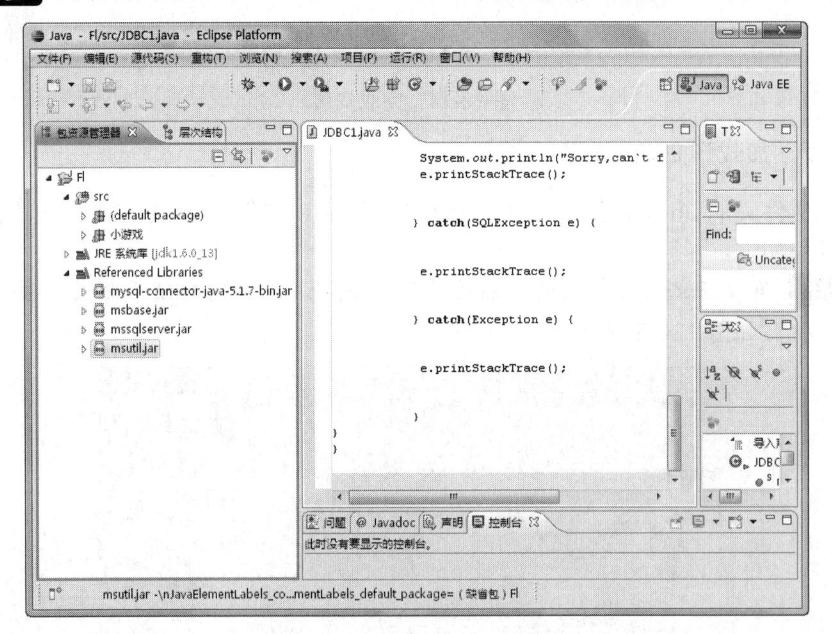

图 12-17　添加三个 JAR 文件

3．测试连接

加载好驱动后就可以编写一个程序来测试连接是否成功，例如用下面的代码可以连接数据库服务器上的 pubs，具体代码如下。

```
import java.sql.*;
public class TestDB
{
public static void main(String[] args)
{
//加载驱动
String driverName = "com.microsoft.jdbc.sqlserver.SQLServerDriver";
String dbURL = "jdbc:microsoft:sqlserver://localhost:1433; DatabaseName=pubs";
//连接数据库
String userName = "sa"; //服务器用户名
String userPwd = ""; //用户名密码
Connection dbConn;
try {
Class.forName(driverName);
dbConn = DriverManager.getConnection(dbURL, userName, userPwd);
System.out.println("连接成功");
}
catch (Exception e) {
e.printStackTrace();
}
}
}
```

执行上述程序会得到如图 12-18 所示的结果。

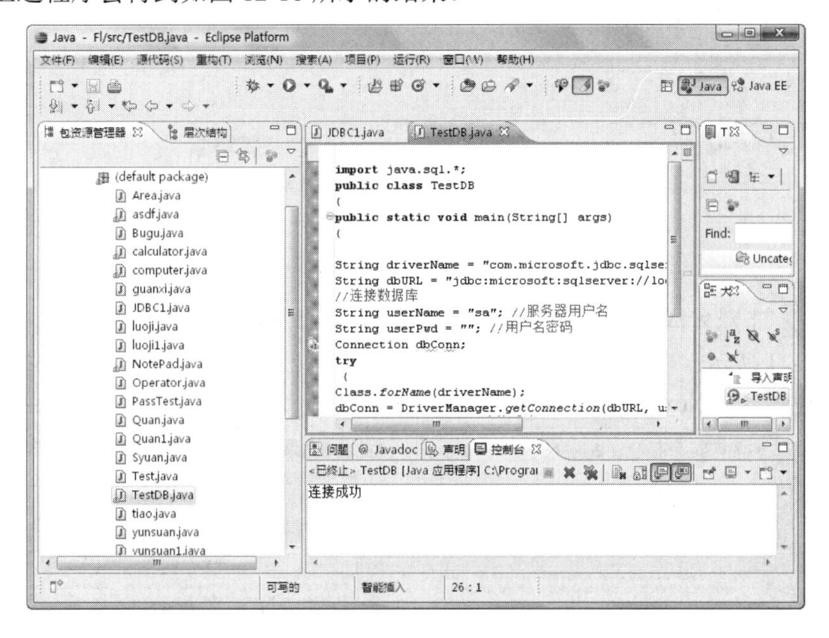

图 12-18　连接成功

12.3.3　MySQL 数据库

MySQL 是一个小型关系型数据库管理系统，开发者为瑞典的 MySQL AB 公司。MySQL AB 公司在 2008 年 1 月 16 号被 Sun 公司收购。而 2009 年，Sun 又被 Oracle 收购。MySQL 是一种关系型数据库管理系统，关系型数据库将数据保存在不同的表中，而不是将所有数据放在一个大仓库内。这样就提高了速度和灵活性。

1. 下载并安装 MySQL

第 1 步 登录 http://www.mysql.com/downloads/，单击 Download 链接进入下载界面，如图 12-19 所示。

图 12-19　单击 Download 链接

第 2 步 在新界面中选择要下载的版本，笔者选择的是 MySQL Installer 5.5.19，然后单击右侧的 Download 按钮，如图 12-20 所示。

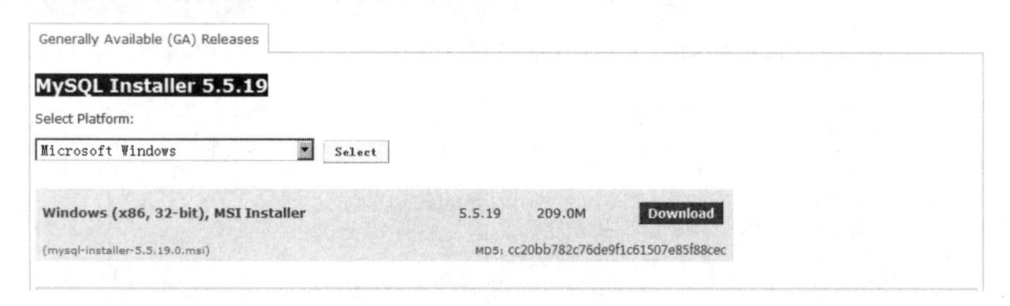

图 12-20　选择版本

第 3 步 下载完成后，双击下载安装文件 mysql-5.5.19-win32.msi，运行后弹出安装界面，如图 12-21 所示。

第 4 步 单击 Next 按钮，在新界面中勾选 I accept...复选框，如图 12-22 所示。

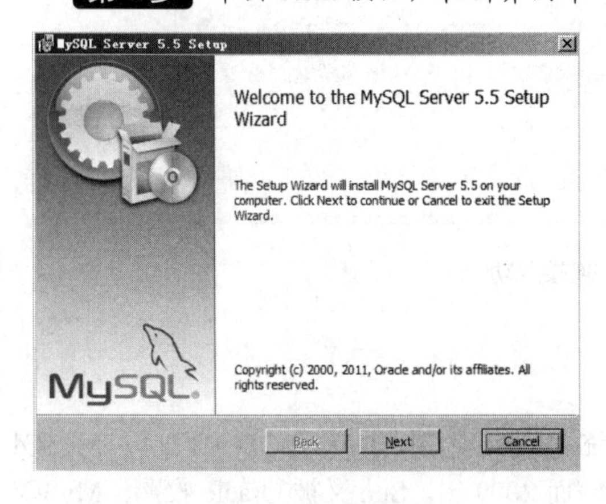

图 12-21　安装界面

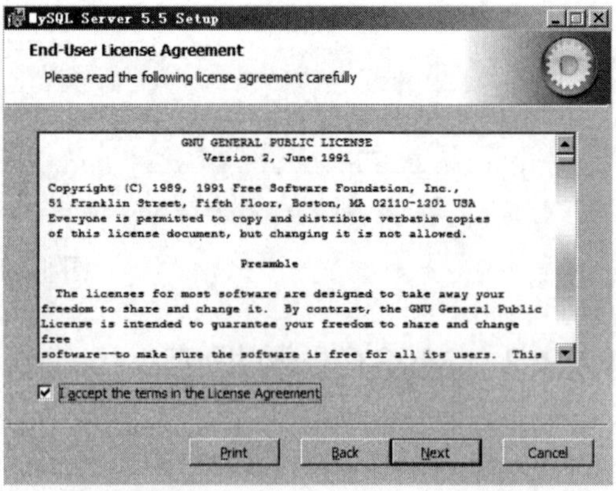

图 12-22　勾选 I accept...复选框

第 5 步 单击 Next 按钮，选择安装类型，第一个选项是“典型安装”，第二个是“自定义安装”，第三个是“完全安装”，这里选择第三个单选按钮，然后单击 Next 按钮，如图 12-23 所示。

第 6 步 单击 Next 按钮，在新界面保持默认选项，单击 Install 按钮开始安装，安装进程界面如图 12-24 所示。

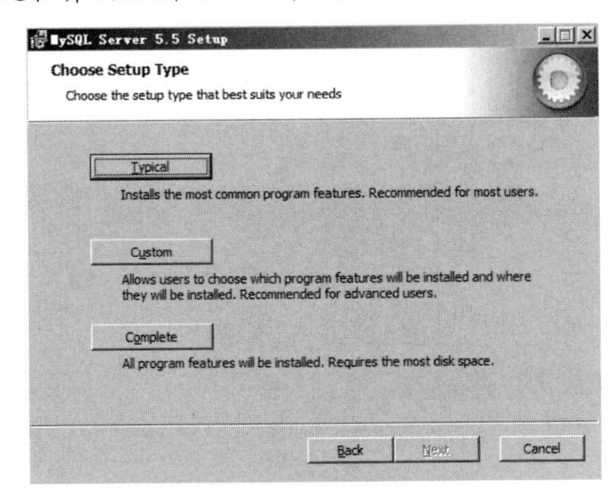

图 12-23　选择安装类型

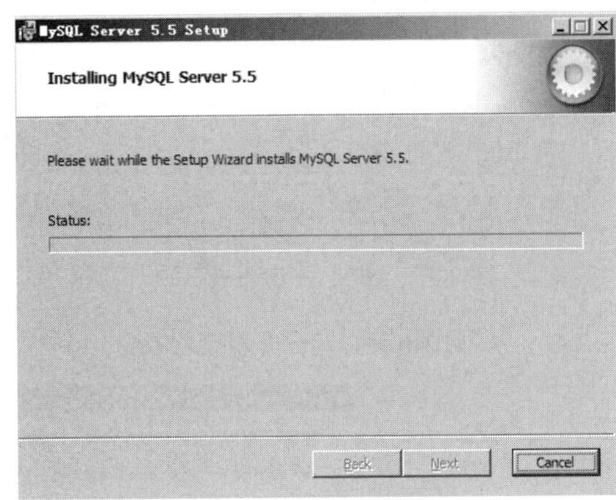

图 12-24　安装进程界面

第 7 步 连续单击 Next 按钮，最后弹出安装完成界面，如图 12-25 所示。

第 8 步 单击 Finish 按钮，在打开的对话框中有两个选项，第一个是详细设置，第二个是标准设置。选择第一个选项，如图 12-26 所示。

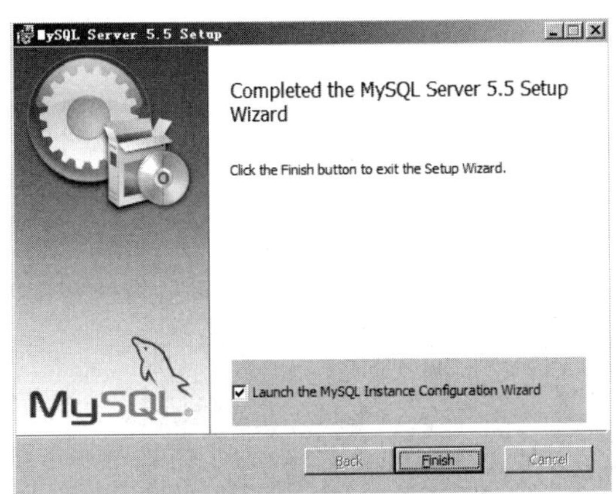

图 12-25　安装完成界面

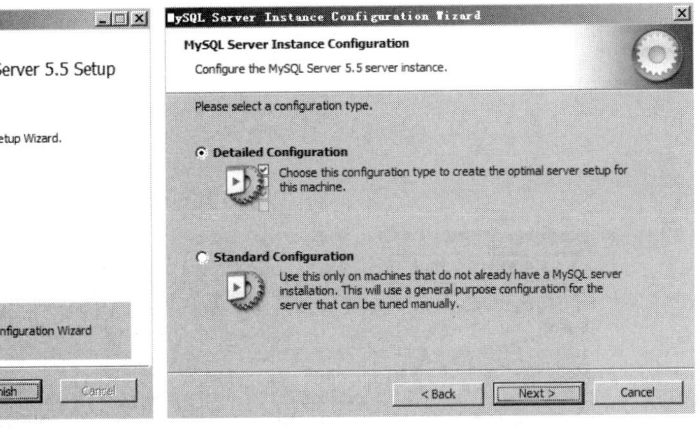

图 12-26　选择详细设置

第 9 步 单击 Next 按钮，在打开的对话框中有三个版本供用户选择，第一个是开发者版本，第二个是服务器版本，第三个专业的 MySQL 使用者版本。在此选择默认设置，即开发者版本，如图 12-27 所示。

第 10 步 一直单击 Next 按钮，在设置对话框中设置密码，如图 12-28 所示。

第 11 步 单击 Next 按钮，在打开的对话框中单击 execute 按钮后开始执行命令，如图 12-29 所示。

到此为止，整个安装过程全部结束。在计算机的“开始”菜单中启动 MySQL Command Line Client 程序，输入密码后即可进入 MySQL 管理窗口，然后可以使用 SQL 语句管理数据库，如图 12-30 所示。

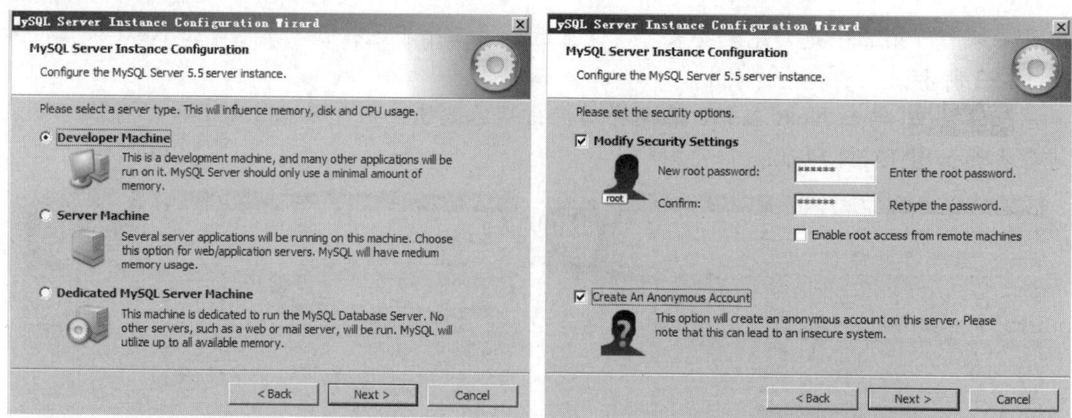

图 12-27　选择开发者版本　　图 12-28　设置密码

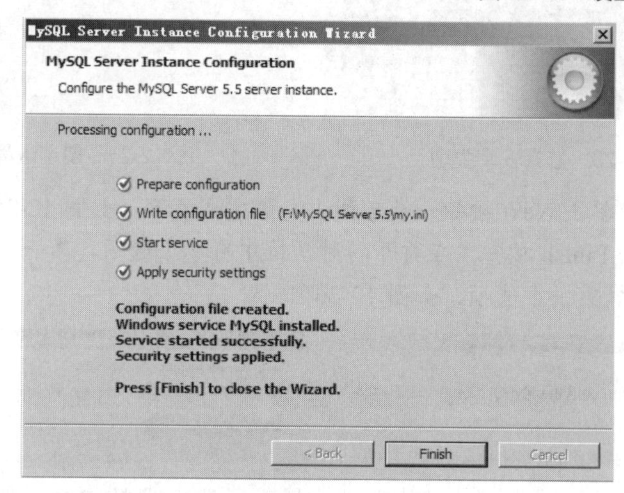

图 12-29　执行命令

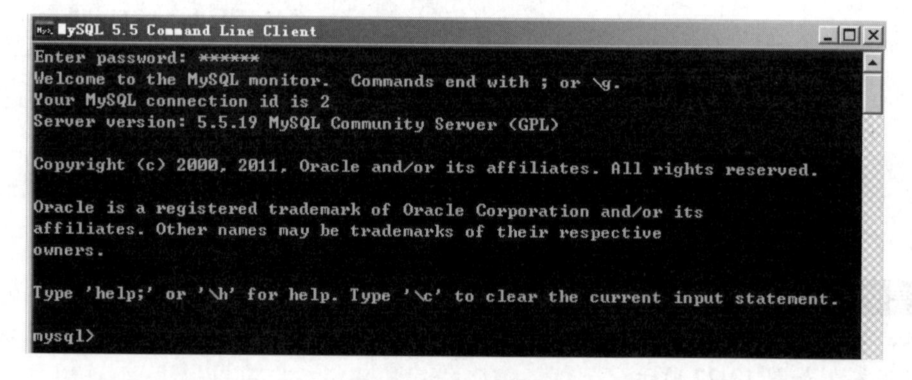

图 12-30　打开 MySQL

2. 下载 MySQL 驱动

用户可以通过搜索引擎下载 MySQL 的 JDBC 驱动，如果用户对英文比较熟悉，可以去官方网站下载 JDBC 驱动，如图 12-31 所示。

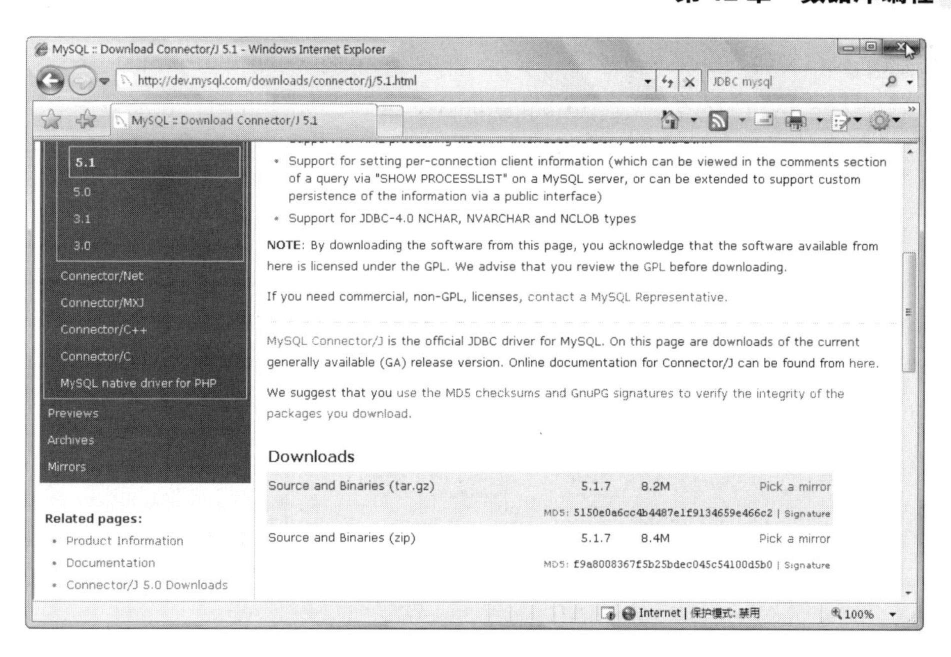

图 12-31　下载 JDBC 驱动

3．配置 MySQL 驱动

下载驱动后将其解压，找到 mysql-connector-java-5.1.7-bin.jar 文件，然后将其放置在一个文件夹中，如果是使用 dos 命令执行 Java 程序，就必须对环境进行配置，具体操作过程如下。

第 1 步 在桌面上右击计算机图标，在弹出的快捷菜单中选择“属性”命令，然后在弹出的窗口中选择左边的“高级系统设置”选项，打开“系统属性”窗口，单击“环境变量”按钮，如图 12-32 所示。

第 2 步 在讲解配置 JDK 的过程中，建立了一个 CLAASPATH 系统变量，现在要找到这个系统变量，单击“编辑”按钮重新对它进行编辑，如图 12-33 所示。

图 12-32　“系统属性”窗口

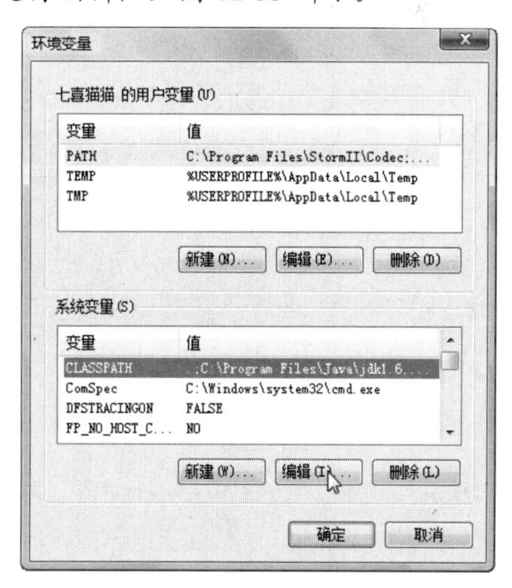

图 12-33　编辑 CLASSPATH 系统变量

第 3 步 在它的变量值后面加入“;”，再加入 mysql-connector-java.jar 路径，因为这里是放置在 D 盘上，所以为“; D:\mysql-connector-java-5.1.7-bin.jar”，然后单击“编辑系统变量”界面中的“确定”按钮，再次单击“环境变量”界面中的 确定 按钮，如图 12-34 所示。

图 12-34　编辑系统变量

4．将 MySQL 驱动加载到 Eclipse

实际上，很少有人会使用这种方式开发，用户一般使用 Eclipse 或 MyEclipse 开发 Java 程序，Eclipse 和 MyEclipse 的驱动配置是一样的。下面以 Eclipse 为例进行配置，其具体操作如下。

第 1 步 启动 Eclipse，单击鼠标右键，选择“复制”命令，复制下载的驱动文件，然后在 Eclipse 里，将驱动文件粘贴到项目中，如图 12-35 所示。

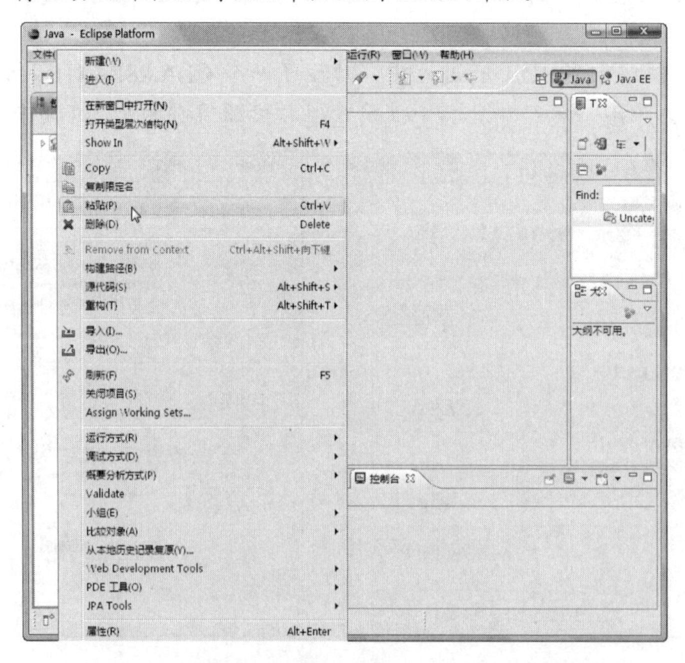

图 12-35　复制与粘贴 mysql-connector.jar 文件

第 2 步 选择加载的驱动，然后单击鼠标右键，在弹出的快捷菜单中选择“构建路径”→“添加至构建路径”命令，如图 12-36 所示。

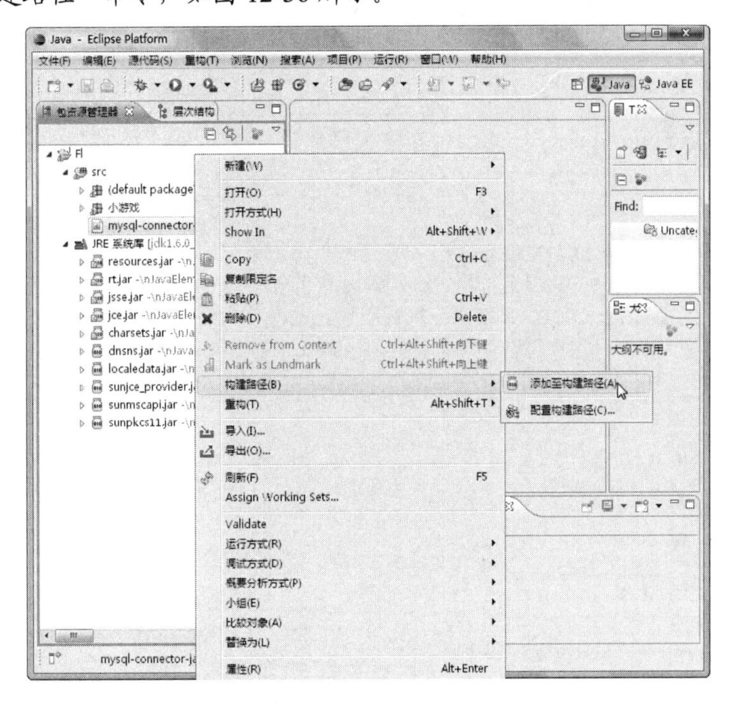

图 12-36 选择“添加至构建路径”命令

5. 测试连接

接下来用一段程序测试是否连接成功，具体代码如下。

```
import java.sql.*;
public class Lian
{
public static void main(String[] args){

  //驱动程序名
          String driver = "com.mysql.jdbc.Driver";
          //URL 指向要访问的数据库名 scutcs
          String url = "jdbc:mysql://127.0.0.1:3306/student";
          //MySQL 配置时的用户名
          String user = "root";
          //MySQL 配置时的密码
          String password = "1234";
          try {
          //加载驱动程序
          Class.forName(driver);
 //连续数据库
Connection conn = DriverManager.getConnection(url, user, password);
           if(!conn.isClosed())
System.out.println("Succeeded connecting to the Database!");
           //statement 用来执行 SQL 语句
           Statement statement = conn.createStatement();
           //要执行的 SQL 语句
           String sql = "select * from student";
```

```
            //结果集
            ResultSet rs = statement.executeQuery(sql);
            System.out.println("-----------------");
            System.out.println("执行结果如下所示:");
            System.out.println("-----------------");
            System.out.println(" 学号" + "\t" + " 姓名"+"\t"+"出生日期");
            System.out.println("-----------------");
            String name = null;
            while(rs.next())
{
                //选择 sname 这列数据
             name = rs.getString("sname");
    //首先使用 ISO-8859-1 字符集 name 解码为字节序列并将结果存储在新的字节数组中
             //然后使用 GB2312 字符集解码指定的字节数组
             name = new String(name.getBytes("ISO-8859-1"),"GB2312");
             //输出结果
             System.out.println(rs.getString("sno") + "\t" + name);
            }
            rs.close();
            conn.close();
           }
catch(ClassNotFoundException e)
{
            System.out.println("Sorry,can't find the Driver!");
            e.printStackTrace();
           } catch(SQLException e)
 {
            e.printStackTrace();
           }
catch(Exception e)
{
            e.printStackTrace();
           }
}
}
```

运行上述程序后得到如图 12-37 所示的结果。

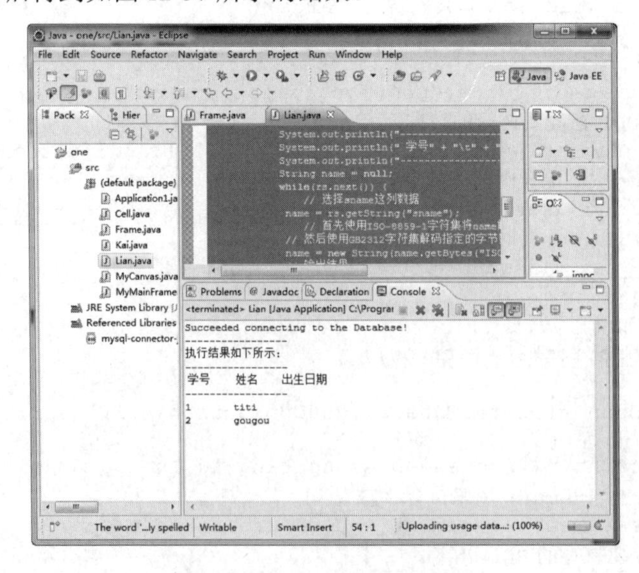

图 12-37　MySQL 连接成功

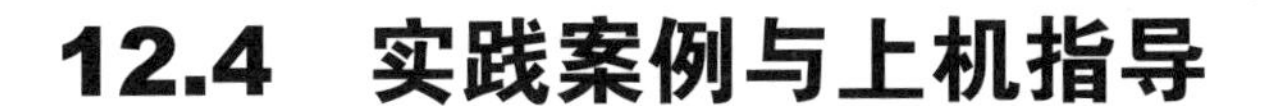

12.4　实践案例与上机指导

通过本章的学习，读者基本可以掌握 JSP 数据库编程的知识。其实有关 JSP 数据库编程的知识还有很多，这需要读者通过课外渠道来深入学习。下面通过练习操作，以达到巩固学习、拓展提高的目的。

↑扫码看视频

12.4.1　删除数据库中的一条数据

通过下面的实例代码，可以删除数据库表 T_STUDENT 中学号为 0032 的记录。

实例 12-2：在数据库中删除一条数据。
源文件路径：daima\12\odbc\src\Delete1.java

实例文件 Delete1.java 的实现代码如下。

```
import java.sql.Connection;
import java.sql.DriverManager;
import java.sql.Statement;

public class Delete1 {
    public static void main(String[] args) throws Exception {
        Class.forName("sun.jdbc.odbc.JdbcOdbcDriver");
        Connection conn = DriverManager.getConnection("jdbc:odbc:DSSchool");
        Statement stat = conn.createStatement();
        String sql = "DELETE FROM T_STUDENT WHERE STUNO='0032'";
        int i = stat.executeUpdate(sql);
        System.out.println("成功删除" + i + "行");
        stat.close();
        conn.close();
    }
}
```

执行后效果如图 12-38 所示。

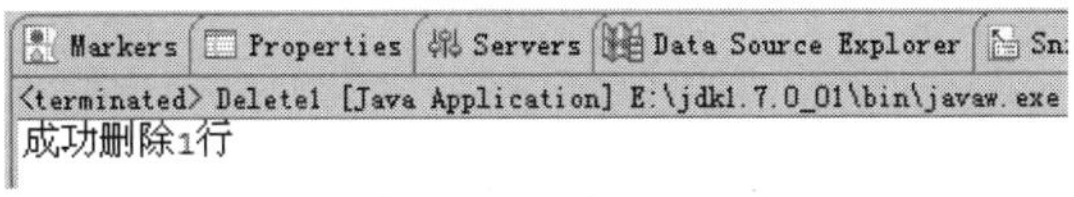

```
Markers | Properties | Servers | Data Source Explorer | Sn
<terminated> Delete1 [Java Application] E:\jdk1.7.0_01\bin\javaw.exe
成功删除1行
```

图 12-38　执行效果

12.4.2　修改数据库中的数据

在下面的实例代码中，可以将学号为 0007 的学生的性别改为“女”。

实例 12-3：在数据库中修改一条数据。
源文件路径：daima\12\odbc\src\Update1.java

实例文件 Update1.java 的实现代码如下。

```
import java.sql.Connection;
import java.sql.DriverManager;
import java.sql.Statement;
public class Update1 {
    public static void main(String[] args) throws Exception {
        Class.forName("sun.jdbc.odbc.JdbcOdbcDriver");
        Connection conn = DriverManager.getConnection("jdbc:odbc:DSSchool");
        Statement stat = conn.createStatement();
        String sql =
        "UPDATE T_STUDENT SET STUSEX='女' WHERE STUNO='0002'";
        int i = stat.executeUpdate(sql);
        System.out.println("成功修改" + i + "行");
        stat.close();
        conn.close();
    }
}
```

执行后效果如图 12-39 所示。

```
<terminated> Update1 [Java Application] E:\jdk1.7.0_01\bin\javaw.exe
成功修改1行
```

图 12-39　执行效果

思考与练习

本章详细讲解了 JSP 数据库编程技术的知识，循序渐进地讲解了数据库基础知识、SQL 语言、常用的几种数据库等知识。在讲解过程中，通过具体实例介绍了使用 JSP 操作数据库的方法。通过本章的学习，读者应该熟悉使用 JSP 数据库编程技术的知识，掌握它们的使用方法和技巧。

1. 选择题

(1) 下面不能删除表的 SQL 命令是(　　)。

A. DROP　　　　B. DELETE　　　　C. SELECT

(2) 下面不是微软产品的是(　　)。

A. Access　　　　B. SQL Server　　　　C. MySQL

2. 判断对错

(1) 数据库系统的三级模式结构是指数据库系统由外模式(物理模式)、模式(逻辑模式)和内模式三级抽象模式构成，这是数据库系统的体系结构或总结构。　(　　)

(2) 数据库管理系统的功能主要包括 6 个方面，分别是数据定义、数据操纵、数据库运行管理、数据组织、存储和管理、数据库的建立和维护、数据通信接口。　(　　)

3. 上机练习

(1) 查询数据库中的数据。

(2) 查询指定 MySQL 数据库中的数据。

新起点 电脑教程

第 13 章

使用 JDBC

本章要点

- 初识 JDBC
- 使用 PreparedStatement 和 CallableStatement
- 执行 SQL 语句的方式
- 事务处理

本章主要内容

数据库技术是动态 Web 编程的核心，Java Web 开发的动态网站是基于数据库实现数据更新显示的。对于 Java Web 开发来说，JDBC 是数据库应用的核心内容。JDBC 就是 Java 连接数据库的一个工具，没有这个工具，Java 将没有办法连接数据库。在本章的内容中，将详细讲解 JDBC 的基本知识，为读者步入本书后面知识的学习奠定基础。

13.1 初识 JDBC

↑扫码看视频

JDBC 是一个相对“低级”的接口，也就是说，它能够直接调用 SQL 命令。在这方面它的功能极佳，数据库连接 API 易于使用，但它同时也被设计为一种基础接口，在它之上可以建立高级接口和工具。高级接口是“对用户友好的”接口，它使用的是一种更易理解和更为方便的 API，这种 API 在幕后被转换为诸如 JDBC 这样的低级接口。本节将简要介绍 JDBC 的基本知识，为读者步入本书后面知识的学习奠定基础。

13.1.1 JDBC API

随着人们对 JDBC 兴趣的提高，越来越多的开发人员开始使用基于 JDBC 的工具，以使程序的编写更加容易。程序员也一直在编写力图使最终用户对数据库的访问变得更为简单的应用程序。例如应用程序可提供一个选择数据库任务的菜单。任务被选定后，应用程序将给出提示及空白填写执行选定任务所需的信息，然后应用程序将自动调用所需的 SQL 命令。在这样一种程序的协助下，即使用户根本不懂 SQL 的语法，也可以执行数据库任务。

13.1.2 JDBC 驱动类型

JDBC 是应用程序编程接口，描述了一套访问关系数据库的标准 Java 类库，并且还为数据库厂商提供了一个标准的体系结构。厂商可以为自己的数据库产品提供 JDBC 驱动程序，这些驱动程序可以用 Java 应用程序直接访问厂商的数据产品，从而提高了 Java 程序访问数据库的效率。

可以将 Java 程序的 JDBC 分为如下四种驱动类型。

1. JDBC-ODBC 桥

ODBC 是微软公司开放服务结构(WOSA，Windows Open Services Architecture)中有关数据库的一个组成部分，它建立了一组规范，并提供了一组对数据库访问的标准 API(应用程序编程接口)。这些 API 利用 SQL 来完成其大部分任务。ODBC 本身也提供了对 SQL 语言的支持，用户可以直接将 SQL 语句发送给 ODBC，因为 ODBC 推出的时间要比 SQL 早，所以大部分数据库都支持通过 ODBC 访问。Sun 公司提供了 JDBC-ODBC 驱动来支持像 Microsoft Access 之类的数据库，JDBC API 通过桥 JDBC-ODBC 调用了 ODBC API 从而达到访问数据库的 ODBC 层，这种方式经过了多层调用，所以效率比较低，用这种方式访问数据库，需要客户的机器上具有 JDBC-ODBC 驱动、ODBC 驱动和相应的数据库的本地 API。

2. 本地 API 驱动

本地 API 驱动直接把 JDBC 调用转变为数据库的标准调用，再去访问数据库，这种方法需要本地数据库驱动代码。本地 API 驱动比 JDBC-ODBC 的执行效率更高，但是它仍然需要在客户端加载数据库厂商提供的代码库，这样就不适合基于 Internet 的应用。并且，它的执行效率比三代和四代的 JDBC 驱动低。

3. 网络协议驱动

这种驱动实际上是根据我们熟悉的三层结构建立的。JDBC 先把对数据库的访问请求传递给网络上的中间件服务器，中间件服务器再把请求翻译为符合数据库规范的调用，然后把这种调用传给数据库服务器。如果中间件服务器也是用 Java 开发的，那么在中间层也可以使用一代、二代 JDBC 驱动程序作为访问数据库的方法，由此构成了一个“网络协议驱动—中间件服务器—数据库 Server”的三层模型，由于这种驱动是基于 Server 的，所以它不需要在客户端加载数据库厂商提供的代码库。而且它在执行效率和可升级性方面比较好，因为大部分功能实现都在 Server 端，所以这种驱动可以设计得很小，可以非常快速地加载到内存中。但是这种驱动在中间件中仍然需要有配置数据库的驱动程序，并且由于多了一个中间层传递数据，所以它的执行效率还不是最好的。

4. 本地协议驱动

这种驱动直接把 JDBC 调用转换为符合相关数据库系统规范的请求，由于四代驱动(JDBC Driver4)写的应用可以直接和数据库服务器通信，这种类型的驱动完全由 Java 实现，对于本地协议驱动的数据库 Server 来说，由于这种驱动不需要先把 JDBC 的调用传给 ODBC 或本地数据库接口或者中间层服务器，所以它的执行效率非常高。而且它根本不需要在客户端或服务器端装载任何软件或驱动，这种驱动程序可以动态地被下载，但是对于不同的数据库需要下载不同的驱动程序。

驱动程序在 JDBC 编程中占据非常重要的地位。由于 Java Web 程序不知道具体连接的是哪一种数据库，而各种数据库产品由于厂商不一样，连接的方式肯定也不一样，Java 代码如何来判定是哪一种数据库呢？答案是针对不同类型的数据库，JDBC 机制提供了“驱动程序”的概念。对于不同的数据库，程序只需要使用不同的驱动。应用程序、驱动程序和数据库三者之间的关系如图 13-1 所示。

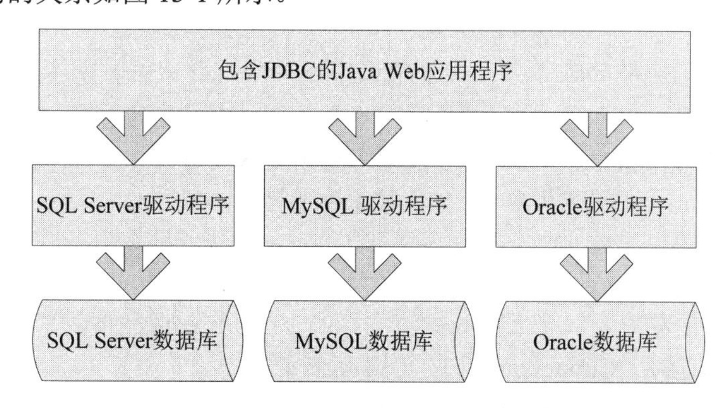

图 13-1 应用程序、驱动程序和数据库之间的关系

从图 13-1 中可以看出，对于 Oracle 数据库，只要安装 Oracle 驱动即可，JDBC 可以不需要关心具体的连接过程来操作 Oracle。如果是 SQL Server 数据库，只需要安装 SQL Server 驱动即可，JDBC 可以不需要关心具体的连接过程来对 SQL Server 进行操作。

13.1.3 选择什么方式

在 Java Web 应用中，我们应该选择哪一种驱动类型来开发应用程序呢？最简单的方式是使用 ODBC 数据源，最好的移植方式是独立加载数据库厂商的驱动程序。

1. 移植最好的方式——使用数据库厂商驱动

要连接不同厂商的数据库，应该首先安装相应厂商的数据库驱动。这就是数据库连接的第一种方式：数据库厂商驱动。这样我们只需将下载的数据库驱动包加载到项目中，就可以在任何平台运行 Java Web 程序了。

2. 最简单的方式——使用 ODBC 数据源

在微软的 Windows 系统中，预先设计了一个 ODBC(Open Database Connectivity，开放数据库互联)功能，由于 ODBC 是微软公司的产品，因此它几乎可以连接所有在 Windows 平台运行的数据库，由它连接特定的数据库，不需要具体的驱动。而 JDBC 只需连接 ODBC 就可以了。通过 ODBC，就可以连接 ODBC 支持的任意一种数据库，这种连接方式叫作 JDBC-ODBC 桥。而使用这种方法让 Java 连接数据库的驱动程序称为 JDBC-ODBC 桥接驱动器。

以上介绍了最常用的两种数据库连接方法，很明显 JDBC、ODBC 桥接比较简单，但是只支持 Windows 下的数据库连接；数据库厂商驱动可移植性比较好，但是需要下载不同厂商的驱动。其实还有其他方式可以进行数据库连接，由于不太常用，所以本章不进行讲解。

13.1.4 JDBC 的常用接口和类

JDBC 提供了独立于数据库的统一 API 来执行 SQL 命令，JDBC API 由以下常用的接口和类组成。

1. DriverManager

用于管理 JDBC 驱动的服务类，程序中使用该类的主要功能是获取 Connection 对象，该类中包含如下方法。

public static synchronized Connection getConnection(String url, String user,String password) throws SQLException：该方法获得 url 对应数据库的连接。

2. Connection

代表数据库连接对象，每个 Connection 代表一个物理连接会话。要想访问数据库，必须先获得数据库的连接。Connection 中的常用方法如下。

- Statement createStatement() throws SQLException：该方法返回一个 Statement 对象。

- PreparedStatement prepareStatement(String sql) throws SQLException：该方法返回预编译的 Statement 对象，即将 SQL 语句提交到数据库进行预编译。
- CallableStatement prepareCall(String sql) throws SQLException：该方法返回 CallableStatement 对象，该对象用于调用存储过程。

上述三个方法都返回用于执行 SQL 语句的 Statement 对象，PreparedStatement 和 CallableStatement 是 Statement 的子类，只有在获得 Statement 之后才可以执行 SQL 语句。除此之外，在 Connection 中还有如下几个用于控制事务的方法。

- SavepointsetSavepoint()：创建一个保存点。
- Savepoint setSavepoint(String name)：以指定名字来创建一个保存点。
- voidsetTransactionIsolation(intlevel)：设置事务的隔离级别。
- void rollback()：回滚事务。
- void rollback(Savepoint savepoint)：将事务回滚到指定的保存点。
- void setAutoCommit(boolean autoCommit)：关闭自动提交，打开事务。
- voidcommit()：提交事务。

3. Statement

Statement 对象用于执行 SQL 语句的工具接口，该对象既可以执行 DDL 和 DCL 语句，也可以执行 DML 语句，还可以执行 SQL 查询。当执行 SQL 查询时，返回查询到的结果集。在 Statement 中的常用方法如下。

- ResultSet executeQuery(String sql)throws SQLException：该方法只能用于执行查询语句，并返回查询结果对应的 ResultSet 对象。
- int executeUpdate(String sql)throws SQLException：该方法用于执行 DML 语句，并返回受影响的行数；该方法也可用于执行 DDL，执行 DDL 将返回 0。
- boolean execute(String sql)throws SQLException：该方法可以执行任何 SQL 语句。如果执行后第一个结果为 ResultSet 对象，则返回 true；如果执行后第一个结果为受影响的行数或没有任何结果，则返回 false。

4. PreparedStatement

这是一个预编译的 Statement 对象。PreparedStatement 是 Statement 的子接口，它允许数据库预编译 SQL 语句(这些 SQL 语句通常带有参数)，以后每次只改变 SQL 命令的参数，避免数据库每次都需要编译 SQL 语句，因此性能更好。和 Statement 相比，使用 PreparedStatement 执行 SQL 语句时，无须重新传入 SQL 语句，因为它已经预编译了 SQL 语句。但 PreparedStatement 需要为预编译的 SQL 语句传入参数值，所以 PreparedStatement 比 Statement 多了如下方法。

void setXxx(int parameterIndex, Xxx value)：该方法根据传入参数值的类型不同，需要使用不同的方法。传入的值根据索引传给 SQL 语句中指定位置的参数。

5. ResultSet

这是一个结果对象，该对象包含查询结果的方法，ResultSet 可以通过索引或列名来获得列中的数据。ResultSet 中的常用方法如下。

- void close()throws SQLException：释放 ResultSet 对象。
- boolean absolute(int row)：将结果集的记录指针移动到第 row 行，如果 row 是负数，则移动到倒数第 row 行。如果移动后的记录指针指向一条有效记录，则该方法返回 true。
- void beforeFirst()：将 ResultSet 的记录指针定位到首行之前，这是 ResultSet 结果集记录指针的初始状态：记录指针的起始位置位于第一行之前。
- boolean first()：将 ResultSet 的记录指针定位到首行。如果移动后的记录指针指向一条有效记录，则该方法返回 true。
- boolean previous()：将 ResultSet 的记录指针定位到上一行。如果移动后的记录指针指向一条有效记录，则该方法返回 true。
- boolean next()：将 ResultSet 的记录指针定位到下一行，如果移动后的记录指针指向一条有效记录，则该方法返回 true。
- boolean last()：将 ResultSet 的记录指针定位到最后一行，如果移动后的记录指针指向一条有效记录，则该方法返回 true。
- void afterLast()：将 ResultSet 的记录指针定位到最后一行之后。

13.1.5 JDBC 编程步骤

在 Java Web 开发应用中，JDBC 编程的基本步骤如下。

(1) 注册一个数据库驱动 driver，有如下三种注册数据库驱动程序的方式。

方式一：

```
Class.forName("oracle.jdbc.driver.OracleDriver");
```

在 Java 规范中明确规定：必须在静态初始化代码块中将所有的驱动程序注册到驱动程序管理器中。

方式二：

```
Driver drv = new oracle.jdbc.driver.OracleDriver();
      DriverManager.registerDriver(drv);
```

方式三：编译时在虚拟机中加载驱动。

```
javac -Djdbc.drivers = oracle.jdbc.driver.OracleDriver xxx.java
java -D jdbc.drivers=驱动类的全名
```

上述代码表示使用系统属性名加载驱动，-D 表示为系统属性赋值。

在此假设 MySQL 数据库 Driver 的全名是 com.mysql.jdbc.Driver，SQLServer 数据库 Driver 的全名是 com.microsoft.jdbc.sqlserver.SQLServerDriver。

(2) 建立连接。

```
conn=DriverManager.getConnection("jdbc:oracle:thin:@192.168.0.20:1521:tarena",
"User", "Pasword");
```

上述过程中使用了 Connection 接口，这说明是通过 DriverManager 的静态方法 getConnection(...)来得到连接参数，这个方法的实质是把参数传到实际的 Driver 中的 connect()方法中来获得数据库连接。

(3)　获得一个 Statement 对象，例如下面的代码。

```
sta = conn.createStatement();
```

(4)　通过 Statement 执行 SQL 语句，例如下面的代码。

```
sta.executeQuery(String sql);//返回一个查询结果集
sta.executeUpdate(String sql);//返回值为 int 型，表示影响记录的条数
```

将 SQL 语句通过连接发送到数据库中执行，以实现对数据库的操作。

(5)　处理结果集。

使用 Connection 对象可以获得一个 Statement，Statement 中的方法 executeQuery(String sql)可以使用 select 语句查询，并且返回一个结果集，ResultSet 通过遍历这个结果集可以获得 select 语句的查询结果。ResultSet 的 next()方法会操作一个游标从第一条记录开始读取，直到最后一条记录。

方法 executeUpdate(String sql)能够执行 DDL 和 DML 语句，例如可以实现 update、delete 操作。只有执行 select 语句才有结果集返回，例如下面的代码。

```
Statement str=con.createStatement(); //创建 Statement
String sql="insert into test(id,name) values(1,"+"'"+"test"+"'"+")";
str. executeUpdate(sql);              //执行 Sql 语句
String sql="select * from test";
//执行 Sql 语句，执行 select 语句后有结果集
ResultSet rs=str. executeQuery(String sql);
while(rs.next()){ //遍历处理结果集信息
       System.out.println(rs.getInt("id"));
       System.out.println(rs.getString("name"))
       //next()如果有下一条记录则返回 true，否则为 false；有，则游标移向下一条记录
}
```

(6)　调用方法.close()关闭数据库连接并释放资源，例如下面的代码。

```
rs.close();
sta.close();
con.close();
```

上述 JDBC 的编程过程如图 13-2 所示。

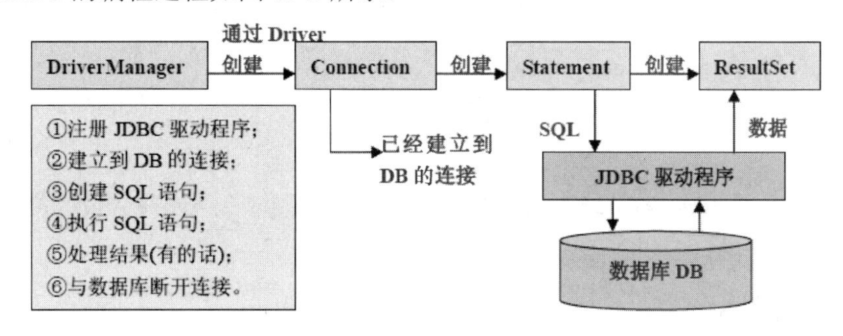

图 13-2　JDBC 的编程过程

上述编程过程中用到了多个方法，例如以下三个用 Connection 创建 Statement 的方法。

- createStatement()：创建基本的 Statement 对象。
- prepareStatement(String sql)：根据传入的 SQL 语句创建预编译的 Statement 对象。

- prepareCall(String sql)：根据传入的 SQL 语句创建 CallableStatement 对象。

在使用 Statement 执行 SQL 语句时，所有 Statement 可以用如下三个方法来执行 SQL 语句。

- execute：可以执行任何 SQL 语句，但比较麻烦。
- executeUpdate：主要用于执行 DML 和 DDL 语句。执行 DML 返回受 SQL 语句影响的行数，执行 DDL 返回 0。
- executeQuery：只能执行查询语句，执行后返回代表查询结果的 ResultSet 对象。

在使用 ResultSet 对象取出查询结果时，可以通过如下两类方法实现。

- next、previous、first、last、beforeFirst、afterLast、absolute 等移动记录指针的方法。
- getxxx 获取某个特定列的值。该方法既可用列索引作为参数，也可用列名作为参数。使用列索引作为参数性能更好，使用列名作为参数可读性更好。

例如，在下面的代码中，演示了上述执行步骤的实现流程。

```
package com.mmm;
import java.sql.DriverManager;
import java.sql.SQLException;

public class Jdbctest {
    public static void main(String[] args){
        query();
    }
    public static void query(){
        java.sql.Connection conn = null;
        try{
            //1 加载数据库驱动
            Class.forName("com.mysql.jdbc.Driver");
            //2 获得数据库连接
            conn = DriverManager.getConnection("jdbc:mysql://127.0.0.1:3306/
jdbc_db", "root","1234");
            //3 创建语句
            String sql = "select * from UserTbl";
            //返回一个执行 sql 的句柄
            java.sql.Statement stmt = conn.createStatement();
            //4 执行查询
            java.sql.ResultSet rs = stmt.executeQuery(sql);
            //5 遍历结果集
            while(rs.next()){
                int id = rs.getInt(1);
                String username = rs.getString(2);
                String password = rs.getString(3);
                int age = rs.getInt(4);
                System.out.println(id+username+password+age);
            }
        }catch(Exception e){
            e.printStackTrace();
        }finally{
            //6 关闭数据库连接
            if(conn!=null){
                try{
                    conn.close();
                }catch(SQLException e){
                    conn = null;
                    e.printStackTrace();
```

```
                }
            }
        }
    }
}
```

在此需要说明的是，要想正确执行上述代码，需要在该工程里面加载连接数据库的 jar 包。根据不同的数据库选取不同的 jar 包，本例用的是 MySQL 数据库。加载 MySQL 数据库的 jar 包后，Class.forName("com.mysql.jdbc.Driver");语句执行，使程序确定使用的是 MySQL 数据库。

DriverManager 驱动程序管理器能够在数据库和相应驱动程序之间建立连接，通过类似于“conn=DriverManager.getConnection("jdbc:mysql://127.0.0.1/jdbc_db","root","1234");”的语句可以使程序连接到数据库上。Connection 对象代表与数据库的连接，也就是在已经加载的 Driver 和数据库之间建立连接语句，在 getConnection 函数中有三个参数，分别是 url、user 和 password。

智慧锦囊

Statement 提供了在基层连接中运行 SQL 语句的功能，并且可以访问操作结果。在 Statement 执行 SQL 语句时，有时会返回 ResultSet 结果集，例如，包含查询信息的结果集。当我们创建 SQL 语句后，可以通过 Statement 来执行这些 SQL 语句，并将执行结果通过 ResultSet 类型的 rs 连接上。然后是遍历结果集来执行相应的操作。执行完对数据库的操作后，要关闭数据库连接。

13.2　使用 PreparedStatement 和 CallableStatement

在数据库中添加数据时，具体需要添加的内容由客户自己输入，因此应该是一个变量。在这种情况下，SQL 语句的写法就比较麻烦，此时就要用到 PreparedStatement 和 CallableStatement。本节将简要介绍使用 PreparedStatement 和 CallableStatement 的知识，为读者步入本书后面知识的学习奠定基础。

↑扫码看视频

实例 13-1：用输入框输入要添加的学号、姓名和性别。

源文件路径：daima\13\odbc\src\InsertStudent1.java

实例文件 InsertStudent1.java 的实现代码如下。

```
import java.sql.Connection;
import java.sql.DriverManager;
import java.sql.Statement;

public class InsertStudent1 {
    public static void main(String[] args) throws Exception{
        String stuno =
            javax.swing.JOptionPane.showInputDialog(null, "输入学号");
        String stuname =
            javax.swing.JOptionPane.showInputDialog(null, "输入姓名");
        String stusex =
            javax.swing.JOptionPane.showInputDialog(null, "输入性别");
        Class.forName("sun.jdbc.odbc.JdbcOdbcDriver");
        Connection conn = DriverManager.getConnection("jdbc:odbc:DSSchool");
        Statement stat = conn.createStatement();
        String sql =
            "INSERT INTO T_STUDENT(STUNO,STUNAME,STUSEX) VALUES('" +
                    stuno+"','"+stuname + "','"+stusex+"')";
        int i = stat.executeUpdate(sql);
        System.out.println("成功添加" + i + "行");
        stat.close();
        conn.close();
    }
}
```

上述代码执行后的效果如图 13-3 所示。

图 13-3 执行效果

接下来还要输入姓名和性别，在此省略。最终我们可以将数据保存到数据库，但是在代码中会出现很多如下这样复杂的代码。

```
…
String sql =
"INSERT INTO T_STUDENT(STUNO,STUNAME,STUSEX) VALUES('" +
                stuno+"','"+stuname + "','"+stusex+"')";
…
```

其中，SQL 语句的组织依赖变量，比较容易出错。此时可以使用 PreparedStatement 帮我们解决上述问题。PreparedStatement 是 Statement 的子接口，功能与 Statement 类似。

另外，也可以通过调用 Connection 对象的 prepareCall()方法创建 CallableStatement 对象，使用 CallableStatement 对象可以同时处理 IN 参数和 OUT 参数。例如下面是一个 SQL Server 中的存储过程片段，根据学生的学号，查询其姓名，创建存储过程的代码如下。

```
CREATE PROCEDURE prc_getStuname(
@stuno VARCHAR(16),
@stuname VARCHAR(16) OUTPUT
)
AS
BEGIN
SELECT @stuname=STUNAME FROM T_STUDENT WHERE STUNO=@stuno
END
```

智慧锦囊

除了 PreparedStatement 之外，在 JDBC 中还提供了 CallableStatement 来调用存储过程。CallableStatement 是 PreparedStatement 的子接口，功能与 PreparedStatement 类似。

13.3　执行 SQL 语句的方式

除了可以执行查询程序外，JDBC 还可以执行 DDL、DML 等 SQL 语句，从而允许使用 JDBC 最大限度地控制数据库。本节将详细讲解常用的执行 SQL 语句的方式，为读者步入本书后面知识的学习奠定基础。

↑扫码看视频

13.3.1　使用 executeUpdate

Statement 中提供了 3 个方法来执行 SQL 语句，接下来将介绍使用 executeUpdate 执行 DDL 和 DML 的方法。使用 Statement 执行 DDL 和 DML 的方法与执行普通查询语句的方法基本相似，区别在于执行 DDL 后返回值为 0，执行 DML 后返回受影响的记录条数。

实例 13-2：使用 executeUpdate 方法创建数据表。
源文件路径：daima\13\ExecuteDDL.java

在实例文件 ExecuteDDL.java 中，使用 executeUpdate 方法创建一个数据表，主要代码如下。

```
public class ExecuteDDL
{
    private String qu;
    private String di;
    private String yong;
    private String mi;
    Connection conn;
    Statement stmt;
    public void initParam(String paramFile)throws Exception
    {
        //使用 Properties 类来加载属性文件
        Properties props = new Properties();
        props.load(new FileInputStream(paramFile));
        qu = props.getProperty("qu");
        di = props.getProperty("di");
        yong = props.getProperty("yong");
        mi = props.getProperty("mi");
    }
```

```
    public void createTable(String sql)throws Exception
    {
        try
        {
            //加载驱动
            Class.forName(qu);
            //获取数据库连接
            conn = DriverManager.getConnection(di , yong ,mi);
            //使用 Connection 创建一个 Statement 对象
            stmt = conn.createStatement();
            //执行 DDL，创建数据表
            stmt.executeUpdate(sql);
        }
        //使用 finally 块关闭数据库资源
        finally
        {
            if (stmt != null)
            {
                stmt.close();
            }
            if (conn != null)
            {
                conn.close();
            }
        }

    }

    public static void main(String[] args) throws Exception
    {
        ExecuteDDL ed = new ExecuteDDL();
        ed.initParam("mysql.ini");
        ed.createTable("create table mmtest "
            + "( jdbc_id int auto_increment primary key, "
            + "jdbc_name varchar(255), "
            + "jdbc_desc text);");
        System.out.println("---------建表成功--------");
    }
}
```

上述代码中并没有直接把数据库连接信息写在程序里，而是用一个 mysql.ini 文件来保存数据库连接信息，这样做好处很明显，例如当我们需要把应用程序从开发环境移植到生产环境时，无须修改源代码，只需要修改配置文件 mysql.ini 即可。

13.3.2 使用 execute 方法

在 Java 应用程序中，几乎可以使用 execute 方法执行所有的 SQL 语句，但是它执行 SQL 语句时比较麻烦，所以通常没有必要使用 execute 方法来执行 SQL 语句，而是使用 executeQuery 或 executeUpdate。当不清楚 SQL 语句的类型时，则只能使用 execute 方法来执行 SQL 语句。使用 execute 执行 SQL 语句后，将返回一个 boolean 类型的值，表明执行该 SQL 语句返回了一个 ResultSet 对象。在执行 SQL 语句后通过如下两个方法来获取执行结果。

- getResultSet()：获取 Statement 执行查询语句返回的 ResultSet 对象。

- getUpdateCount()：获取 Statement 执行 DML 语句所影响的记录行数。

实例 13-3：使用 execute 方法执行不同的 SQL 语句以实现不同的输出。
源文件路径：daima\13\Executezhixing.java

实例文件 Executezhixing.java 的实现代码如下。

```
public class Executezhixing{
    private String qu;
    private String di;
    private String yong;
    private String mi;
    Connection conn;
    Statement stmt;
    ResultSet rs;
    public void initParam(String paramFile)throws Exception
    {
        //使用 Properties 类来加载属性文件
        Properties props = new Properties();
        props.load(new FileInputStream(paramFile));
        qu = props.getProperty("qu");
        di = props.getProperty("di");
        yong = props.getProperty("yong");
        mi = props.getProperty("pass");
    }
    public void executeSql(String sql)throws Exception
    {
        try
        {
            //加载驱动
            Class.forName(qu);
            //获取数据库连接
            conn = DriverManager.getConnection(di , yong , mi);
            //使用 Connection 来创建一个 Statement 对象
            stmt = conn.createStatement();
            //执行 SQL，返回 boolean 值，表示是否包含 ResultSet
            boolean hasResultSet = stmt.execute(sql);
            //如果执行后有 ResultSet 结果集
            if (hasResultSet)
            {
                //获取结果集
                rs = stmt.getResultSet();
                //ResultSetMetaData 是用于分析结果集的元数据接口
                ResultSetMetaData rsmd = rs.getMetaData();
                int columnCount = rsmd.getColumnCount();
                //迭代输出 ResultSet 对象
                while (rs.next())
                {
                    //依次输出每列的值
                    for (int i = 0 ; i < columnCount ; i++ )
                    {
                        System.out.print(rs.getString(i + 1) + "\t");
                    }
                    System.out.print("\n");
                }
            }
```

```
            else
            {
                System.out.println("影响了" + stmt.getUpdateCount() + "条记录");
            }
        }
        //使用 finally 块来关闭数据库资源
        finally
        {
            if (rs != null)
            {
                rs.close();
            }
            if (stmt != null)
            {
                stmt.close();
            }
            if (conn != null)
            {
                conn.close();
            }
        }
    }

    public static void main(String[] args) throws Exception
    {
        Executezhixing es = new Executezhixing();
        es.initParam("mysql.ini");
        System.out.println("------执行删除表的 DDL 语句-----");
        es.executeSql("drop table if mmmtest");
        System.out.println("------执行建表的 DDL 语句-----");
        es.executeSql("create table my_test"
            + "(test_id int auto_increment primary key, "
            + "test_name varchar(255))");
        System.out.println("------执行插入数据的 DML 语句-----");
        es.executeSql("insert into my_test(test_name) "
            + "select student_name from student_table");
        System.out.println("------执行查询数据的查询语句-----");
        es.executeSql("select * from my_test");

    }
}
```

13.4 事务处理

事务处理是在针对数据库操作中的一个重要环节，它可以保证执行多条记录的一致性，实现数据库中表与表之间的关联，同时提高数据操作的准确性、安全性。在本节的内容中，将详细讲解在 Java 程序中使用 JDBC 实现数据间的事务处理的基本知识。

↑扫码看视频

13.4.1 JDBC 中的事务控制

事务处理就是当执行多个 SQL 指令时，如果因为某个原因使其中一条指令执行有错误，则取消先前执行过的所有指令，它的作用是保证各项操作的一致性和完整性。

在 JDBC 的数据库操作中，一项事务是由一条或多条表达式所组成的一个不可分割的工作单元。我们通过提交 commit()或是回退 rollback()来结束事务的操作。关于事务操作的方法都位于接口 java.sql.Connection 中。

在 JDBC 中的事务操作默认是自动提交。也就是说，一条对数据库的更新表达式代表一项事务操作。操作成功后，系统将自动调用 commit()来提交，否则将调用 rollback()来回退。并且在 JDBC 中，可以通过调用 setAutoCommit(false)来禁止自动提交。之后就可以把多个数据库操作的表达式作为一个事务，在操作完成后调用 commit()来进行整体提交。倘若其中一个表达式操作失败，就不会执行 commit()，并且将产生响应的异常。此时就可以在异常捕获时调用 rollback()进行回退。这样做可以保持多次更新操作后，相关数据的一致性。例如下面的演示代码。

```
try {
conn = DriverManager.getConnection("jdbc:microsoft:sqlserver:
//localhost:1433;User=JavaDB;Password=javadb;DatabaseName=northwind);
//点禁止自动提交，设置回退
conn.setAutoCommit(false);
stmt = conn.createStatement();
//数据库更新操作 1
stmt.executeUpdate("update firsttable Set Name='testTransaction' Where ID = 1");
//数据库更新操作 2
stmt.executeUpdate("insert into firsttable ID = 12, Name = 'testTransaction2'");
//事务提交
conn.commit();
}
catch(Exception ex) {
ex.printStackTrace();
try {
//操作不成功则回退
conn.rollback();
}
catch(Exception e){
e.printStackTrace();
}
}
```

执行上面这段程序，或者两个操作都成功，或者两个都不成功，读者可以自己修改第二个操作，使其失败，以此来检查事务处理的效果。

JDBC API 中的 JDBC 事务是通过 Connection 对象进行控制的。Connection 对象提供了两种事务模式：分别是自动提交模式和手工提交模式。系统默认为自动提交模式，即对数据库进行操作的每一条记录，都被看作是一项事务。操作成功后，系统会自动提交，否则自动取消事务。如果想对多个 SQL 进行统一的事务处理，就必须先取消自动提交模式，通过使用 Connection 的 setAutoCommit(false) 方法来取消自动提交事务。在类 Connection 中提供了以下控制事务的方法。

➢ public boolean getAutoCommit()：判断当前事务模式是否为自动提交，如果是则返回 true，否则返回 false。
➢ public void commit()：提交事务。
➢ public void rollback()：回滚事务。

13.4.2 JDBC 事务控制的流程

在 Java Web 应用中，JDBC 实现事务处理的基本流程如下。

(1) 判断当前使用的 JDBC 驱动程序和数据库是否支持事务处理。

(2) 在支持事务处理的前提下，取消系统自动提交模式。

(3) 添加需要进行的事务信息。

(4) 将事务处理提交到数据库。

(5) 在处理事务时，若某条信息发生错误，则执行事务回滚操作，并回滚到事务提交前的状态。

例如，下面的代码演示了上述事务处理的实现流程。

```
public class Java_Transa {
    //数据库连接
    public static Connection getConnection() {
        Connection con = null;
        try {
            Class.forName("com.mysql.jdbc.Driver"); // 加载 MySQL 数据驱动
            con = DriverManager.getConnection(
            //创建数据连接
                "jdbc:mysql://localhost:3306/myuser", "root", "root");
        } catch (Exception e) {
            System.out.println("数据库连接失败");
        }
        return con;
    }
    //判断数据库是否支持事务
    public static boolean JudgeTransaction(Connection con) {
        try {
            //获取数据库的元数据
            DatabaseMetaData md = con.getMetaData();
            //获取事务处理支持情况
            return md.supportsTransactions();
        } catch (SQLException e) {
            e.printStackTrace();
        }
        return false;
    }
    //将一组 SQL 语句放在一个事务里执行，要么全部执行通过，要么全部不执行
    public static void StartTransaction(Connection con, String[] sqls)
        throws Exception {

        if (sqls == null) {
            return;
        }
        Statement sm = null;
        try {
            //事务开始
```

```
        System.out.println("事务处理开始！");
        //设置连接不自动提交，即用该连接进行的操作都不更新到数据库
        con.setAutoCommit(false);
        sm = con.createStatement(); //创建 Statement 对象

        //依次执行传入的 SQL 语句
        for (int i = 0; i < sqls.length; i++) {
            sm.execute(sqls[i]);//执行添加事务的语句
        }
        System.out.println("提交事务处理！");

        con.commit();   //提交给数据库处理

        System.out.println("事务处理结束！");
        //事务结束
    //捕获执行 SQL 语句组中的异常
    } catch (SQLException e) {
        try {
            System.out.println("事务执行失败，进行回滚！\n");
            //若前面某条语句出现异常时，进行回滚，取消前面执行的所有操作
            con.rollback();
        } catch (SQLException e1) {
            e1.printStackTrace();
        }
    } finally {
        sm.close();
    }
}
//查询表 staff
public static void query_student() throws Exception {
    Connection conect = getConnection(); //获取连接
    System.out.println("执行事务处理后，表 staff 的全部记录为：\n");
    try {
        String sql = "select * from staff";    //查询数据的 SQL 语句
        //创建 Statement 对象
        Statement st = (Statement) conect.createStatement();
        ResultSet rs = st.executeQuery(sql); //执行 SQL 语句并返回查询数据的结果集

        //打印输出查询结果
        while (rs.next()) { //判断是否还有下一个数据
            //根据字段名获取相应的值
            String name = charset(rs.getString("name"));
            int age = rs.getInt("age");
            String sex = charset(rs.getString("sex"));
            String depart = charset(rs.getString("depart"));
            String address = charset(rs.getString("address"));
            int worklen = rs.getInt("worklen");
            int wage = rs.getInt("wage");
            System.out.println(name + " " + age + " " + sex + " "
                    + address + " " + depart + " " + worklen + " " + wage);
        }
        System.out.println();

    } catch (SQLException e) {
        System.out.println("查询数据失败");
    }
```

```
    }

    //字符集的设定，解决中文乱码
    public static String charset(String str) throws Exception {
        String newStr = new String(str.getBytes("ISO8859-1"), "UTF-8");
        return newStr;
    }

    public static void main(String[] args) throws Exception {

        String[] arry = new String[4]; // 定义一组事务处理语句
        //删除 staff 表格中 name 字段值为 Serein 的员工记录
        arry[0] = "delete from staff where name='Serein'";
        //执行这条语句会引起错误，因为表 staff 中不存在 name='lili'的记录
        arry[1] = "UPDATE staff SET address='Shenzhen' where name=lili";
        arry[2] = "INSERT INTO student (name,age,sex,address,depart,worklen,wage)"
    //SQL 插入记录语句
                + "values ('Allen',19,'M','Beijing','Engine',4,4800)";
        arry[3] = "select * from staff";    //SQL 查询表 staff 语句
        Connection con = null;
        try {

            con = getConnection();     //获得数据库连接
            boolean judge = JudgeTransaction(con);   //判断是否支持批处理
            System.out.print("支持事务处理吗？ ");
            System.out.println(judge ? "支持" : "不支持");
            if (judge) {
                StartTransaction(con, arry);   //如果支持则开始执行事务
            }
        } catch (Exception e) {
            e.printStackTrace();
        } finally {
            con.close();   //关闭数据库连接
        }
        query_student();
    }
}
```

在上述代码中，将 4 条 SQL 语句加在同一个事务里，当其中一条语句发生错误时，则执行事务回滚，取消所有的操作。所以在最后的运行结果中，并没有发现有数据更新。上述程序运行前的表 staff 中的数据如图 13-4 所示，其中有字段 name 的值为 Serein 的记录。在上述程序中加粗的 SQL 语句表示要删除该条记录，但是由于后面的事务出错，全部的事务不执行，并回滚，所以最后的结果是 name 为 Serein 这条记录依旧存在于数据表中。

←T→					ID	name	age	sex	address	depart	worklen	wage
☐	编辑	快速编辑	复制	删除	1	lucy	27	w	China	Personnel	3	2200
☐	编辑	快速编辑	复制	删除	7	Tom1	32	M	china	Personnel	3	3000
☑	编辑	快速编辑	复制	删除	8	Serein	25	M	Guangzhou	Engine	1	4000
☐	编辑	快速编辑	复制	删除	9	SereinChan	25	M	Guangzhou	Engine	3	5000
☐	编辑	快速编辑	复制	删除	10	Allen	30	M	Beijing	Personnel	2	3500
☐	编辑	快速编辑	复制	删除	11	Marry	30	W	Shanghai	Personnel	1	3000
☐	编辑	快速编辑	复制	删除	12	Tina	23	W	Shanghai	Accountant	1	3000
☐	编辑	快速编辑	复制	删除	13	Ccgang	23	M	Haikou	Engine	2	5000

图 13-4 运行前的数据

程序运行后的效果如图 13-5 所示。

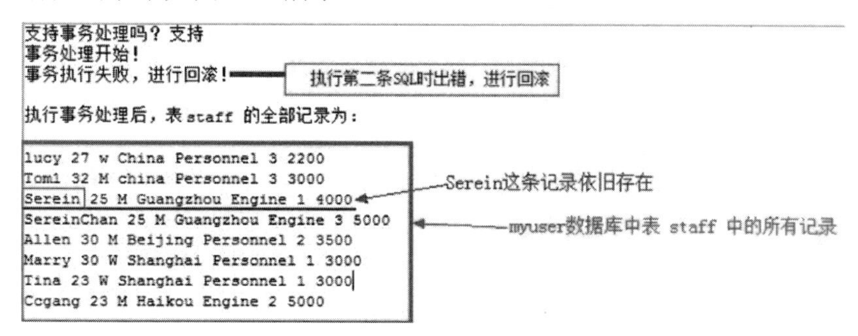

图 13-5　执行效果

13.5　实践案例与上机指导

通过本章的学习，读者基本可以掌握使用 JDBC 的知识。其实有关 JDBC 的知识还有很多，这需要读者通过课外渠道来深入学习。下面通过练习操作，以达到巩固学习、拓展提高的目的。

↑扫码看视频

13.5.1　使用 CallableStatement 对象调用存储过程

本实例的功能是，使用对象 CallableStatement 调用前面的存储过程 prc_getStuname。

实例 13-4： 使用 CallableStatement 对象调用存储过程。
源文件路径： daima\13\odbc\src\CallPrc.java

实例文件 CallPrc.java 的主要实现代码如下。

```
import java.sql.CallableStatement;
import java.sql.Connection;
import java.sql.DriverManager;

public class CallPrc {
    public static void main(String[] args) throws Exception{
        Class.forName("sun.jdbc.odbc.JdbcOdbcDriver");
        Connection conn = DriverManager.getConnection("jdbc:odbc:DSSchool");
        CallableStatement cs=conn.prepareCall("{call prc_getStuname(?, ?)}");
        //设置 IN 参数
        cs.setString(1,"0001");
        //注册 OUT 参数
        cs.registerOutParameter(2, java.sql.Types.CHAR);
        //执行存储过程
        cs.executeQuery();
```

```
        //获取参数值
        String result=cs.getString(2);
        cs.close();
        conn.close();
    }
}
```

在上述代码中，对象 CallableStatement 是通过方法 setXXX()传入 IN 参数的，如果已定义的存储过程返回 OUT 参数，则在执行 CallableStatement 对象以前必须先注册每个 OUT 参数的 JDBC 类型。注册 JDBC 类型是通过方法 registerOutParameter()实现的。执行完语句后，CallableStatement 的方法 getXXX()将取回参数值，其中 XXX 表示各参数所注册的 JDBC 类型所对应的 Java 类型。

知识精讲

存储过程可分为四类，分别是无参数存储过程、带输入值存储过程、带输出值存储过程和既有输入参数又有输出值的存储过程。在创建存储过程时，可以使用 CREATE PROCEDURE、CREATE FUNCTION 或者 CREATE TRIGGER 语句来实现。也可以把这些语句直接输入 MySQL 命令行，但是对于一般的存储程序而言，这有些不太现实，所以建议使用文本编辑器创建一个文本文件来容纳存储程序，然后就可以使用命令行客户端和其他工具来递交这个文件。笔者使用的是 MySQL Query Browser 文本编辑器，读者可从网络中获得这个工具。

13.5.2 使用 insert 语句插入记录

在本实例的实现代码中，使用 insert 语句向刚刚创建的 jdbc_test 数据表中插入几条记录，因为使用了带子查询的 insert 语句，所以也可以一次插入多条数据。

实例 13-5：使用 insert 语句插入记录。
源文件路径：daima\13\zhixingDML.java

实例文件 zhixingDML.java 的主要代码如下。

```
public class zhixingDML
{
    private String qu;
    private String di;
    private String yong;
    private String mi;
    Connection conn;
    Statement stmt;
    public void initParam(String paramFile)throws Exception
    {
        //使用 Properties 类来加载属性文件
        Properties props = new Properties();
        props.load(new FileInputStream(paramFile));
        qu = props.getProperty("qu");
        di = props.getProperty("di");
```

```
        yong = props.getProperty("yong");
        mi = props.getProperty("mi");
    }
    public int insertData(String sql)throws Exception
    {
        try
        {
            //加载驱动
            Class.forName(qu);
            //获取数据库连接
            conn = DriverManager.getConnection(di , yong , mi);
            //使用 Connection 来创建一个 Statement 对象
            stmt = conn.createStatement();
            //执行 DML，返回受影响的记录条数
            return stmt.executeUpdate(sql);
        }
        //使用 finally 块来关闭数据库资源
        finally
        {
            if (stmt != null)
            {
                stmt.close();
            }
            if (conn != null)
            {
                conn.close();
            }
        }
    }
    public static void main(String[] args) throws Exception
    {
        zhixingDML ed = new zhixingDML();
        ed.initParam("mysql.ini");
        int result = ed.insertData("insert into mmmtest(jdbc_name,jdbc_desc)"
            + "select s.student_name , t.teacher_name "
            + "from student_table s , teacher_table t "
            + "where s.java_teacher = t.teacher_id;");
        System.out.println("------影响了系统中的" + result + "条记录------");
    }
}
```

思考与练习

本章详细讲解了使用 JDBC 技术的知识，循序渐进地讲解了初识 JDBC、使用 PreparedStatement 和 CallableStatement、执行 SQL 语句的方式、事务处理等知识。在讲解过程中，通过具体实例介绍了使用 JDBC 技术的方法。通过本章的学习，读者应该熟悉使用 JDBC 技术的知识，掌握它们的使用方法和技巧。

1. 选择题

(1) 类(　　)继承自 Statement 接口，由 preparedStatement 创建，用于发送含有一个或多个参数的 SQL 语句。

A. Statement　　B. PreparedStatement　　C. CallableStatement

(2) 下面的方法(　　)可以运行 insert/update/delete 操作，返回更新的行数。

A. execute(String sql)　　B. executeBatch()　　C. executeUpdate(String sql)

2. 判断对错

(1) JDBC 的 Driver 接口由数据库厂家提供，作为 Java 开发人员，只需要使用 Driver 接口就可以了。在编程中要连接数据库，必须先装载特定厂商的数据库驱动程序，不同的数据库有不同的装载方法。 (　　)

(2) 可以通过调用 Connection 对象的 prepareCall()方法创建 CallableStatement 对象，使用 CallableStatement 对象可以同时处理 IN 参数和 OUT 参数。 (　　)

3. 上机练习

(1) 使用存储过程实现用户登录验证。

(2) 使用存储过程向数据库中添加数据。

新起点
电脑教程

第 14 章

使用 JSF 技术

本章要点

- JSF 简介
- 下载并安装 JSF
- JSF 配置文件和常用配置元素
- 使用 JSF
- 导航

本章主要内容

JSF 的主要优势之一就是，它既是 Java Web 应用程序的用户界面标准，又是严格遵循“模型—视图—控制器(MVC)”设计模式的框架。通过用户界面代码(视图)与应用程序数据和逻辑(模型)的清晰分离，使 JSF 应用程序更易于管理。在本章的内容中，将详细讲解 JSF 的基本知识，为读者步入本书后面知识的学习奠定基础。

14.1 JSF 简介

JSF 是 JavaServer Faces 的缩写，是一种用于构建 Web 应用程序的新标准 Java 框架。JSF 提供了一种以组件为中心来开发 Java Web 用户界面的方法，从而简化了开发过程。在本节的内容中，将简要介绍 JSF 技术的基础知识。

↑扫码看视频

企业开发人员和 Web 设计人员将发现 JSF 开发可以简单到只需将用户界面 (UI) 组件拖放到页面上，而系统开发人员将发现丰富而强健的 JSF API 为他们提供了无与伦比的功能和编程灵活性。JSF 还通过将良好构建的“模型—视图—控制器(MVC)”设计模式集成到它的体系结构中，确保了应用程序具有更高的可维护性。并且因为 JSF 是通过 Java Community Process (JCP)开发的一种 Java 标准，因此开发工具供应商完全能够为 JavaServer Faces 提供易于使用的、高效的可视化开发环境。

按照官方的定义，JSF 框架是 Java Web 表示层框架。

(1) JSF 是继 Servlet、JSP 和 Struts 之后又一项 Java Web 应用编程技术。

(2) JSF 是编写网页的一种新方法。完整的 Java Web 应用包括网页、业务逻辑和数据库，其中后两者都有成熟的解决方案，例如 EJB 和 JPA，唯独网页的编写还停留在很原始的阶段，需要处理诸多底层细节。JSF 的出现正是为了解决网页编写的问题。可以说，JSF 和 EJB、JPA 一起，构筑了 Java Web 应用完美的三层体系结构。

JSF 的最大优势是极大地简化了网页的编写。在 JSF 之前，我们编写网页都是和 tag、http 请求、http 响应等打交道，而 JSF 允许我们将网页视为在 Java 桌面应用中司空见惯的窗口，用类似编写桌面应用的方式编写 Java Web 应用。在 JSF 里，没有 tag，没有 http 请求，也没有 http 响应，取而代之的是 UI 组件、事件和事件处理例程这些普通 Java 程序员耳熟能详的概念。

我们可以这样表述 JSF 框架，并不是说 JSF 不需要 tag 和 http 请求、响应，在 JSF 框架内部，真正支撑 JSF 运作的还是 tag 和 http 请求、响应，只不过 JSF 屏蔽了细节，让程序员可以集中精力于业务逻辑代码。

与 ASP.NET 相比，JSF 主要有如下三点优势。

(1) 天生的优势，例如平台无关性，这是从 Java 语言中继承的优势。

(2) JSF 是一种规范，而不是具体产品，这是 Sun 的聪明之处，也是 Sun 的厚道之处。事实上，Java 的很多技术都是以规范的形式出现的，这与 Microsoft 以具体产品的形式推出新技术截然不同。规范的好处是允许不同厂商在具体产品上展开竞争，使用户受益。例如 JSF，现在 Sun 自己的参考实现很少有人用了，倒是一些开源的 JSF 实现如 Apache 的 MyFaces 等大行其道。Sun 这样做既鼓励了竞争，又能腾出更多时间致力于规范的改进，可谓一举两得。

(3) 从技术的角度看，JSF 不但与平台无关，甚至与用来描述页面的标记语言无关。换句话说，在 PC 上，我们现在通常以 HTML 作为标记语言，实际上，在其他类型的终端上，如果描述页面的标记语言不是 HTML，JSF 仍然可以胜任。当然，这个优势，对于普通程序员好像意义不大，但如果眼光放长远一些，这种标记语言的无关性，是 JSF 技术前瞻性的具体表现，它使得 JSF 的生命力更加长久。

14.2　下载并配置 JSF

要想使用 JSF 框架开发 Web 程序，需要先下载并进行相关的配置。在本节的内容中，将详细讲解下载并配置 JSF 的基本知识，为读者步入本书后面知识的学习奠定基础。

↑扫码看视频

14.2.1　下载 JSF

下载 JSF 的过程比较简单，具体流程如下。

(1) 登录网页 http://java.sun.com/javaee/javaserverfaces/download.html 下载 JSF，在此页面可以下载安装 JavaServer Faces Technology 1.2。该版本是 Java EE5 所包含的 JSF 规范。

(2) 下载完成后将其解压，在其 lib 目录下找到两个库文件 jsf-impl.jar 和 jsf-api.jar。

(3) 把这两个文件复制到 Tomcat 安装目录下的 lib 文件夹中，或者放在自己网站的 WEB-INF/lib 文件夹中，只有这样才能支持 JSF 应用。

在 Java Web 项目中需要如下文件。

- jsf-api.jar：定义于 JSF 规范中的 JSF API 类。
- jsf-impl.jar：特定实现的 JSF 类(不同的实现组织，包名可能不同)。
- rcommons-digester.jar：解析 xml 文件的类。
- commons-collections.jar：提供基于 Java Collection 类创建的各种类。
- commons-beanutils.jar：定义和访问 JavaBean 组件属性的应用工具。
- commons-logging.jar：日志工具。
- jstl.jar：JSTL API 类。
- standard.jar：JSTL 的实现类。

14.2.2　配置 JSF

对所有 Java EE 应用来说，配置开始于 Web 应用部署描述符。另外，Faces 可以使用自己的扩展配置系统支持各种附加特征。

1. Servlet 配置

JSF 应用需要 Servlet 的支持，这被称为 FacesServlet。它是整个应用的前端控制器，所有的请求都通过 FacesServlet 来处理。

```
<?xml version="1.0" encoding="UTF-8"?>
<web-app xmlns="http://java.sun.com/xml/ns/j2ee"
xmlns:xsi="http://www.w3.org/2001/XMLSchema-instance"
xsi:schemaLocation="http://java.sun.com/xml/ns/j2ee
http://java.sun.com/xml/ns/j2ee/web-app_2_4.xsd" version="2.4">
 <display-name>guessNumber</display-name>
 <servlet>
    <servlet-name>Faces Servlet</servlet-name>
    <servlet-class>javax.faces.webapp.FacesServlet</servlet-class>
    <load-on-startup>1</load-on-startup>
 </servlet>
 <servlet-mapping>
    <servlet-name>Faces Servlet</servlet-name>
    <url-pattern>*.faces</url-pattern>
 </servlet-mapping>
</web-app>
```

在上面的代码中，将所有.faces 的请求交给 FacesServlet 来处理，FacesServlet 会唤起相应的.jsp 网页，假如请求是/index.faces，则实际上会唤起/index.jsp 网页。完成上述配置后就可以开始使用 JSF 了。

2. JSF 应用配置

JSF 的应用配置文件提供了整个应用的相关信息的“地图”，它处理诸如导航规则、受管 Bean 和国际化等。这个文件被放置在应用程序的 WEB-INF 目录下。

假如有这样一个应用问题：要求用户猜一个 0～10 的数字，第二页告诉用户猜的是否正确，要求检查用户输入的合法性。我们可以采用如下步骤实现。

(1) 创建一个名为 guessNumber 的 Web 应用程序，按“设置 JSF 环境”准备好 JSF 库。

(2) 创建受管 Bean(或叫后台 Bean)，具体代码如下。

```
package mmm;
import java.util.Random;
public class UserNumberBean {
    /** 用户输入的数字 */
    private int userNumber = 0;
    /** 正确答案数字 */
    private int keyNumber = 0;
    /** 最小值 */
    private int minNum = 0;
    /** 最大值 */
    private int maxNum = 10;
    /** 回应客户的信息字符串 */
    private String responseStr;
    public UserNumberBean() {
         Random random = new Random();
         keyNumber = random.nextInt(10);
         System.out.println("正确数字是: " + keyNumber);
```

```
    }
    public int getUserNumber() {
        return userNumber;
    }
    public int getKeyNumber() {
        return keyNumber;
    }
    public int getMaxNum() {
        return maxNum;
    }
    public int getMinNum() {
        return minNum;
    }
    public String getResponseStr() {
        if(userNumber == keyNumber){
            return "您真聪明，您猜对了！";
        }else{
            return "对不起，您猜错了！不是"+ userNumber +"!";
        }
    }
    public void setUserNumber(int userNumber) {
        this.userNumber = userNumber;
    }
    public void setKeyNumber(int keyNumber) {
        this.keyNumber = keyNumber;
    }
    public void setMaxNum(int maxNum) {
        this.maxNum = maxNum;
    }
    public void setMinNum(int minNum) {
        this.minNum = minNum;
    }
    public void setResponseStr(String responseStr) {
        this.responseStr = responseStr;
    }
}
```

在上述代码中，受管 Bean 充当控制器的角色。通常它包含想要从用户处收集的属性，以及处理这些属性、操纵 UI 和执行其他一些应用处理的监听器方法。即它接收用户提交的数据，然后调用相应的模型的业务方法来处理用户的请求。

(3) 在 JSF 的配置文件 faces-config.xml(该文件放置在 WEB-INF 下)中，通过如下代码配置受管理的后台 Bean。

```
<?xml version="1.0" encoding="UTF-8"?>
<!DOCTYPE faces-config PUBLIC
"-//Sun Microsystems, Inc.//DTD JavaServer Faces Config 1.1//EN"
"http://java.sun.com/dtd/web-facesconfig_1_1.dtd">
<faces-config xmlns="http://java.sun.com/JSF/Configuration">

<managed-bean>
    <managed-bean-name[q1] >UserNumberBean</managed-bean-name>
 <managed-bean-class[q2] >chapter5.UserNumberBean</managed-bean-class>
    <managed-bean-scope[q3] >session</managed-bean-scope>
 </managed-bean>
</faces-config>
```

(4) 开发基于 JSF 的用户界面。建立 JSP 页面，使用定制标签表示将作为 HTML 元素使用的 JSF 组件。其中第一个页面是猜数页面 guess.jsp，具体代码如下。

```
<%@ page contentType="text/html; charset=GBK" %>
<%@ taglib uri="http://java.sun.com/jsf/core" prefix="f" %>
<%@ taglib uri="http://java.sun.com/jsf/html" prefix="h" %>
<html>
<head>
<title>猜数字</title>
</head>
<body bgcolor="#ffffff">
<f:view>
 <h:form id="helloForm">
    <h2>请猜一个<h:outputText value="#{UserNumberBean.minNum}" />
    至<h:outputText value="#{UserNumberBean.maxNum}" />的数字</h2>

<h:inputText id="userNo"
 value="#{UserNumberBean.userNumber}">
     <f:validateLongRange minimum="#{UserNumberBean.minNum}"
 maximum="#{UserNumberBean.maxNum}" />
    </h:inputText>

<h:commandButton id="submit" action="success" value="提交" />
<br/>

    <h:message style="color:red;" id="errors1" for="userNo"/>
 </h:form>
</f:view>
</body>
</html>
```

第二个页面是结果页面 response.jsp，具体代码如下。

```
<%@ page contentType="text/html; charset=GBK" %>
<%@ taglib uri="http://java.sun.com/jsf/core" prefix="f" %>
<%@ taglib uri="http://java.sun.com/jsf/html" prefix="h" %>
<html>
<head>
<title>结果</title>
</head>
<body bgcolor="#ffffff">
<f:view>
 <h:form id="responseForm">
    <h2>
     <h:outputText id="result" value="#{UserNumberBean.responseStr}" />
    </h2>

    <h:commandButton id="back" value="返回" action="success" />
 </h:form>
</f:view>
</body>
</html>
```

(5) 编写事件监听器或者导航规则。

首先编写事件监听器来决定事件发生时应该有的反应，比如用户单击一个按钮或提交表单。如果没有事件监听器，在这一步定义页面导航规则。另外，导航规则会涉及定义应用程序中各种页面的跳转。我们将配置导航规则定义在 faces-config.xml 文件中，代码如下。

```
<?xml version="1.0" encoding="UTF-8"?>
<!DOCTYPE faces-config PUBLIC "-//Sun Microsystems, Inc.//DTD JavaServer
Faces Config 1.1//EN" "http://java.sun.com/dtd/web-facesconfig_1_1.dtd">
<faces-config xmlns="http://java.sun.com/JSF/Configuration">
 <managed-bean>
    <managed-bean-name>UserNumberBean</managed-bean-name>
   <managed-bean-class>chapter5.UserNumberBean</managed-bean-class>
    <managed-bean-scope>session</managed-bean-scope>
 </managed-bean>

<navigation-rule>
    <from-view-id[q4] >/guess.jsp</from-view-id>
    <navigation-case[q5] >
      <from-outcome[q6] >success</from-outcome>
      <to-view-id[q7] >/response.jsp</to-view-id>
    </navigation-case>
 </navigation-rule>

 <navigation-rule>
    <from-view-id>/response.jsp</from-view-id>
    <navigation-case>
      <from-outcome>success</from-outcome>
      <to-view-id>/guess.jsp</to-view-id>
    </navigation-case>
 </navigation-rule>
</faces-config>
```

其中第一个导航规则可以这样理解：从 guess.jsp 页面出发有个导航规则，这个规则是当结果为 successs 时导航到文件 response.jsp。在导航时，都是使用 forward 方式进行预设，可以在<navigation-case>中加入一个<redirect/>子元素，让 JSF 发送 HTTP 重定向到新的视图。

(6)　部署、运行、调试。

运行后的效果如图 14-1 所示。

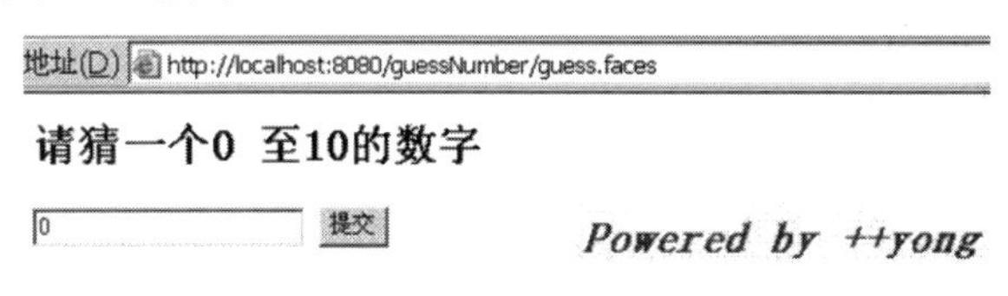

图 14-1　初始效果

在如图 14-1 所示的表单中输入信息并单击“提交”按钮，则输出处理结果，如图 14-2 所示。

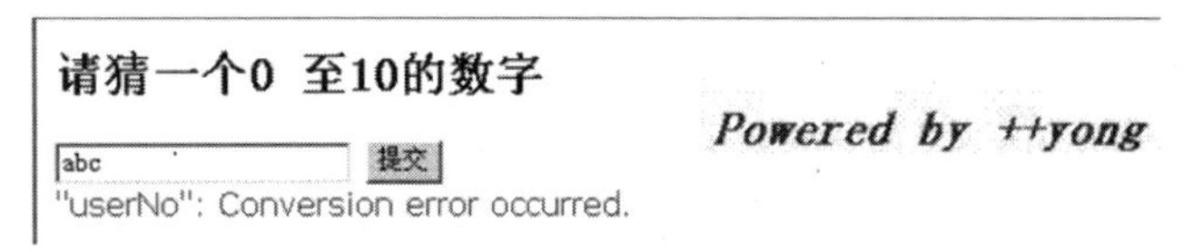

图 14-2　处理结果

14.2.3　JSF 的环境配置

JSF 1.2 依赖于 JSP 2.1、Servlet 2.5、JSTL 1.2 和 JDK 5.0。JSF 的实现方式有两种，分

别是 Sun 的 Mojarra 和 Apache 的 MyFaces 两种。

1. jar

不管是哪种 JSF 的实现方式，都需要 JSTL，读者可以从 http://tomcat.apache.org/taglibs/standard/网页下载。大多数情况使用的是 1.1.2 版本。它有两个 jar 文件，分别是 jstl.jar 和 standard.jar。

1) Mojarra1.2

我们可以从 https://javaserverfaces.dev.java.net/网页下载，一般使用的是 1.2_14 版本。lib 目录下有两个 jar 文件，分别是 jsf-api.jar 和 jsf-impl.jar，加上 JSTL 的 jar 文件，一共需要如下 4 个 jar 文件：

- jsf-api.jar
- jsf-impl.jar
- jstl.jar
- standard.jar

2) MyFaces1.2

可以从 http://myfaces.apache.org/网页下载 MyFaces。笔者使用的是 1.2.9 版本。在 Lib 目录下有 8 个 jar 文件，加上 JSTL 的 jar 文件，一共需要如下 10 个 jar 文件。

- commons-beanutils-1.7.0.jar
- commons-codec-1.3.jar
- commons-collections-3.2.jar
- commons-digester-1.8.jar
- commons-discovery-0.4.jar
- commons-logging-1.1.1.jar
- myfaces-api-1.2.9.jar
- myfaces-impl-1.2.9.jar
- jstl.jar
- standard.jar

2. web.xml

在 Java Web 应用中，文件 web.xml 的通用配置代码如下。

```
<?xml version="1.0" encoding="UTF-8"?>
<web-app xmlns:xsi="http://www.w3.org/2001/XMLSchema-instance"
xmlns="http://java.sun.com/xml/ns/javaee"
xmlns:web="http://java.sun.com/xml/ns/javaee/web-app_2_5.xsd"
xsi:schemaLocation="http://java.sun.com/xml/ns/javaee
http://java.sun.com/xml/ns/javaee/web-app_2_5.xsd" id="WebApp_ID" version="2.5">
  <servlet>
    <servlet-name>Faces Servlet</servlet-name>
    <servlet-class>javax.faces.webapp.FacesServlet</servlet-class>
    <load-on-startup>1</load-on-startup>
  </servlet>
  <servlet-mapping>
    <servlet-name>Faces Servlet</servlet-name>
    <url-pattern>/faces/*</url-pattern>
```

```
  </servlet-mapping>
  <welcome-file-list>
    <welcome-file>index.html</welcome-file>
    <welcome-file>index.htm</welcome-file>
    <welcome-file>index.jsp</welcome-file>
  </welcome-file-list>
</web-app>
```

3. faces-config.xml

文件 faces-config.xml 被默认放在 WEB-INF 目录下，当然也可以在文件 web.xml 中设置成其他路径。

```
<?xml version="1.0" encoding="UTF-8"?>
<faces-config
   xmlns="http://java.sun.com/xml/ns/javaee"
   xmlns:xsi="http://www.w3.org/2001/XMLSchema-instance"
   xsi:schemaLocation="http://java.sun.com/xml/ns/javaee
http://java.sun.com/xml/ns/javaee/web-facesconfig_1_2.xsd"
   version="1.2">
</faces-config>
```

14.3　JSF 配置文件说明和常用配置元素

在 14.2 节的内容中，简单介绍了配置 JSF 程序的基本知识，相信读者对很多元素的含义不是十分清楚。在接下来的内容中，将详细讲解 JSF 配置文件的说明和常用配置元素的知识。

↑扫码看视频

如图 14-3 所示为传统 MVC 框架的简化流程。

在 MVC 程序中，所有的 Web 应用都是基于“请求/响应”架构的，虽然说 JSF 不是基于请求/响应的，而是以事件响应机制来进行通信的，可以将视图页面的 UI 组件状态绑定到托管 Bean，也可以通过视图页面中 UI 组件的事件来触发托管 Bean 的方法，但是无论是哪一种方法，都是使用 JSF 进行封装而已。通过使用 JSF，可以简化 MVC 中的 UI 组件和逻辑之间的操作。

智慧锦囊

虽然 JSF 也是一个 MVC 框架，但是依然无法改变 Web 应用请求/响应的基本流程。JSF 提供的核心控制器是 javax.faces.webapp.FacesServlet。

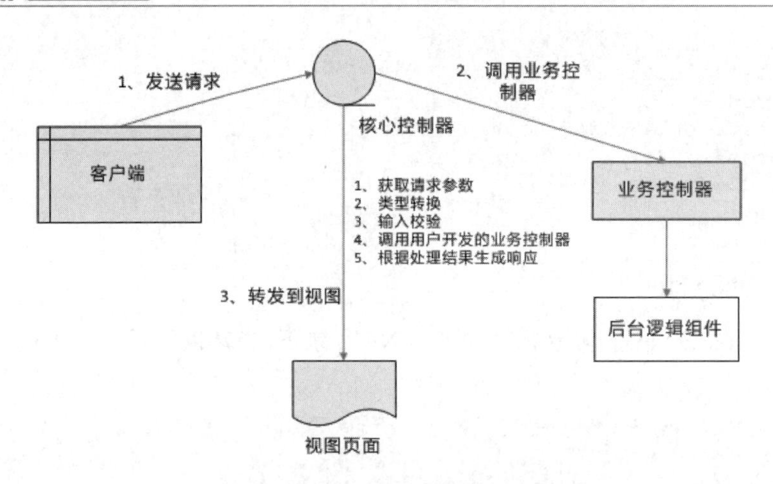

图 14-3　MVC 框架的简化流程

14.3.1　在文件 web.xml 中配置 FacesServlet 核心控制器

FacesServlet 是一个 Servlet，在文件 web.xml 中的配置方法和普通的 Servlet 配置方法没有什么区别。

```
<!-- JSF 的核心控制器 FacesServlet -->
    <servlet>
        <servlet-name>FacesServlet</servlet-name>
        <servlet-class>javax.faces.webapp.FacesServlet</servlet-class>
    </servlet>
    <!-- Faces Servlet Mapping -->
    <servlet-mapping>
        <servlet-name>FacesServlet</servlet-name>
        <url-pattern>*.jsf</url-pattern>
    </servlet-mapping>
```

上述配置代码设置了拦截.jsf 结尾的请求。

我们需要为 JSF 配置一些额外的参数，可以在文件 web.xml 中使用<context-param>元素进行配置。下面是常用的一些配置：

```
<!-- 配置 JSF 程序状态的保存位置，如果设置成 server，则保存在 session 中，如果保存在
client 中，可以保证服务器重启应用状态也不会丢失 -->
    <context-param>
        <param-name>javax.faces.STATE_SAVING_METHOD</param-name>
        <!-- 程序状态保存在客户端 -->
        <param-value>client</param-value>
    </context-param>

    <!-- 指定 JSF 映射资源时的默认后缀，默认为.jsp -->
    <context-param>
        <param-name>javax.faces.DEFAULT_SUFFIX</param-name>
        <param-value>.jsp</param-value>
    </context-param>

    <!-- 指定 JSF 所管理的生命周期实例的标识符 -->
    <context-param>
        <param-name>javax.faces.LIFECYCLE_ID</param-name>
```

```
        <param-value></param-value>
    </context-param>

    <!-- 指定 JSF 配置文件的保存位置 -->
    <context-param>
        <param-name>javax.faces.CONFIG_FILES</param-name>
        <param-value>/WEB-INF/faces-config-beans.xml,/WEB-INF/
        faces-config-nav.xml</param-value>
    </context-param>

    <!-- 指定是否需要验证自定义组件 -->
    <context-param>
        <param-name>javax.faces.verifyObjects</param-name>
        <param-value>true</param-value>
    </context-param>

    <!-- 指定是否需要验证 XML 文件 -->
    <context-param>
        <param-name>javax.faces.validateXml</param-name>
        <param-value>true</param-value>
    </context-param>

    <!-- 当设置在服务器端保存状态时，控制 session 保存的视图数量，-1 表示没有限制 -->
    <context-param>
<param-name>javax.faces.NUMBER_OF_VIEWS_IN_SESSION</param-name>
        <param-value>-1</param-value>
    </context-param>
```

14.3.2　JSF 的配置文件 faces-config.xml

文件 faces-config.xml 中有如下两个最常用的配置元素。

➢ <managed-bean>：JSF 应用中所有的托管 Bean 都放在该元素下。

➢ <navigation-rule>：用于管理 JSF 应用的导航规则。

接下来再看其他的配置元素，和应用管理相关的配置如下。

➢ <application>：用于管理与 JSF 应用相关的配置。

➢ <referenced-bean>：配置被引用 Bean。

下面是和注册自定义组件相关的配置。

➢ <converter>：注册自定义转换器。

➢ <validator>：注册自定义输入校验器。

➢ <component>：注册自定义组件。

➢ <render-kit>：注册自定义组件绘制器和绘制器包。

下面是和高级扩展相关的配置。

➢ <phase-listener>：注册生命周期监听器。

➢ <factory>：配置实例化 JSF 核心类的工厂。

14.4 使用 JSF 简介

经过本章前面内容的学习，相信读者已经基本了解并掌握了使用 JSF 技术的知识。在本节的内容中，将通过一个具体实例的实现过程，详细讲解在 Java Web 项目中使用 JSF 技术的基本流程。

↑扫码看视频

实例 14-1：使用 JSF。
源文件路径：daima\14\jsff\

本实例的具体实现流程如下。

(1) 首先看登录表单文件 login.jsp，具体代码如下。

```
<%@    page    contentType="text/html;    charset=GBK"    language="java"
errorPage="" %>
<%@ taglib uri="http://java.sun.com/jsf/html" prefix="h" %>
<%@ taglib uri="http://java.sun.com/jsf/core" prefix="f" %>
<!DOCTYPE html PUBLIC "-//W3C//DTD XHTML 1.0 Transitional//EN"
   "http://www.w3.org/TR/xhtml1/DTD/xhtml1-transitional.dtd">
<html xmlns="http://www.w3.org/1999/xhtml">
<!-- 该句加载在 classes 下的国际化资源文件 messages 中 -->
<f:loadBundle basename="messages" var="msg"/>
<html>
<head>
   <title>登录</title>
</head>
<body>
<!-- 开始使用 JSF 的视图输出 -->
<f:view>
<h3>
<!-- 输出国际化资源文件中的国际化信息 -->
<h:outputText value="#{msg.loginHeader}"/>
</h3>
<!-- 输出 login Bean 的 err 属性 -->
<b><h:outputText value="#{login.err}"/></b>
<h:form id="loginForm">
   <!-- 输出国际化资源文件中的国际化信息 -->
   <h:outputText value="#{msg.namePrompt}"/>
   <!-- 将下面单行输入框的值绑定到 login Bean 的 name 属性 -->
   <h:inputText value="#{login.name}" /><br/>
   <!-- 输出国际化资源文件中的国际化信息 -->
   <h:outputText value="#{msg.passPrompt}"/>
   <!-- 将下面单行输入框的值绑定到 login Bean 的 pass 属性 -->
   <h:inputText id="pass" value="#{login.pass}"/><br/>
   <!-- 将下面按钮的动作绑定到 login Bean 的 valid 方法 -->
```

```
    <h:commandButton action="#{login.valid}"
        value="#{msg.buttonTitle}" />
</h:form>
</f:view>
</body>
</html>
```

由上述代码可知，JSF 的输入页面不是传统的 HTML 页面，而是几乎完全使用 JSF 标签生成的页面。这些 JSF 标签犹如页面组件，在 Eclipse 中使用 JSF 组件，可以直接使用拖放的方式开发 JSP 页面。

(2) 为了保证用户请求被 JSF 核心控制器拦截，用户请求必须匹配*.jsf 模式。为了简化用户访问，可以为应用增加一个 index.jsp 页面，此页面的功能是将用户请求转发到 login.jsf。文件 index.jsp 的代码如下。

```
<jsp:forward page="login.jsf"/>
```

(3) 编写文件 LoginBean.java，此文件的功能是实现托管 Bean，具体代码如下。

```
package mmm;
public class LoginBean
{
    //下面的三个属性都会直接与 JSF 标签绑定
    private String name;
    private String pass;
    private String err;

    //name 属性的 setter 和 getter 方法
    public void setName(String name)
    {
        this.name = name;
    }
    public String getName()
    {
        return this.name;
    }
    //pass 属性的 setter 和 getter 方法
    public void setPass(String pass)
    {
        this.pass = pass;
    }
    public String getPass()
    {
        return this.pass;
    }
    //err 属性的 setter 和 getter 方法
    public void setErr(String err)
    {
        this.err = err;
    }
    public String getErr()
    {
        return this.err;
    }
    //该方法被绑定到 UI 组件(按钮)的 action 属性
    public String valid()
    {
        if (name.equals("aaa") && pass.equals("aaa"))
        {
```

```
            return "success";
        }
        setErr("您的用户名和密码不符合");
        return "failure";
    }
}
```

上述托管 Bean 完全是一个 POJO，每个方法都没有特别之处。

(4) 完成托管 Bean 之后，需要使用配置文件配置上述托管 Bean，在此使用标准 JSF 配置文件来配置托管 Bean。配置托管 Bean 的实现文件是 faces-config-beans.xml，具体代码如下。

```
<?xml version="1.0" encoding="GBK"?>
<!-- JSF 配置文件的根元素，并指定 Schema 信息 -->
<faces-config xmlns="http://java.sun.com/xml/ns/javaee"
    xmlns:xsi="http://www.w3.org/2001/XMLSchema-instance"
    xsi:schemaLocation="http://java.sun.com/xml/ns/javaee
    http://java.sun.com/xml/ns/javaee/web-facesconfig_1_2.xsd"
    version="1.2">
    <!-- 配置托管 Bean -->
    <managed-bean>
        <!-- 设置托管 Bean 的名字 -->
        <managed-bean-name>login</managed-bean-name>
        <!-- 设置托管 Bean 的实现类 -->
        <managed-bean-class>mmm.LoginBean</managed-bean-class>
        <!-- 设置托管 Bean 实例的有效范围 -->
        <managed-bean-scope>request</managed-bean-scope>
    </managed-bean>
</faces-config>
```

上述托管 Bean 的名字是 login，正是前面绑定 JSF 标签所使用的托管 Bean 的名字。

(5) JSF 使用标准的配置文件定义导航规则，下面是定义导航规则的代码。

```
<?xml version="1.0" encoding="GBK"?>
<!-- JSF 配置文件的根元素，并指定 Schema 信息 -->
<faces-config xmlns="http://java.sun.com/xml/ns/javaee"
    xmlns:xsi="http://www.w3.org/2001/XMLSchema-instance"
    xsi:schemaLocation="http://java.sun.com/xml/ns/javaee
    http://java.sun.com/xml/ns/javaee/web-facesconfig_1_2.xsd"
    version="1.2">
    <navigation-rule>
        <!-- 导航规则的输入页面 -->
        <from-view-id>/login.jsp</from-view-id>
        <!-- 如果 login.jsp 中 Action 方法的处理结果是 success，
            则跳转到视图页 greeting.jsp -->
        <navigation-case>
            <from-outcome>success</from-outcome>
            <to-view-id>/greeting.jsp</to-view-id>
        </navigation-case>
        <!-- 如果 login.jsp 中 Action 方法的处理结果是 failure，
            则跳转到视图页 login.jsp -->
        <navigation-case>
            <from-outcome>failure</from-outcome>
            <to-view-id>/login.jsp</to-view-id>
        </navigation-case>
    </navigation-rule>
</faces-config>
```

(6)　在文件 login.jsf 中使用了 JSF 页面标签，将需要动态输出的内容绑定到 login 托管 Bean 的属性，或者绑定到国际化资源文件所指定的 key。此功能的实现文件是 greeting.jsp，具体代码如下。

```
<%@    page    contentType="text/html;    charset=GBK"    language="java"
errorPage="" %>
<%@ taglib uri="http://java.sun.com/jsf/html" prefix="h" %>
<%@ taglib uri="http://java.sun.com/jsf/core" prefix="f" %>
<!DOCTYPE html PUBLIC "-//W3C//DTD XHTML 1.0 Transitional//EN"
    "http://www.w3.org/TR/xhtml1/DTD/xhtml1-transitional.dtd">
<!--该句绑定在 classes 下的资源文件 messages 中-->
<f:loadBundle basename="messages" var="msg"/>
<html xmlns="http://www.w3.org/1999/xhtml">
<head>
    <title>登录成功</title>
</head>
<body>
<f:view>
     <h3><h:outputText value="#{msg.greeting}"/></h3>
     <h:outputText value="#{msg.namePrompt}"/>
     <h:outputText value="#{login.name}" /><br/>
     <h:outputText value="#{msg.passPrompt}"/>
     <h:outputText value="#{login.pass}" />
     <h:outputText value="#{msg.sign}"/>
</f:view>
</body>
</html>
```

这样就使用 JSF 实现了验证处理，并且实现了国际化功能。执行后的效果如图 14-4 所示。

输入正确的数据并单击“登录”按钮后显示用户名和密码信息，如图 14-5 所示。

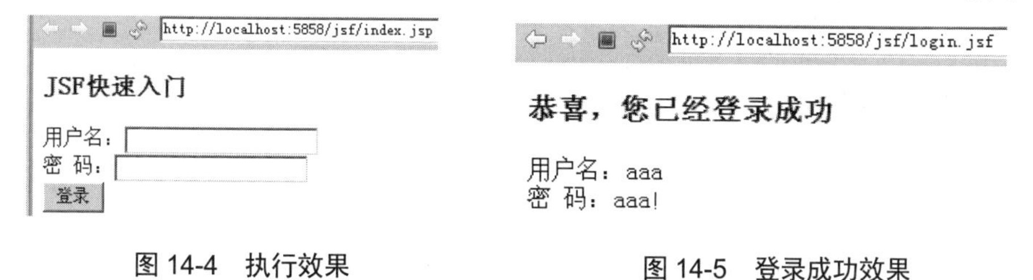

图 14-4　执行效果　　　　图 14-5　登录成功效果

14.5　导　　航

在本节的内容中，将详细讲解配置 Web 应用程序导航的知识，着重介绍根据用户动作和业务逻辑决定的输出，介绍应用程序从一页跳转到下一页的方法，为读者步入本书后面知识的学习奠定基础。

↑扫码看视频

14.5.1 静态导航

在 Web 应用程序中，用户填写网页表单时会怎样操作呢？用户可能填写文本字段内容，选中单选按钮，或者选择列表项目。所有这些编辑操作都发生在用户浏览器内。当用户单击按钮提交表单数据时，这些修改将被传送到服务器。此时 Web 应用程序将分析用户输入，目的是确定使用哪个 JSF 页面来呈现响应。导航处理程序负责选择下一个 JSF 页面。

在简单的 Web 应用程序中，网页导航是静态的，单击特定按钮总是选择固定的 JSF 页面来返回响应。例如，在前面 14.3.2 节介绍的 faces-config.xml 文件中，可以为 JSF 页面之间绑定静态导航。我们只需为每个按钮赋予一个 action 属性，例如：

```
<h:commandButton label="Login" action="login"/>
```

其中，动作(action)必须匹配导航规则中的一个结果(outcome)：

```
<navigation-rule>
<from-view-id>/index.jsp</from-view-id>
<navigation-case>
<from-outcome>login</from-outcome>
<to-view-id>/welcome.jsp</to-view-id>
</navigation-case>
</navigation-rule>
```

智慧锦囊

如果导航动作发生在/index.jsp 内，login 动作将导航到/welcome.jsp。其中视图(view) ID 字符串必须以“/”开始，视图文件的扩展名应该是文件扩展名(.jsp)，而不是 URL 扩展名。假如将 from-view-id 设置为/index.faces，则该规则将不起作用。

如果仔细挑选动作字符串，则可以将多个导航规则组合在一起。例如，可以在整个应用程序页面放置 logout 按钮。可以让所有这些按钮导航到具有单个规则的 logout.jsp 页面。

```
<navigation-rule>
<navigation-case>
<from-outcome>logout</from-outcome>
<to-view-id>/logout.jsp</to-view-id>
</navigation-case>
</navigation-rule>
```

此规则适用于所有页面，因为它没有指定 from-view-id 元素，也可以使用同一 from-view-id 来合并规则，例如：

```
<navigation-rule>
<from-view-id>/index.jsp</from-view-id>
<navigation-case>
<from-outcome>login</from-outcome>
<to-view-id>/welcome.jsp</to-view-id>
</navigation-case>
<navigation-case>
<from-outcome>signup</from-outcome>
<to-view-id>/newuser.jsp</to-view-id>
```

```
</navigation-case>
</navigation-rule>
```

合并是比较好的方法，但不是必需的。如果没有导航规则匹配特定的动作，将重新显示当前页面。

14.5.2 动态导航

在大多数 Web 应用程序中，导航不是静态的。页面流程不仅依赖于用户单击了哪个按钮，也依赖于用户的输入。例如，提交一个登录页可能有两个结果：成功或失败。结果依赖于比较，也就是说，用户名和密码是否合法。

要实现动态导航，提交按钮必须有一个方法表达式，例如：

```
<h:commandButton label="Login" action="#{loginController.verifyUser}"/>
```

在动作属性中，方法表达式不带参数。它可以具有任何的返回类型。返回值通过调用 toString 被转换为一个字符串。在原来的 JSF 1.1 中，动作(action)方法需要返回字符串类型。在 JSF 1.2 中，可以使用任何返回类型。尤其是，使用枚举类型是一个有用的选择，因为编译器可以在动作名称中捕获类型。

例如下面是一个动作方法的例子：

```
String verifyUser() {
if (...)
return "success";
else
return "failure";
}
```

上述方法会返回一个结果字符串：“success”或“failure”。导航处理程序使用返回的字符串来查找匹配的规则。动作方法可以返回 null 来表示应该重新显示同一页面。如果用户单击命令按钮，其 action 属性是方法引用，那么所执行的步骤如下：

① 获取指定的 Bean。

② 调用引用的方法。

③ 结果字符串被传递到导航处理程序中。

④ 导航处理程序查找下一个页面。

由此可见，要想实现分支行为，需要在适当的 Bean 类中提供一个方法的引用。可以在很多地方放置该方法，最好的方法是找到一个具有决策所需全部数据的类。

14.5.3 通配符

可以在导航规则的 from-view-id 元素中使用通配符，例如：

```
<navigation-rule>
<from-view-id>/secure/*</from-view-id>
<navigation-case>
...
</navigation-case>
</navigation-rule>
```

此规则适用于所有以“/secure/”前缀开始的页面，不过只允许使用一个*，并且它必须位于 ID 字符串的结尾。如果有多个通配符匹配规则，则采用最长的匹配。

知识精讲

除了空的 from-view-id 元素外，还可以使用下列一种方式来指定适用于所有页面的规则。

(1) <from-view-id>/*</from-view-id>

(2) <from-view-id>*</from-view-id>

14.5.4 使用 from-action

元素 navigation-case 的结构比我们之前讨论的要复杂得多。除了 from-outcome 元素之外，还有 from-action 元素。如果两个不同的动作具有相同的动作字符串，或者如果两个动作方法返回相同的动作字符串，则这种灵活性是非常有用的。

假设在前面的测验程序中，startOverAction 返回字符串“again”而不是“Start Over”。answerAction 也可能返回相同的字符串。为了区别两种导航情况，可以使用 from-action 元素。该元素的内容必须与 action 属性的方法表达式字符串相同。

```
<navigation-case>
<from-action>#{quiz.answerAction}</from-action>
<from-outcome>again</from-outcome>
<to-view-id>/again.jsp</to-view-id>
</navigation-case>
<navigation-case>
<from-action>#{quiz.startOverAction}</from-action>
<from-outcome>again</from-outcome>
<to-view-id>/index.jsp</to-view-id>
</navigation-case>
```

导航处理程序不会调用分隔符#{...}中的方法。在导航处理程序处理之前，该方法已经被调用。导航处理程序只是使用 from-action 字符串作为一个主键，功能是查找匹配导航的情况。

14.6 实践案例与上机指导

通过本章的学习，读者基本可以掌握使用 JSF 技术的知识。其实有关 JSF 技术的知识还有很多，这需要读者通过课外渠道来深入学习。下面通过练习操作，以达到巩固学习、拓展提高的目的。

↑扫码看视频

本实例执行后先显示一个问题页面，当用户单击 check Answer 按钮时，程序检查用户是否提供了正确的答案。如果答案不正确，用户还有一次机会来解答同一问题。在两次回答错误时，会显示下一个问题。在一次答对之后，下一个问题也被显示。最后，当回答完最后一个问题时，小结页面显示分数并且邀请用户重来一次。

实例 14-2：问题答疑系统。
源文件路径：daima\14\javaquiz

本实例中有两个类，其中 Problem 类的功能是描述一个题目的问题和答案，以及检查特定响应是否正确。

```
package com.corejsf;
public class Problem {
   private String question;
   private String answer;
   public Problem(String question, String answer) {
      this.question = question;
      this.answer = answer;
   }

   public String getQuestion() { return question; }
   public String getAnswer() { return answer; }
   //override for more sophisticated checking
   public boolean isCorrect(String response) {
      return response.trim().equalsIgnoreCase(answer);
   }
}
```

而类 QuizBean 描述了包含许多题目的测验，QuizBean 实例也能够跟踪当前问题和用户的总分。具体代码如下。

```
package com.corejsf;
public class QuizBean {
   private int currentProblem;
   private int tries;
   private int score;
   private String response;
   private String correctAnswer;
   private Problem[] problems = {
      new Problem(
         "What trademarked slogan describes Java development? Write once, ...",
         "run anywhere"),
      new Problem(
         "What are the first 4 bytes of every class file (in hexadecimal)?",
         "CAFEBABE"),
      new Problem(
         "What does this statement print? System.out.println(1+\"2\");",
         "12"),
      new Problem(
         "Which Java keyword is used to define a subclass?",
         "extends"),
      new Problem(
         "What was the original name of the Java programming language?",
         "Oak"),
      new Problem(
         "Which java.util class describes a point in time?",
         "Date")
```

```
    };
    public QuizBean() { startOver(); }
    public String getQuestion() {
       return problems[currentProblem].getQuestion();
    }
    public String getAnswer() { return correctAnswer; }
    public int getScore() { return score; }

    //PROPERTY: response
    public String getResponse() { return response; }
    public void setResponse(String newValue) { response = newValue; }

    public String answerAction() {
       tries++;
       if (problems[currentProblem].isCorrect(response)) {
          score++;
          nextProblem();
          if (currentProblem == problems.length) return "done";
          else return "success";
       }
       else if (tries == 1) {
          return "again";
       }
       else {
          nextProblem();
          if (currentProblem == problems.length) return "done";
          else return "failure";
       }
    }

    public String startOverAction() {
       startOver();
       return "startOver";
    }

    private void startOver() {
       currentProblem = 0;
       score = 0;
       tries = 0;
       response = "";
    }
    private void nextProblem() {
       correctAnswer = problems[currentProblem].getAnswer();
       currentProblem++;
       tries = 0;
       response = "";
    }
}
```

由此可见，QuizBean 是保存导航方法的类。此 Bean 包含有关用户动作的所有内容，它可以确定接下来应该显示哪个页面。

通过类 QuizBean 的方法 answerAction()的代码可以发现，如果用户正确回答了问题，该方法会返回“success”或“done”。在第一次回答错误时显示“again”，在第二次回答错误之后显示“failure”或“done”。

另外，还需要将 answerAction 方法表达式连接到每个页面上的 Check answer 按钮。例如，index.jsp 页面包含下面的元素：

```
<h:commandButton value="Check answer" action="#{quiz.answerAction}"/>
```

其中文件 quiz 是在 faces-config.xml 中定义的 QuizBean 实例。

主测试页面 index.jsp 的代码如下。

```
<html>
  <%@ taglib uri="http://java.sun.com/jsf/core" prefix="f" %>
  <%@ taglib uri="http://java.sun.com/jsf/html" prefix="h" %>
  <f:view>
    <head>
      <title><h:outputText value="#{msgs.title}"/></title>
    </head>
    <body>
      <h:form>
        <p>
          <h:outputText value="#{quiz.question}"/>
        </p>
        <p>
          <h:inputText value="#{quiz.response}"/>
        </p>
        <p>
          <h:commandButton value="#{msgs.answerButton}"
            action="#{quiz.answerAction}"/>
        </p>
      </h:form>
    </body>
  </f:view>
</html>
```

文件 success.jsp 和 failure.jsp 与 index.jsp 的区别在于，页面顶部的消息有所不同。而 done.jsp 页面显示最后的分数，并邀请用户再来一次。注意该页面上的命令按钮。看起来好像我们使用的是静态导航，因为单击 Start over 按钮总是返回 index.jsp 页面。但是我们实际使用的是如下方法表达式：

```
<h:commandButton value="Start over" action="#{quiz.startOverAction}"/>
```

startOverAction 方法执行重置游戏的一些必要任务，它会重置分数并重新配置响应项目：

```
public String startOverAction() {
startOver();
return "startOver";
}
```

由此可见，动作方法有如下两种作用。

- 作为用户动作的结果，执行模块更新。
- 告诉导航处理程序下一步跳转到哪里。

下面的 faces-config.xml 是包含导航规则的应用程序配置文件。

```
<?xml version="1.0"?>
<faces-config xmlns="http://java.sun.com/xml/ns/javaee"
    xmlns:xsi="http://www.w3.org/2001/XMLSchema-instance"
    xsi:schemaLocation="http://java.sun.com/xml/ns/javaee
       http://java.sun.com/xml/ns/javaee/web-facesconfig_1_2.xsd"
    version="1.2">
  <navigation-rule>
    <navigation-case>
      <from-outcome>success</from-outcome>
```

```
         <to-view-id>/success.jsp</to-view-id>
         <redirect/>
      </navigation-case>
      <navigation-case>
         <from-outcome>again</from-outcome>
         <to-view-id>/again.jsp</to-view-id>
      </navigation-case>
      <navigation-case>
         <from-outcome>failure</from-outcome>
         <to-view-id>/failure.jsp</to-view-id>
      </navigation-case>
      <navigation-case>
         <from-outcome>done</from-outcome>
         <to-view-id>/done.jsp</to-view-id>
      </navigation-case>
      <navigation-case>
         <from-outcome>startOver</from-outcome>
         <to-view-id>/index.jsp</to-view-id>
      </navigation-case>
   </navigation-rule>

   <managed-bean>
      <managed-bean-name>quiz</managed-bean-name>
      <managed-bean-class>com.corejsf.QuizBean</managed-bean-class>
      <managed-bean-scope>session</managed-bean-scope>
   </managed-bean>

   <application>
      <resource-bundle>
         <base-name>com.corejsf.messages</base-name>
         <var>msgs</var>
      </resource-bundle>
   </application>
</faces-config>
```

因为我们选择了最终字符串，以便唯一地确定后续的 Web 页面，所以使用如下单一的导航规则。

```
<navigation-rule>
<navigation-case>
<from-outcome>success</from-outcome>
<to-view-id>/success.jsp</to-view-id>
</navigation-case>
<navigation-case>
<from-outcome>again</from-outcome>
<to-view-id>/again.jsp</to-view-id>
</navigation-case>
...
</navigation-rule>
```

知识精讲

如果在 to-view-id 后面添加了 redirect (重定向)元素，那么 JSP 容器会终止当前的请求并发送一个 HTTP 重定向到客户端。重定向响应告诉客户端下一页面使用哪个 URL。

重定向页面要比转发页面慢，因为需要再次到浏览器进行往返。但是，重定向允许浏览器更新地址栏。例如下面的配置实现了重定向:

```
<navigation-case>
<from-outcome>success</from-outcome>
<to-view-id>/success.jsp</to-view-id>
<redirect/>
</navigation-case>
```

如果不使用重定向，在用户从/index.jsp 页面移动到/success.face 时，原始 URL(localhost:8080/javaquiz/index.faces)不发生改变。如果使用重定向，浏览器将显示新的 URL(localhost:8080/ javaquiz/success.faces)。

对用户可能会用作书签的页面，可以使用 redirect 元素。如果不使用 redirect 元素，则导航处理程序将当前请求转发给下一页面。并且，继续将存储在请求作用域中的所有“名称/值”对发送到下一个页面。但是，如果使用 redirect 元素，请求作用域中的数据会丢失。

思考与练习

本章详细讲解了使用 JSF 技术的知识，循序渐进地讲解了 JSF 简介、下载并安装 JSF、JSF 配置文件的说明和常用配置元素、使用 JSF、导航等知识。在讲解过程中，通过具体实例介绍了使用 JSF 技术的方法。通过本章的学习，读者应该熟悉使用 JSF 技术的知识，掌握它们的使用方法和技巧。

1. 选择题

(1) 在下面的 JSF 配置元素中，将所有的托管 Bean 都放在元素(　　)下。

A. <navigation-rule>　　B. <managed-bean>　　C. <referenced-bean>

(2) (　　)用于注册自定义组件绘制器和绘制器包。

A. <render-kit>　　B. <phase-listener>　　C. <factory>

2. 判断对错

(1) JSF 的应用配置文件提供了整个应用的相关信息的“地图”，这个文件被放置在应用程序的 WebContent 目录下。　　(　　)

(2) 虽然 JSF 是一个 MVC 框架，但是无法改变 Web 应用请求/响应的基本流程。 (　　)

3. 上机练习

(1) 获取文本框中的文本。

(2) 使用 jQuery 技术查找节点。

第 15 章

使用 JavaMail 发送邮件

本章要点

- 邮件是一种全新的通信方式
- 邮件协议介绍
- JavaMail 基础
- JavaMail 核心类详解

本章主要内容

自从互联网诞生那一刻起，人们之间日常交互的方式又多了一种新的渠道。从此以后，交流变得更加迅速快捷，更具有实时性。一时之间，很多网络通信产品出现在大家面前，例如 QQ、MSN 和邮件系统，其中电子邮件更是深受人们的追捧。在 Java Web 应用中，可以使用 JavaMail 技术开发出功能强大的邮件系统。在本章的内容中，将详细讲解使用 JavaMail 开发邮件系统的基本知识，为读者步入本书后面知识的学习奠定基础。

15.1 邮件是一种全新的通信方式

电子邮件简称 E-mail，又称电子信箱、电子邮政，它是一种用电子手段进行信息交换的通信方式，是 Internet 应用最广的服务。在本节的内容中，将简要介绍电子邮件的知识。

↑扫码看视频

通过电子邮件系统，用户可以用非常低廉的价格(不管发送到哪里，都只需负担电话费和网费即可)，以非常快速的方式(几秒钟之内可以发送到世界上任何你指定的目的地)，与世界上任何一个角落的网络用户联系，这些电子邮件可以包含文字、图像、声音等各种内容。同时，用户可以得到大量免费的新闻、专题邮件，并实现轻松的信息搜索。Windows 系统自带了邮件工具，如图 15-1 所示。

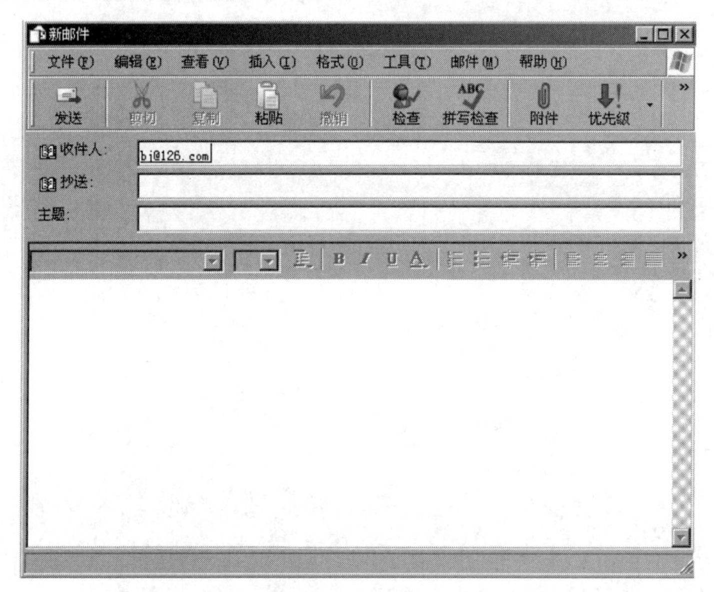

图 15-1　Windows 自带的邮件工具

15.1.1　电子邮件原理

我们可以用日常生活中邮寄包裹来形容电子邮件。当需要寄送一个包裹的时候，首先要找到一个有这项业务的邮局，在填写完收件人姓名、地址等信息之后就可以寄出包裹，而到了收件人所在地的邮局，收件人必须去这个邮局才能取出。同样当发送电子邮件的时候，这封邮件是由邮件发送服务器(任何一个都可以)发出的，并根据收信人的地址判断对方

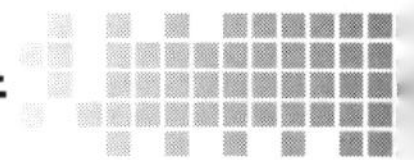

的邮件接收服务器而将这封信发送到该服务器上，收信人也只能访问这个服务器才能够收取邮件。

电子邮件地址的格式由三部分组成。第一部分“USER”代表用户信箱的账号，对于同一个邮件接收服务器来说，这个账号必须是唯一的；第二部分“@”是分隔符；第三部分是用户信箱的邮件接收服务器域名，用以标志其所在的位置。如 bjrzny123@126.com、zhangjing1985@163.com 等。

15.1.2　JavaMail API 介绍

JavaMail API 是一种可选的、能用于读取、编写和发送电子消息的包(标准扩展)，可使用其创建邮件用户代理(Mail User Agent，MUA)类型的程序，类似于 Eudora、Pine 及 Microsoft Outlook 邮件程序。其主要目的不是像发送邮件或其他邮件传输代理(Mail Transfer Agent，MTA)类型的程序那样用于传输、发送和转发消息。换句话说，用户可以与 MUA 类型的程序交互，以阅读和撰写电子邮件。MUA 依靠 MTA 处理实际的发送任务。

JavaMail API 的功能是为收发信息提供与协议无关的访问，该方式可以把 API 划分成如下两部分。

(1) 分别对发送和接收提供独立的程序/协议。

(2) 使用特定的协议语言，如 SMTP、POP、IMAP 和 NNTP。如果要让 JavaMail API 与服务器通信，就需要为之提供协议。Sun 公司对特定协议提供程序有充分的介绍，用户可以免费获取。

15.2　邮件协议介绍

在学习 JavaMail API 的深层知识之前，首先需要了解在 API 中使用的协议。通常有 4 种常用的邮件协议：SMTP、POP、IMAP、MIME。另外，还需要了解 NNTP 及其他一些协议，理解这些协议的基本原理有助于理解如何使用 JavaMail API。

↑扫码看视频

15.2.1　SMTP 协议

简单邮件传输协议(Simple Mail Transfer Protocol)是用于传送电子邮件的机制。在 JavaMail API 环境中，基于 JavaMail 的程序将与公司或 Internet 服务提供商(ISP)的 SMTP 服务器通信。SMTP 服务器将会把消息转发给用作接收消息的邮件服务器，例如用户可通过 POP 或 IMAP 协议获取该消息。由于支持身份验证，所以不需要 SMTP 服务器是一种开放的转发器，但需要确保 SMTP 服务器配置正确。JavaMail API 中没有集成用于处理诸如配置服务器以转发消息或添加/删除电子邮件账户这类任务的功能。

15.2.2　POP 协议

POP 的含义是邮局协议(Post Office Protocol)，当前的版本为 3，也称作 POP 3，该协议是在 RFC 1939 中定义的。POP 是 Internet 上经常用来接收邮件的机制。它为每个用户的每个邮箱定义支持，这是它所做的全部工作，也是大多数问题的根源。在使用 POP 协议时，人们熟悉的很多功能，如查看收到了多少新邮件消息的功能，POP 根本不支持。这些功能都内置到诸如 Eudora 或 Microsoft Outlook 之类的邮件程序中，能记住接收的上一封邮件，以及计算有多少新邮件这类信息。因此，使用 JavaMail API 时，要想获取这类信息，需要自己进行计算。

智慧锦囊

因为 JavaMail API 的设计要与协议无关，所以即使选用的协议不支持某种功能，那么 JavaMail API 也无法在其上添加这种功能(如在操作 POP 协议时，常常会碰到这种问题)。邮件发送功能是基于邮件协议的，常见的电子邮件协议有 SMTP(简单邮件传输协议)、POP 3(邮局协议)、IMAP(Internet 邮件访问协议)。这几种协议都是由 TCP/IP 协议簇定义的。

15.2.3　IMAP 协议

IMAP 是一种能够接收消息的更高级的协议，在 RFC 2060 中定义。IMAP 的含义是 Internet Message Access Protocol，当前版本是第 4 版，也称作 IMAP 4。使用 IMAP 时，邮件服务器必须支持该协议。如果邮件服务器支持 IMAP，那么基于 JavaMail 的程序就可以访问服务器上拥有的多个文件夹，并且这些文件夹可以被多个用户共享。

既然 IMAP 协议具有更高级的功能，那么 IMAP 应该被所有人使用。事实不是这样！因为 IMAP 会加重邮件服务器的负荷，它需要服务器接收新消息，发送消息给请求的用户，并在多个文件夹中为每个用户维护这些消息。而这些需要集中备份，因而长期下去用户的文件夹会变得越来越大，当磁盘空间用光后，每个人都会遭受损失。而使用 POP 协议时，已保存消息可以解除服务器的重负。

15.2.4　MIME 协议

MIME 的含义是“多用途的网际邮件扩充协议 (Multipurpose Internet Mail Extension)”。它不是一种邮件传输协议，相反，它定义传输的内容：消息的格式、附件等。许多文档都定义了 MIME 协议，包含 RFC 822、RFC 2045、RFC 2046 和 RFC 2047。作为 JavaMail API 的用户，一般不需要担心这些格式。但是，这些格式确实存在，并为程序所用。

15.2.5　NNTP 和其他协议

由于 JavaMail API 分开了不同协议的处理程序和其他部分，所以可以轻松地为附加协议添加支持。Sun 公司提供第三方程序清单，这些提供程序要利用 Sun 公司不支持的少见的协议。在这份清单中将会看到对 NNTP(网络新闻传输协议)、S/MIME(安全多用途的网际邮件扩充协议)及其他协议的提供支持的第三方提供程序。

15.3　JavaMail 基础

↑扫码看视频

虽然 JavaMail 是 Sun 的 API 之一，但它目前还没有被加在标准的 Java 开发工具包(Java Development Kit)中，这就意味着在使用前必须另外下载 JavaMail 文件。除此以外，还需要有 Sun 的 JavaBeans Activation Framework (JAF)。在本节的内容中，将简要介绍 JavaMail 的基础知识。

15.3.1　JavaMail 的核心类

JavaMail 是可选包，因此如果要使用，需要先从 java.sun.com 下载，目前最新版本是 JavaMail 1.4。使用 JavaMail 的时候需要 Javabean Activation Framework 的支持，因此也需要下载 JAF。安装 JavaMail 只是需要把它们加入 CLASSPATH 中，如果不想修改 CLASSPATH，可以直接把它们的 jar 包复制到 JAVA_HOME/lib/ext 下。这样 JavaMail 就安装好了。

在 JavaMail 包中，提供了如下处理电子邮件的核心类。

- Session
- Message
- Address
- Authenticator
- Transport
- Store
- Folder

JavaMail 就是通过上面的核心类实现邮件发送和处理的。

15.3.2　安装 JavaMail

目前 JavaMail API 的最新版本为 1.4.4，读者可以到 Oracle 网站查看最新情况。下载地址为 http://java.sun.com/products/javamail/downloads/index.html。

解压下载到的 JavaMail 安装包，把其中的 mail.jar 文件添加到 CLASSPATH 路径下，或直接复制到 Tomcat 的 lib 目录下。在 JavaMail 安装包的解压文件夹下，有 demo 演示目录可以看到许多示例程序。

1. 安装 JavaBeans Activation Framework

JavaMail API 的所有版本都需要 JavaBeans Activation Framework(JavaBeans 激活框架)，这种框架提供了对输入任意数据块的支持，并能相应地对其进行处理。

Java SE 6 以上版本中已经包含最新的 JAF，如果安装低版本的 Java SE，则需要单独下载 JAF 框架。下载该框架后，需要先解压缩 jaf-1_1_1.zip 文件，并将文件 activation.jar 添加到典型安装路径下。

2. 使用 Java EE 企业版

如果使用的是 Java EE，则在使用基本的 JavaMail API 时，不需要做什么特殊的工作。Java EE API 中包含 JavaMail。只要确保文件 j2ee.jar 位于典型安装路径下，并完成了所有的设置工作，也不需要安装 JavaBeans Activation Framework。

实例 15-1：使用 JavaMail 发送邮件。

源文件路径：daima\15\first.java

实例文件 first.java 的具体实现代码如下。

```
import java.util.Properties;

import javax.mail.Authenticator;
import javax.mail.Message;
import javax.mail.MessagingException;
import javax.mail.PasswordAuthentication;
import javax.mail.Session;
import javax.mail.Transport;
import javax.mail.internet.InternetAddress;
import javax.mail.internet.MimeMessage;

public class Sender {
    private String receiver = "hui.zz@163.com";
    private String subject = "Hello! My Friend! Sending best wishes!";
    private String cc = "hui.zz@hytc.edu.cn"; //(Blind) Carbon Copy
    private String mailContent = "Hello! Frodo! peril is approaching! go to
Minas Tirith now@!";
    private Session session;//session 没有子类，可以被共享，来自 javax.mail 包
    private Message msg;//有子类 MimeMessage，来自 javax.mail

    public void sendNow() {
        Properties props = new Properties();//dictionary-hashtable-properties
        props.put("mail.smtp.auth", "true");
        props.put("mail.smtp.host", "smtp.163.com");//没有开外网，程序就跑不动了
        session = Session.getDefaultInstance(props, new Authenticator(){
            public PasswordAuthentication getPasswordAuthentication(){
                return new PasswordAuthentication("courses4public", "hytczzh");
            }
        });
        session.setDebug(true); //允许调试，因此可以用 getDebug 取调试信息
```

```
        try {
            msg = new MimeMessage(session);
            msg.setFrom(new InternetAddress("courses4public@163.com"));
            InternetAddress toAddress = new InternetAddress(receiver);//收件人
            msg.addRecipient(Message.RecipientType.TO, toAddress);//加收件人
            InternetAddress ccAddress = new InternetAddress(cc);//收件人
            msg.addRecipient(Message.RecipientType.CC, ccAddress);//加收件人
            msg.setSubject(subject);
            msg.setText(mailContent);
            Transport.send(msg);
        } catch (MessagingException ex) {
            while ((ex = (MessagingException) ex.getNextException()) != null)
                ex.printStackTrace();
        }
    } //sendNow end

    public static void main(String[] args){
        new Sender().sendNow();
    }
}
```

15.4　JavaMail 核心类详解

15.3.1 节中简单列出了 JavaMail API 中的核心类，主要包括会话、消息、地址、验证程序、传输、存储和文件夹，这些类都可以在 JavaMail API 即 javax.mail 的顶层包中找到，但也会发现自己使用的具体子类是在 javax.mail.internet 包中找到的。

↑扫码看视频

15.4.1　java.util.Properties 类

JavaMail 需要使用 Properties 创建一个 session 对象，此对象会根据属性“mail.smtp.host”的值发送邮件，属性“mail.smtp.host”的值是一个邮件主机名。例如下面是 java.util.Properties 类的典型用法：

```
Properties props = new Properties (); //System.getProperties();
props.put("mail.smtp.host", "smtp.163.com");//可换上你的 smtp 主机名
```

或

```
props.setProperty("mail.smtp.host", "smtp.163.com");
```

类 java.util.Properties 中的常用属性如表 15-1 所示。

表 15-1　类 java.util.Properties 中的常用属性信息

属　性	说　明
String getProperty(String key)	用指定的键在属性列表中搜索属性
String getProperty(String key, String defaultValue)	用指定的键在属性列表中设置属性
void list(PrintStream out)	将属性列表输出到指定的字节输出流
void list(PrintWriter out)	打印属性列表输出到指定的字符输出流
void load(InputStream inStream)	从输入流中读取属性列表(键和元素对)
Void load(Reader reader)	按简单的面向行的格式从输入字符流中读取属性列表(键和元素对)
void loadFromXML(InputStream in)	将指定输入流中由 XML 文档所表示的所有属性加载到此属性表中
Enumeration<?> propertyNames()	返回属性列表中所有键的枚举，如果在主属性列表中未找到同名的键，则包括默认属性列表中不同的键
void save(OutputStream out, String comments)	已过时。如果在保存属性列表时发生 I/O 错误，则此方法不抛出 IOException。保存属性列表的首选方法是通过 store(OutputStream out, String comments) 或 storeToXML(OutputStream os, String comment)来进行
Object setProperty(String key, String value)	设置对象的属性值
Void store(OutputStream out, String comments)	以适合使用 load(InputStream) 方法加载到 Properties 表中的格式，将此 Properties 表中的属性列表(键和元素对)写入输出流
void store(Writer writer, String comments)	以适合使用 load(Reader) 方法的格式，将此 Properties 表中的属性列表(键和元素对)写入输出字符
void storeToXML(OutputStream os, String comment)	发出一个表示此表中包含的所有属性的 XML 文档
void storeToXML(OutputStream os, String comment, String encoding)	使用指定的编码发出表示此表中包含的所有属性的 XML 文档
Set<String> stringPropertyNames()	返回属性列表中的键集，其中该键及其对应值是字符串，如果在主属性列表中没找到这个键，则说明在属性列表中还包含其他的相关键

15.4.2　会话类 javax.mail.Session

类 Session 定义了一个基本的邮件会话，创建同远程邮件系统服务器的交互应答过程。Session 对象利用 java.util.Properties 对象获取诸如邮件服务器、用户名、密码等信息，以及其他可在整个应用程序中共享的信息。在一般情况下，Session 对象在一个 JVM 里只有一个，所以可能有多个用户共享一个 Session。然而 Session 里极有可能存在用户名和密码，所以安全问题要注意。

类 Session 中没有 Constructor (私有构造函数)，所以只能用如下格式返回一个独享的

Session 对象。

```
static Session getInstance(Properties prop)
```

而下面的格式可以返回一个共享的 Session 对象。

```
static Session getDefaultInstance(Properties prop)
```

后者在之后的调用中，返回同一个 Session。如果反复进行类似的操作，那么用后者不必每次都去重设 Properties，更方便一些。

Properties 对象中是 Session 所必需的参数，参数分为参数名和参数值两部分。其内容既可以用 put(key, value) 存放，也可以用 System.getProperties()取得系统默认值。不建议使用如下格式。

```
Properties.setProperty(String key, String value)
```

例如下面的语句：

```
props.put("mail.smtp.host", "127.0.0.1");
```

在上述语句中，mail.smtp.host 是参数名，而 127.0.0.1 是值。参数名不可以乱写，这是 JavaMail 体系文档里规定的。

除了 mail.smtp.host 之外，还有表 15-2 中所示的参数。

表 15-2　javax.mail.Session 类的参数

参　数	说　明
mail.transport.protocol	调用 getTransport()时可以得到它，返回默认的传输协议
mail.store.protocol	调用 getStore()时可以得到它，返回默认存储协议实现
mail.host	在没指定主机时，存储和传输时使用这个主机
mail.user	默认的用户缺省值 user.name
mail.from	当前用户缺省值 username@host
mail.protocol.host	缺省值 mail.host
mail.protocol.user	缺省值 mail.user
mail.debug	会话调试开关，缺省是 false

例如下面的代码创建了一个 Session 对象：

```
Properties props = new Properties(); //开一个新特性
props.put("mail.transport.protocol","smtp");
props.put("mail.smtp.host","mail.163.com");
props.put("mail.smtp.port","25");
Session mySession=Session.getInstance(props); //创建成功
```

15.4.3　身份认证类 javax.mail.Authenticator

当前大多数邮件系统为了防止邮件乱发(spam)，设定了 smtp 身份认证功能。所以在发送邮件的时候，经常需要提供用户名和密码。在 Java 程序中专门用下面的类来封装用户认证操作：

```
java.lang.Object
|
+ -- javax.mail.Authenticator(英文发音，重音在 th 上)
```

验证信息需要通过 Session 传给邮件服务器，所以 getInstance 有如下两种变形：

```
static Session getInstance(Properties prop, Authenticator auth);
static Session getDefaultInstance(Properties prop, Authenticator auth);
```

其中的 Authenticator 负责密码校验。

如果不需要验证身份，就用 null 做第二个参数，或者干脆用单参数的 getInstance()。如果 session 需要密码，那么 session 会自动发出如下调用：

```
javax.mail.PasswordAuthentication
getPasswordAuthentication()
```

其中 PasswordAuthentication 是一个包装类，里面包含用户名和密码。

如果 smtp 需要身份验证，则程序中需要自定义一个类继承 Authenticator，然后在类中实现 getPasswordAuthentication()方法。

```
class Auth extends Authenticator{
Properties pwd;
public Auth() {
try {
pwd= new Properties();
pwd.put("Alex","123");
pwd.put("Mary","456");
pwd.put("Obama","110");
} catch (Exception e) {
e.printStackTrace() ;
}
}

public PasswordAuthentication  getPasswordAuthentication()  {
String str= getDefaultUserName(); // 取得当前的用户
System.out.println("the user:"+str);
if (pwd.containsKey(str)) {
//若当前用户在密码表里，就取出密码，封装好返回
return new PasswordAuthentication(str,  (String) pwd.get(str));
} else {
//若当前用户不在密码表里，就提供 null, session 不负责密码验证
return null;
}
}
} //end class Auth
//在使用的时候可以通过如下代码实现验证:
Auth au = new Auth();  //建立验证类实例
//如果服务器要求验证，就提供用户名、密码对。如果不需要，这个类的方法也不会调用
session=Session.getDefaultInstance(props,  au);
```

15.4.4 消息类型类 javax.mail.Message

创建 Session 对象后就可以发送消息了，这时需要用到 Message 消息类型。由于 Message 是一个抽象类，所以使用时必须使用一个具体的子类型。大多数情况下，这个子类是

javax.mail.internet.MimeMessage。MimeMessage 是封装了 MIME 类型数据和报头的消息。消息的报头严格限制为只能使用 US-ASCII 字符，尽管非 ASCII 字符可以被编码到某些报头字段中。

1. 什么是 MIME

邮件系统从一开始起就是为文本准备的，但是随着计算机技术的发展，需要在邮件中发送 ASCII 信息。如何将二进制文件表示为 ASCII 文件以利传送呢？MIME 多用途 Internet 邮件扩充定义了这些方法。这些方法在 javax.mail 包里提供，以 API 的形式提供：javax.mail.Message。

Message 的结构如图 15-2 所示。

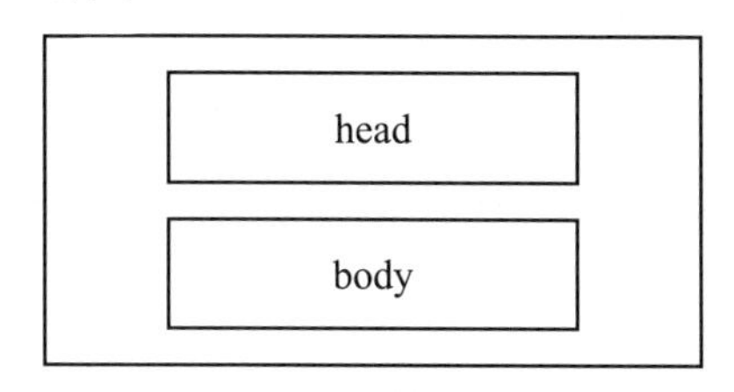

图 15-2　Message 的结构

消息的头部包括主题、接收者、发送者、发送日期等。实际的消息本身属于 body 部分。MIME 规范允许消息有多个部分，每个部分有自己的编码和属性。当然一个邮件可以有多个附件。

2. 可以使用的 API

在类 javax.mail.Message 中可以使用的 API 是 javax.mail.internet.MimeMessage。

Message 是一个抽象类，不能直接创建对象。它的子类 MimeMessage 则可以生成对象。下面看一个构造方法：

```
public MimeMessage(Session session)
```

上述方法能够根据 session 生成一个消息。

另一个方法是：

```
public MimeMessage (MimeMessage msg)
```

上述方法能够复制另一个 Message 的实例，但是效率比较差，一般用下面的格式生成新的 Message。

```
public Message reply(boolean replyToAll)
```

例如，下面是一个 Message 头部的例子。

```
Received: from njpcmesrv1.exclusives.nba.com([127.0.0.1]) by 21cn.com(AIMC2.9.5.6)
with SMTP id jm1803f550b5b; Wed, 03 Sep 2003 01:57:10 +0800
Received: from njpcmesrv1.exclusives.nba.com([12.18.6.135]) by 21cn.com(AIMC2.9.5.4)
with SMTP id AISP action; Wed, 03 Sep 2003 01:57:09 +0800
To: clydy@21cn.com
Message-Id: <20030902140122.59AA.241255-16845@exclusives.nba.com>
Date: Tue, 02 Sep 2003 14:01:22 -0400 (EDT)
From: NBA Daily <nba@exclusives.nba.com>
```

```
Subject: NBA Daily - Tuesday, September 2nd
Content-Return: allowed
Content-Type: text/plain
Content-Transfer-Encoding: 7bit
X-Mailer: CME-V5.0.5; L#8358-nba-p0
MIME-Version: 1.0
X-AIMC-AUTH: (null)
X-AIMC-MAILFROM: nba@exclusives.nba.com
```

接下来开始分析上述头部的内容。

1) From

用于指定邮件的发出地，随便你填，可以用如下格式取得发出地：

```
Address[] getFrom()//这是一个 Address 对象数组
void setFrom()
```

或者

```
void setFrom(Javax.mail.Address  fromAddress)
```

或者

```
void addFrom(Address[]  moreAddress)
```

其中，不带参数的 setFrom 有默认属性，在一般情况下设定多个 From 没意义。

2) setRecipient

此方法用于设置 TO、CC 和 BCC 的原型，这三个原型分别对应 Message.RecipientType type 的取值。

```
void setRecipient(Message.RecipientType type, Address[] addresses);
void addRecipient(Message.RecipientType type, String address);
```

其中 Message.RecipientType type 是常量，有如下三个值。

- Message.RecipientType.TO
- Message.RecipientType.CC
- Message.RecipientType.BCC

上述常量的意义不言自明，收件人可以是一个 Address[]的数组或字符串。

3) setReplyTo

此方法用于指定回信字段，回信不一定回给发信人。一般用如下格式来设定。

```
void  setReplyTo(Address[] addresses)
```

其中，Address[] setReplyTo()可以取得回复地址信息。

4) Subject 和 setSendDate(Date)及 setSendDate()

使用 void setSubject(String ss)可以设定邮件标题。

使用 String getSubject()可以取得标题。

使用 setSendDate(Date dd)可以指定发送时间，用不带参数的形式发送当前时间。

5) MessageID

电子邮件非常多的时候，通过 ID 可以方便地实现邮件索引和管理，例如，当邮件标题内容都完全相同时，可以通过 ID 来区分不同的邮件。

```
String  getMessageID()//可以取得这个编号
```

也可以在头部放其他东西以便用户灵活处理，例如：

```
void setHeader(String name,  String value);
```

使用 String getHeader(String name, String delimiter)可以取得头部的“名-值”对，delimiter 是分界符，默认是逗号。

6) 动手操作

一旦创建消息后，接下来就可以设置其各个部分。

```
MimeMessage mm = new MimeMessage(session);
```

Message(消息)实现 Part(部分)接口(MimeMessage 实现 MimePart)。设置内容的基本机制是 setContent()方法，它带有表示内容和 MIME 类型的参数：

```
message.setContent("Hello, my friend! ",  "text/plain");
```

如果正在使用 MimeMessage，并且消息是纯文本，那么就可以使用 setText()方法。该方法只需要一个表示实际内容的参数，默认的 MIME 类型为纯文本：

```
message.setText("Hello, my friend! ");
```

对于纯文本消息，setText()方法常常被用来设置内容。要发送其他类型的消息，如 HTML 消息，就要使用 setContent()方法。现在使用更多的是 HTML 消息。

要设置主题，使用 setSubject()方法：

```
message.setSubject("First letter sent by JavaMail! ");
```

15.4.5　javax.mail.Address 类

一旦创建了会话和消息，并为消息填充了内容，就需要用 Address 类为信件标上地址。同 Message 类一样，Address 类也是抽象类。可以使用 javax.mail.internet.InternetAddress 类。创建只带有电子邮件地址的地址，把电子邮件地址传递给 Address 类的构造器，例如：

```
Address address = new InternetAddress("president@whitehouse.gov");
```

如果想让一个名字出现在电子邮件地址的后面，也可以将其传递给构造器：

```
Address address = new InternetAddress("president@whitehouse.gov", "George
Bush");
```

需要为消息的 from(发送者)字段和 to(接收者)字段创建地址对象。除非邮件服务器阻止这样做，否则要在发送的消息中注明该消息的发送者。

一旦创建好地址，有两种方法可将地址与消息连接起来。为了鉴别发送者，可以使用 setFrom()和 setReplyTo()方法。

```
message.setFrom(address)
```

如果消息需要显示多个地址来源，则可以使用 addFrom()方法：

```
Address address[] = ...;
message.addFrom(address);
```

为了鉴别消息接收者，可以使用 addRecipient()方法。该方法除了需要一个地址参数外，还需要一个 Message.RecipientType 属性(消息的接收类型)。

```
message.addRecipient(type, address)
```

地址有如下 3 种预定义类型。

- Message.RecipientType.TO
- Message.RecipientType.CC
- Message.RecipientType.BCC

假设，有一条消息将发送给总统，同时还将发送该消息的副本给第一夫人，则采用下面的代码：

```
Address toAddress = new InternetAddress("vice.president@whitehouse.gov");
Address ccAddress = new InternetAddress("first.lady@whitehouse.gov");
message.addRecipient(Message.RecipientType.TO, toAddress);
message.addRecipient(Message.RecipientType.CC, ccAddress);
```

JavaMail API 没有提供检查电子邮件地址有效性的机制。可以自己编写支持扫描有效字符(在 RFC 822 文档中所定义的)或检验 MX(邮件交换)记录的程序，这些都超越了 JavaMail API 的范围。

15.4.6 协议类 javax.mail.Transport

发送消息的最后一步操作是使用 Transport 类。该类使用特定协议(通常是 SMTP)语言来发送消息。它是一个抽象类，其操作与 Session 类有些相似。可以通过只调用静态的 send()方法来使用该类的默认版本：

```
Transport.send(message);
```

或者，可以从协议的会话中获取一个特定的实例，然后传递用户名和密码(不必要时可以为空)并发送消息，最后关闭连接：

```
message.saveChanges(); //隐形调用 send()
Transport transport = session.getTransport("smtp");
transport.connect(host, username, password);
transport.sendMessage(message, message.getAllRecipients());
transport.close();
```

智慧锦囊

当需要发送多个消息时，建议采用后一种方法，因为它将保持消息间活动服务器的连接。而基本的 send()机制会为每一个方法调用都建立一条独立的连接。要想查看使用的邮件服务器邮件命令，可以使用方法 session.setDebug(true)设置调试标志。

15.4.7 javax.mail.Store 类和 javax.mail.Folder 类

使用类 Session 可以获取消息，开始时与发送消息很相似。但是在获取会话后，很有可

能使用用户名和密码或 Authenticator 类来连接 Store 类。与类 Transport 一样，要告诉类 Store 将使用什么协议：

```
//Store store = session.getStore("imap");
Store store = session.getStore("pop3");
store.connect(host,  username,  password);
```

连接类 Store 后，就可以获取一个 Folder 类，在读取其中的消息前必须先打开该类。

```
Folder folder = store.getFolder("INBOX");
folder.open(Folder.READ_ONLY);
Message[] messages = folder.getMessages();
```

对于 POP 3 协议，唯一可用的文件夹是 INBOX。如果使用的是 IMAP 协议，则可以使用其他的文件夹。

一旦读取消息，就可以使用 getContent()方法获取其内容，或使用 writeTo()方法将其内容写到一个流中。getContent()方法只获取消息内容，而 writeTo()方法还会输出报头。

```
System.out.println(((MimeMessage)message).getContent());
```

一旦阅读完邮件，可以关闭对文件夹和存储的连接。

```
folder.close(aBoolean);
store.close();
```

传递给文件夹的 close()方法的布尔变量，可以设置是否清空已删除的消息来更新文件夹。

知识精讲

其实理解上述这 7 个类的方式，是使用 JavaMail API 处理几乎所有事情需要的全部内容。除了上述 7 个类构建的 JavaMail API 方式以外，其大多数功能都是以几乎完全相同或特定的方式来执行任务的，就好像内容是附件。特定的任务，如搜索、隔离等将在后面进行介绍。

15.5　实践案例与上机指导

通过本章的学习，读者基本可以掌握使用 JavaMail 发送邮件的知识。其实有关使用 JavaMail 发送邮件的知识还有很多，这需要读者通过课外渠道来深入学习。下面通过练习操作，以达到巩固学习、拓展提高的目的。

↑扫码看视频

15.5.1　使用 JavaMail 发送邮件

在下面的实例中，演示了使用 JavaMail 发送邮件的过程。

实例 15-2：使用 JavaMail 发送邮件。
源文件路径：daima\15\15-2

第 1 步 编写文件 index.jsp，其功能是提供一个邮件发送表单，以输入发件人、收件人、主题和邮件内容等信息。具体实现代码如下。

```
    </tr>
    <tr>
      <td height="27" align="center">发件人：</td>
      <td colspan="2" align="left"><input name="from" type="text" id=
          "from" title="发件人" size="60"></td>
    </tr>
    <tr>
      <td height="27" align="center">密  码：</td>
      <td colspan="2" align="left"><input name="password" type="password"
         id="password" title="发件人信箱密码" size="60"></td>
    </tr>
    <tr>
      <td height="27" align="center">主  题：</td>
      <td colspan="2" align="left"><input name="subject" type="text"
          id="subject" title="邮件主题" size="60"></td>
    </tr>
    <tr>
      <td height="93" align="center">内  容：</td>
      <td colspan="2" align="left"><textarea name="content" cols="59"
          rows="7" class="wenbenkuang" id="content" title="邮件内容">
          </textarea></td>
    </tr>
    <tr>
      <td height="30" align="center"> </td>
      <td height="40" align="right"><input name="Submit" type="submit"
          class="btn_bg" value="发送">
         
        <input name="Submit2" type="reset" class="btn_bg" value="重置">
         
        <input name="Submit3" type="button" class="btn_bg" onClick=
          "window.close();" value="关闭">
           </td>
      <td align="left"> </td>
```

第 2 步 编写文件 mydeal.jsp，其功能是获取表单中输入的邮件信息，实现邮件发送功能。主要实现代码如下。

```
<%@    page    contentType="text/html;     charset=GBK"     language="java"
errorPage="" %>
<%@ page import="java.util.*" %>
<%@ page import ="javax.mail.*" %>
<%@ page import="javax.mail.internet.*" %>
<%@ page import="javax.activation.*" %>
<%
try{
    request.setCharacterEncoding("GBK");
    String from=request.getParameter("from");
    String to=request.getParameter("to");
    String subject=request.getParameter("subject");
```

```
   String messageText=request.getParameter("content");
   String password=request.getParameter("password");
   //生成 SMTP 的主机名称
   //int n =from.indexOf('@');
   //int m=from.length() ;
   //String mailserver ="smtp."+from.substring(n+1,m);
   String mailserver="localhost";    //局域网发送邮件时的 SMTP 服务器
   //建立邮件会话
   Properties pro=new Properties();
   pro.put("mail.smtp.host",mailserver);
   pro.put("mail.smtp.auth","true");
   Session sess=Session.getInstance(pro);
   sess.setDebug(true);
   //新建一个消息对象
   MimeMessage message=new MimeMessage(sess);
   //设置发件人
   InternetAddress from_mail=new InternetAddress(from);
   message.setFrom(from_mail);
  //设置收件人
   InternetAddress to_mail=new InternetAddress(to);
   message.setRecipient(Message.RecipientType.TO ,to_mail);
   //设置主题
   message.setSubject(subject);
  //设置内容
  message.setText(messageText);
  //设置发送时间
  message.setSentDate(new Date());
  //发送邮件
  message.saveChanges();  //保证报头域同会话内容保持一致
  Transport transport =sess.getTransport("smtp");
  transport.connect(mailserver,from,password);
  transport.sendMessage(message,message.getAllRecipients());
  transport.close();
  out.println("<script language='javascript'>alert('邮件已发送！');
      window.location.href='index.jsp';</script>");
}catch(Exception e){
    System.out.println("发送邮件产生的错误："+e.getMessage());
    out.println("<script language='javascript'>alert('邮件发送失败！');
      window.location.href='index.jsp';</script>");
}
%>
```

15.5.2　发送 HTML 格式的邮件

在下面的实例中，演示了使用 JavaMail 发送 HTML 格式邮件的过程。

实例 15-3：使用 JavaMail 发送 HTML 格式的邮件。
源文件路径：daima\15\15-3

第 1 步 编写文件 index.jsp，其功能是提供一个邮件发送表单，以输入发件人、收件人、主题和邮件内容等信息。

第 2 步 编写文件 mydeal.jsp，功能是获取表单中输入的邮件信息，实现邮件发送功能。主要实现代码如下。

```
<%@ page contentType="text/html;charset=GBK" %>
<%@ page import="java.util.*"%>
<%@ page import="javax.mail.*" %>
<%@ page import="javax.mail.internet.*"%>
<%@ page import="javax.activation.*" %>
<%
try{
    request.setCharacterEncoding("GBK");
    String from=request.getParameter("from");
    String to=request.getParameter("to");
    String subject=request.getParameter("subject");
    String messageText=request.getParameter("content");
   String password=request.getParameter("password");
    //****如果是在 Internet 上发送电子邮件，使用这段代码自动生成 SMTP 的主机名称****/
    //int n =from.indexOf('@');
    //int m=from.length() ;
    //String mailserver ="smtp."+from.substring(n+1,m);
    /*************************************************************/
    //在局域网上发送电子邮件使用这句代码指定 SMTP 服务器
   String mailserver="localhost";

   Properties prop =new Properties();
   prop.put("mail.smtp.host",mailserver);
   prop.put("mail.smtp.auth","true");
   Session sess =Session.getInstance(prop);
   sess.setDebug(true);

   MimeMessage message=new MimeMessage(sess);

   //给消息对象设置收件人、发件人、主题、发信时间
   InternetAddress mail_from =new InternetAddress(from);
   message.setFrom(mail_from);
   InternetAddress mail_to =new InternetAddress(to);
   message.setRecipient(Message.RecipientType.TO,mail_to);
   message.setSubject(subject);
   //新建一个 MimeMultipart 对象来存放多个 BodyPart 对象
   Multipart mul=new MimeMultipart();
   BodyPart mdp=new MimeBodyPart(); //新建一个存放信件内容的 BodyPart 对象
   mdp.setContent(messageText,"text/html;charset=GBK");
   mul.addBodyPart(mdp); //将含有信件内容的 BodyPart 加入 MimeMulitipart 对象中
   message.setContent(mul);  //把 mul 作为消息对象的内容
   message.saveChanges();
   Transport transport = sess.getTransport("smtp");

   //以 smtp 方式登录邮箱，第 1 个参数是发送邮件用的邮件服务器 SMTP 的地址，第 2 个参数
   //为用户名，第 3 个参数为密码
   transport.connect(mailserver,from,password);
   transport.sendMessage(message,message.getAllRecipients());
   transport.close();
   out.println("<script language='javascript'>alert('邮件已发送！');
       window.location.href='index.jsp';</script>");
}catch(Exception e){
    System.out.println("发送邮件产生的错误："+e.getMessage());
    out.println("<script language='javascript'>alert('邮件发送失败！');
       window.location.href='index.jsp';</script>");
}
%>
```

思考与练习

本章详细讲解了使用 JavaMail 发送邮件的知识，循序渐进地讲解了邮件是一种全新的通信方式、邮件协议介绍、JavaMail 基础、JavaMail 核心类详解等知识。在讲解过程中，通过具体实例介绍了使用 JavaMail 发送邮件的方法。通过本章的学习，读者应该熟悉使用 JavaMail 发送邮件的知识，掌握它们的使用方法和技巧。

1. 选择题

(1) 函数(　　)的功能是将属性列表输出到指定的输出流。

A. void list(PrintStream out)

B. void list(PrintWriter out)

C. void load(InputStream inStream)

(2) 发送电子邮件消息涉及获取会话、创建和填充消息并发送消息这些操作。可以在获取 Session 时，通过为要传递的 Properties 对象设置属性(　　)来指定 SMTP 服务器。

A. mail.smtp.host　　　B. mail.smtp.port　　　C. mail.smtp.ip

2. 判断对错

(1) 如果发送一个 HTML 文件作为消息，并让邮件阅读者取出任何嵌入的图片或相关片段，那么就可以使用消息的 setContent()方法，以字符串形式传递消息内容，并把内容类型设置为 text/html。　(　　)

(2) Message 是一个抽象类，不能直接创建对象。它的子类 MimeMessage 可以生成对象。　(　　)

3. 上机练习

(1) 发送带有附件的邮件。

(2) 群发邮件。

思考与练习

第16章

在线商城系统(Spring Boot+MySQL)

本章要点

- 系统需求分析
- 搭建开发环境
- 数据库操作设计
- 具体编码
- 系统调试

本章主要内容

在本章的内容中，将通过一个综合实例的实现过程，讲解使用 Java 语言开发移动版在线商城系统的过程。本系统后端使用 Spring Boot 技术实现，前端使用 HTML 模板实现。这样实现了前端和后端的分离，有利于系统的维护和升级。希望读者认真学习，掌握使用 Java Web 开发大型商业项目的方法。

16.1　系统需求分析

在线商城是指在网上建立一个在线销售平台，用户可以通过这个平台实现在线购买、提交订单和购买商品的目的。随着电子商务的蓬勃发展，在线商城系统得到了迅猛发展。对于售方来说，可以节省店铺的经营成本；对买方来说，可以实现即时购买，满足自己多方位的需求。

↑扫码看视频

一个典型在线商城系统的构成模块如下。

1)　会员处理模块

为了方便用户购买商品，提高系统人气，设立了会员功能。成为系统会员后，可以对自己的资料进行管理，并且可以集中管理自己的订单。在线商城会员系统必须具备以下功能。

- 会员注册：通过注册表单成为系统的会员，也可以通过微信直接登录。
- 会员管理：不但可以管理个人的基本信息，而且能够管理自己的订单信息。

2)　购物车处理模块

为满足用户的购物需求，设立了购物车功能。用户可以把需要的商品放到购物车保存，提交在线订单后即可完成在线商品的购买。

3)　商品查寻模块

为了方便用户购买，系统设立了商品快速查寻模块，用户可以根据商品的信息快速找到自己需要的商品。

4)　订单处理模块

为方便商家处理用户的购买信息，系统设立了订单处理功能。通过该功能可以实现对用户购物车信息的及时处理，使用户尽快地拿到自己的商品。

5)　商品分类模块

为了方便用户对系统商品的浏览，将系统的商品划分为不同的类别，使用户可以迅速找到需要的商品类别。

6)　商品管理模块

为方便对系统的升级和维护，建立专用的商品管理模块实现商品的添加、删除和修改功能，以满足系统更新的需求。

16.2 搭建开发环境

本系统的后端用著名的 Spring Boot 框架实现，这是传统 JavaEE 框架 Spring 的升级，能够简化以前 Spring 应用程序的创建和开发过程。也就是说，Spring Boot 能简化我们之前采用 Spring MVC+Spring+MyBatis 框架进行开发的过程。

↑扫码看视频

16.2.1 Spring Boot 框架介绍

Spring Boot 是 Pivotal 团队开发的一款全新框架，用来简化传统 Spring 应用程序的初始搭建以及开发过程。该框架使用特定的方式来进行配置，从而使开发人员不再需要定义样板化的配置。Spring Boot 框架的主要特点如下：

- 创建独立的 Spring 应用程序。
- 内嵌含有 Tomcat 服务器，自动调试运行，无须部署 WAR 文件。
- 简化 Maven 配置，降低学习门槛。
- 根据在项目中设置的 maven 依赖选项，Spring Boot 会自动配置 Spring，提高开发效率。
- 提供生产就绪型功能，如指标、健康检查和外部配置。
- Spring Boot 自动配置 Spring、Spring MVC 等其他开源框架。

16.2.2 安装使用 IntelliJ IDEA

IntelliJ IDEA 是一款著名的开发 Java 程序的集成环境，在业界被公认为最好的专业级 Java 开发工具之一。IntelliJ IDEA 内置 Spring Boot 项目的开发和部署工具，安装并使用 IntelliJ IDEA 的基本流程如下。

第 1 步 登录 IntelliJ IDEA 的官方主页 http://www.jetbrains.com/idea/，如图 16-1 所示。

图 16-1　IntelliJ IDEA 的官方主页

第 2 步 单击中间的 DOWNLOAD 按钮后弹出选择安装版本界面，如图 16-2 所示。

第 3 步 根据电脑的操作系统选择适合自己的版本，例如笔者选择的是 Windows 系统下的 Ultimate 版本，单击此版本下面的 DOWNLOAD 按钮后开始下载。下载完成后得到一个.exe 格式的安装文件。用鼠标右键单击这个文件，在弹出的快捷菜单中选择“以管理员身份运行”命令。

第 4 步 接下来开始正式安装，首先弹出欢迎安装界面，如图 16-3 所示。

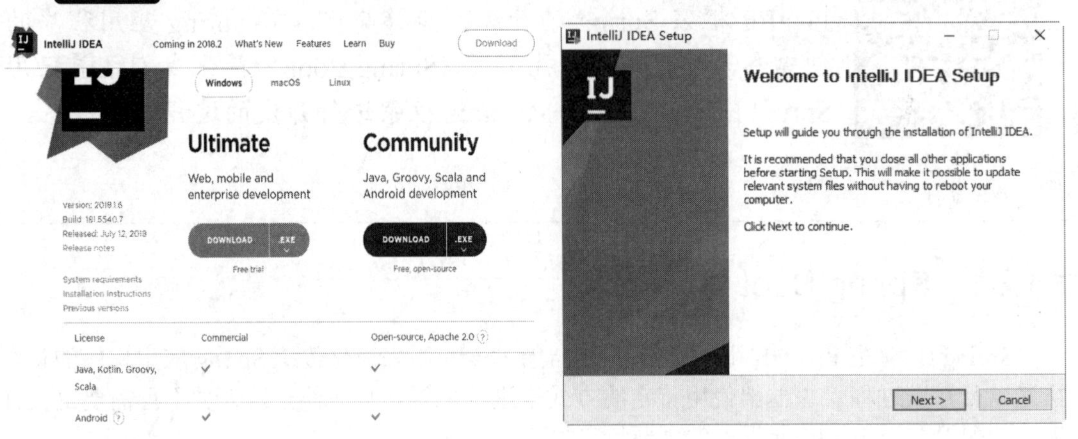

图 16-2　选择安装版本界面　　　　图 16-3　欢迎安装界面

第 5 步 单击 Next 按钮进入选择安装路径界面，笔者设置的是 G 盘，如图 16-4 所示。

第 6 步 单击 Next 按钮进入安装选项界面，如图 16-5 所示。

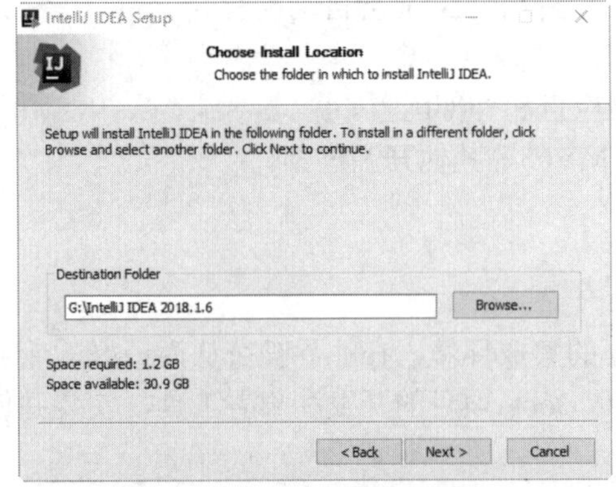

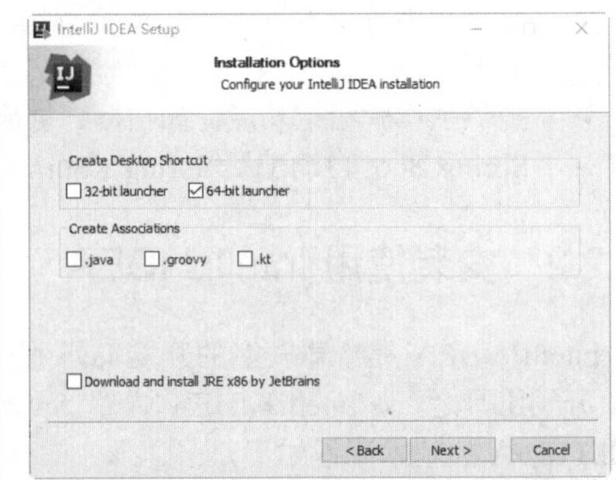

图 16-4　选择安装路径界面　　　　图 16-5　安装选项界面

在安装选项界面有如下两个选项供开发者选择。

- Create Desktop Shortcut：表示在桌面上创建一个 IntelliJ IDEA 的快捷方式，因为笔者的电脑是 64 位的，所以勾选 64-bit launcher 选项。
- Create Associations：表示关联.java、.groovy 和.kt 文件，建议不要勾选，否则我们每次打开以上三种类型的文件，都要启动 IntelliJ IDEA，速度比较慢，而且如果仅仅是为了查看文件内容，使用 EditPlus 和记事本之类的轻便编辑器打开会更加方便。

第 7 步 单击 Next 按钮后进入设置开始菜单中的名称界面，如图 16-6 所示。

第 8 步 单击 Install 按钮后弹出安装进度界面，如图 16-7 所示。进度完成时整个安装过程也就完成了。

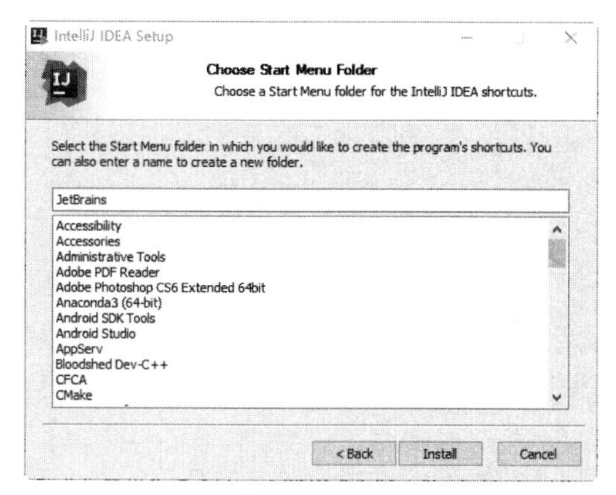

图 16-6 设置开始菜单中的名称界面

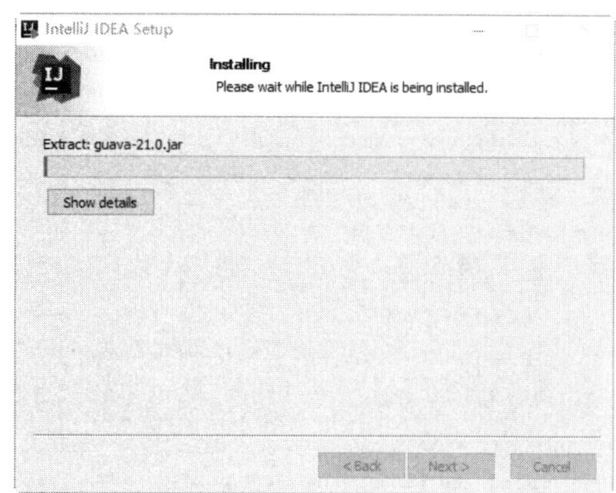

图 16-7 安装进度界面

第 9 步 打开 IntelliJ IDEA 的安装目录，双击 bin 目录下的 idea64.exe 文件打开 IntelliJ IDEA，如图 16-8 所示。

第 10 步 选择 Create New Project 选项，弹出 New Project 对话框，在左侧模板中选择 Spring Initializr 选项，然后单击 Next 按钮即可创建一个 Spring Boot 项目，如图 16-9 所示。

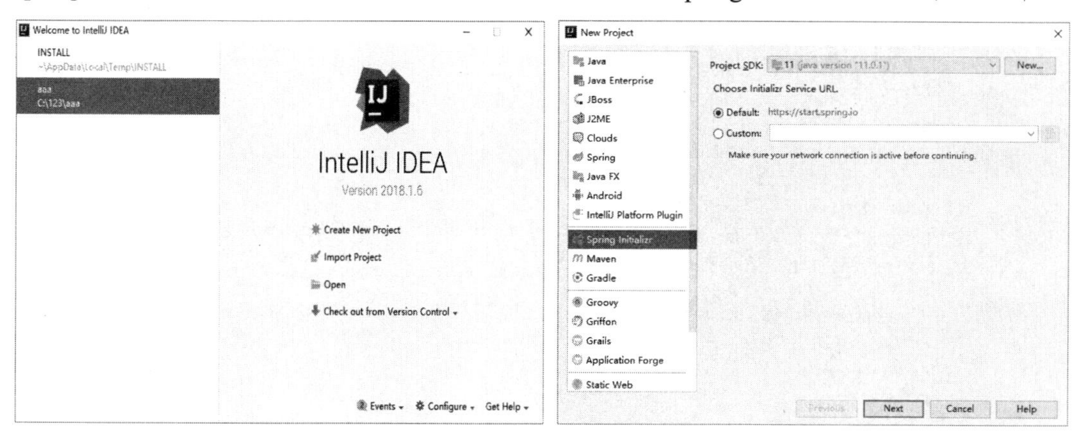

图 16-8 打开 IntelliJ IDEA　　　　图 16-9 New Project 对话框

16.3 数据库设计

数据库技术是实现动态 Web 数据处理的基础，本项目采用 MySQL 数据库作为数据存储工具，实现商品、用户、会员和订单等信息的存储工作。在本节的内容中，将详细讲解本项目的数据库设计工作。

↑扫码看视频

本项目的数据库名为 smallschoo，一共包含 12 个数据表，如图 16-10 所示。

表	操作						行数	类型	排序规则	大小	多余
app_scl_deliver	浏览	结构	搜索	插入	清空	删除	4	MyISAM	utf8_general_ci	8.3 KB	-
app_scl_services	浏览	结构	搜索	插入	清空	删除	8	InnoDB	utf8mb4_unicode_ci	16 KB	-
app_scl_service_category	浏览	结构	搜索	插入	清空	删除	7	InnoDB	utf8mb4_unicode_ci	16 KB	-
app_scl_service_order	浏览	结构	搜索	插入	清空	删除	4	InnoDB	utf8mb4_unicode_ci	16 KB	-
app_scl_service_release	浏览	结构	搜索	插入	清空	删除	0	InnoDB	utf8mb4_unicode_ci	16 KB	-
app_scl_service_status	浏览	结构	搜索	插入	清空	删除	0	InnoDB	utf8mb4_unicode_ci	16 KB	-
app_scl_shopping_cart	浏览	结构	搜索	插入	清空	删除	5	InnoDB	utf8mb4_unicode_ci	16 KB	-
app_scl_snacks	浏览	结构	搜索	插入	清空	删除	36	InnoDB	utf8mb4_unicode_ci	2.5 MB	-
app_scl_snack_category	浏览	结构	搜索	插入	清空	删除	6	InnoDB	utf8mb4_unicode_ci	16 KB	-
app_scl_snack_order	浏览	结构	搜索	插入	清空	删除	5	InnoDB	utf8mb4_unicode_ci	16 KB	-
app_scl_user_info	浏览	结构	搜索	插入	清空	删除	4	InnoDB	utf8mb4_unicode_ci	16 KB	-
hibernate_sequence	浏览	结构	搜索	插入	清空	删除	2	MyISAM	utf8_general_ci	1 KB	-

图 16-10　数据表

在文件 application.yml 中保存了 Java Web 连接数据库的参数，主要实现代码如下。

```
server:
   port: 7777
spring:
   datasource:
      driver-class-name: com.mysql.cj.jdbc.Driver
      url:
jdbc:mysql://127.0.0.1:3306/smallschool?useUnicode=true&characterEncoding
=utf8&serverTimezone=GMT
      username: root
      password: 66688888
   jpa:
      generate-ddl: false
      hibernate:
         ddl-auto: update
      show-sql: true
   thymeleaf:
      prefix: classpath:/templates/
      suffix: .html
      mode: HTML5
      servlet:
         content-type: text/html
      cache: false
      encoding: UTF-8
   resources:
      static-locations: classpath:/static/
```

在上述代码中，笔者设置的端口号是 7777，这个端口号表示 Tomcat 的端口号。读者可以修改为自己的端口号，但是一定不要使用已经被其他程序占用的端口号。username 和 password 分别表示连接 MySQL 数据库的用户名和密码，读者需要修改为自己的用户名和密码。

16.4　具体编码

在本节的内容中，将详细讲解项目的具体编码过程，详细讲解重点模块代码的实现过程和技巧。希望读者认真学习，体会每一行代码的真谛。

↑扫码看视频

16.4.1　系统主页

本商城系统主页由文件 smallschool\src\main\resources\templates\index.html 实现，功能是列表展示系统内的不同类型的商品信息，主要实现代码如下。

```
<article class="weui_article content">
  <h1>商品列表</h1>
  <div class="bd">
    <div class="row">
      <div class="col-33">
        <figure class="item">
          <a class="pic" th:href="@{/snack/snackList/}+${'1'}"><img src=
            "/images/tg.jpg" width="70" height="95"></a>
          <figcaption>
            <strong class="title">糖果</strong>
            <em class="desc">candy</em>
            <!--<div class="info">
              <span class="price">
                ¥<strong>0.0</strong>
              </span>
              <div class="buy">
                <span class="sub icon icon-122"></span>
                <span class="count">0</span>
                <span class="add icon icon-36"></span>
              </div>
            </div>-->
            <div class="tag">推荐</div>
          </figcaption>
        </figure>
      </div>
      <div class="col-33">
        <figure class="item">
          <a class="pic" th:href="@{/snack/snackList/}+${'2'}"><img src=
            "/images/yl.jpg" width="70" height="95"></a>
          <figcaption>
            <strong class="title">饮料</strong>
            <em class="desc">drink</em>
            <!--<div class="info">
              <span class="price">
```

```
          ¥<strong>0.0</strong>
        </span>
        <div class="buy">
          <span class="sub icon icon-122"></span>
          <span class="count">0</span>
          <span class="add icon icon-36"></span>
        </div>
      </div>-->
      <div class="tag">推荐</div>
    </figcaption>
  </figure>
</div>
<div class="col-33">
  <figure class="item">
    <a class="pic" th:href="@{/snack/snackList/}+${'3'}"><img src=
        "/images/lt.jpg" width="70" height="95"></a>
    <figcaption>
      <strong class="title">辣条</strong>
      <em class="desc">spicy strips</em>
      <!--<div class="info">
        <span class="price">
          ¥<strong>0.0</strong>
        </span>
        <div class="buy">
          <span class="sub icon icon-122"></span>
          <span class="count">0</span>
          <span class="add icon icon-36"></span>
        </div>
      </div>-->
      <div class="tag">推荐</div>
    </figcaption>
  </figure>
</div>
<div class="col-33">
  <figure class="item">
    <a class="pic" th:href="@{/snack/snackList/}+${'4'}"><img src=
        "/images/fbm.jpg" width="70" height="95"></a>
    <figcaption>
      <strong class="title">方便面</strong>
      <em class="desc">instant noodles</em>
      <!--<div class="info">
        <span class="price">
          ¥<strong>0.0</strong>
        </span>
        <div class="buy">
          <span class="sub icon icon-122"></span>
          <span class="count">0</span>
          <span class="add icon icon-36"></span>
        </div>
      </div>-->
      <div class="tag">推荐</div>
    </figcaption>
  </figure>
</div>
<div class="col-33">
  <figure class="item">
    <a class="pic" th:href="@{/snack/snackList/}+${'5'}"><img src=
        "/images/nn.jpg" width="70" height="95"></a>
    <figcaption>
```

```
            <strong class="title">牛奶</strong>
            <em class="desc">milk</em>
            <!--<div class="info">
              <span class="price">
                ¥<strong>0.0</strong>
              </span>
              <div class="buy">
                <span class="sub icon icon-122"></span>
                <span class="count">0</span>
                <span class="add icon icon-36"></span>
              </div>
            </div>-->
            <div class="tag">推荐</div>
          </figcaption>
        </figure>
      </div>
      <div class="col-33">
        <figure class="item">
          <a class="pic" th:href="@{/snack/snackList/}+${'6'}"><img src=
              "/images/phsp.jpg" width="70px" height="95px"></a>
          <figcaption>
            <strong class="title">膨化食品</strong>
            <em class="desc">puffed food</em>
            <!--<div class="info">
              <span class="price">
                ¥<strong>0.0</strong>
              </span>
              <div class="buy">
                <span class="sub icon icon-122"></span>
                <span class="count">0</span>
                <span class="add icon icon-36"></span>
              </div>
            </div>-->
            <div class="tag">推荐</div>
          </figcaption>
        </figure>
      </div>
    </div>
    </div>
  </article>

<!--  <div class="bd spacing">
    <a th:href="@{/toService/}" class="into weui_btn bg-orange">进入服务</a>
  </div>-->

  <footer class="footer weui_tab tab-bottom" style="height:55px;">
    <nav class="weui_tabbar">
      <a th:href="@{/snack/index}" class="weui_tabbar_item weui_bar_item_on">
        <div class="weui_tabbar_icon">
          <i class="icon icon-29"></i>
        </div>
        <p class="weui_tabbar_label">首页</p>
      </a>
      <a th:href="@{/snack/toService/}" class="weui_tabbar_item">
        <div class="weui_tabbar_icon">
          <i class="icon icon-62"></i>
        </div>
        <p class="weui_tabbar_label">服务</p>
      </a>
```

```
    <a href="javascript:" class="weui_tabbar_item"></a>
    <a th:href="@{/service/toOrder}" class="weui_tabbar_item">
      <div class="weui_tabbar_icon">
        <i class="icon icon-81"></i>
      </div>
      <p class="weui_tabbar_label">订单</p>
    </a>
    <a th:href="@{/user/info}" class="weui_tabbar_item">
      <div class="weui_tabbar_icon">
        <i class="icon icon-85"></i>
      </div>
      <p class="weui_tabbar_label">我的</p>
    </a>
  </nav>
</footer>

<div class="shop-cart">
  <a id="cart" th:href="@{/snackOrder/toShopCart}" class="cart">
    <div class="c-icon">
      <i class="icon icon-24"></i>
    </div>
    <!--<p class="c-txt">购物车</p>-->
  </a>
</div>
```

16.4.2 产品展示

在本商城系统中，单击主页中的某个商品分类后来到商品列表页面，在这个页面中会列表显示这个分类下面的所有商品信息，并且还提供了一个将商品添加到购物车中的操作按钮⊕。本项目产品展示模块的前端由文件 smallschool\src\main\resources\templates\snack_list.html 实现，主要实现代码如下。

```
<article class="weui_article content">
    <h1>商品列表</h1>
    <div class="bd">
        <div class="row">
            <div class="col-33" th:each="snack:${snack_list}">
                <figure class="item">
                    <a class="pic" th:href="@{/snack/snackDetail/}
                        +${snack.getSnackId()}">
                        <!--<img th:src="'data:image/jpeg;base64,'
                        +${candy.bz}" th:id="${candy.getSnackId()}
                        +'zp'" width="70" height="95" /></a>-->
                            <img th:src="${snack.getPicString()}"/></a>
                            <figcaption>
                            <strong class="title" th:text=
                            "${snack.getSnackName()}">名称</strong>
                                <em class="desc" th:utext="'原价: <s>'+
                                ${snack.getSnackPrice()}*2.0+'</s>'">原价格</em>
                                <div class="info">
                                    <span class="price">
                            ¥<strong th:text="${snack.getSnackPrice()}">
                            折扣价</strong>
                                </span>
                                <div class="buy">
```

```
                    <span class="sub icon icon-122" th:name=
                    "${snack.getSnackId()}"></span>
                    <span class="count">0</span>
                    <span class="add icon icon-36" th:name=
                    "${snack.getSnackId()}"></span>
                    </div>
                </div>
                <div class="tag">推荐</div>
            </figcaption>
        </figure>
    </div>
```

在上面的文件 snack_list.html 中，将商品添加到购物车的功能是通过 JS 函数 addcart()实现的，主要实现代码如下。

```
    function addcart(obj){
        var snackId = $(obj).attr("name");
          console.log(snackId);
        $.ajax({
            url:"/cart/addCart",
            type:"post",
            async: true,
            dataType:"json",
            data:{
                "snackId":snackId
            },
            success: function (datas) {
                console.log("添加成功");
            }
        })
    }
```

本项目产品展示模块的后端视图由文件 smallschool\src\main\java\com\smallschool\controller\SnackController.java 中的方法 getSnackList()和 snackList()实现，主要实现代码如下。

```
    /*
    * 跳转到零食详情页面
    * */
    @RequestMapping(value = "/list")
    public String getSnackList(Map<String, List> map){

        List list = snackRepository.findAll();
        map.put("list", list);
        for (Object s:list) {
            System.out.println(s.toString());
        }
        return "list";
    }
    @RequestMapping("/snackList/{category}")
    public  String  snackList(Map  map,  @PathVariable("category")  int
category){
        List<SnackEntity> snack_list = snackRepository.findBySnackCategory
(category);
        Base64 encoder = new Base64();
        for (SnackEntity snack:snack_list) {
            String pic ="data:image/jpeg;base64,"+ encoder.encodeBase64String
(snack.getSnackPic());
            snack.setPicString(pic);
        }
```

```
        map.put("snack_list",snack_list);
        return "snack_list";
    }
```

16.4.3 产品详情页面

在本商城系统中，单击产品展示页面中的某件商品后来到这件商品的详情页面，在这个页面中会列表显示这件商品的详细信息。本项目产品展示模块的前端由文件 smallschool\src\main\resources\templates\snack_detail.html 实现，主要实现代码如下。

```
<body ontouchstart th:each="snack:${snack_details}">
  <header class="header">
    <a class="back" th:href="@{/snack/snackList/}+
        ${snack.getSnackCategory()}"></a>
    <div class="slide" id="slideshow">
        <!--<img th:src="${snack.getPicString()}" alt="">-->
      <img th:src="${snack.getPicString()}" alt="">
      <div class="dot"><span></span><span></span><span></span></div>
    </div>
    <div class="arrti">
      <div class="info">
        <div class="title">
          <strong class="name" th:text="${snack.getSnackName()}"> </strong>
          <div class="attach">
            <em class="sales">月售 112 个</em>
            <em class="feedback-rate">好评率 97%</em>
          </div>
        </div>
        <div class="detail">
          <span class="icon icon-93"></span>
          <span class="d-txt"></span>
        </div>
      </div>

      <div class="operate">
        <span class="picon">¥</span><span id="single" class="sell" th:text=
              "${snack.getSnackPrice()}">6</span>
        <span class="price" th:text="${snack.getSnackPrice()}*2.0">¥0.5
              </span>
        <div class="num">
          <span class="sub icon icon-122"></span>
          <span class="count">1</span>
          <span class="add icon icon-36"></span>
        </div>
      </div>
    </div>
  </header>
```

本项目产品详情模块的后端视图由文件 smallschool\src\main\java\com\smallschool\controller\SnackController.java 中的方法 snackDetail()实现，方法 snackDetail()的主要实现代码如下。

```
    @RequestMapping("/snackDetail/{snackId}")
    public String snackDetail(@PathVariable("snackId") int snackId,
        Map<String, SnackEntity> map){
        //int snack_id = Integer.parseInt(snackId);
```

```
        SnackEntity snack = snackRepository.findById(snackId).orElse(null);
        Base64 encoder = new Base64();
        String pic ="data:image/jpeg;base64,"+encoder.encodeBase64String
            (snack.getSnackPic());
        snack.setPicString(pic);
        System.out.println(snack.toString());
        map.put("snack_details",snack);
        return "snack_detail";
    }
```

16.4.4 购物车页面

在本商城系统中，单击产品列表页面中某件商品后面的⊕按钮后，会将这件商品添加到购物车中。本项目的购物车页面的前端由文件 smallschool\src\main\resources\templates\shopcart.html 实现，主要实现代码如下。

```
article class="main">
  <div class="deliver-date">
    <!--<span><span class="date">06月15日</span>配送</span>-->
  </div>
  <div class="list">
    <div class="weui_cells weui_cells_checkbox" th:each="item : ${cart_list}">
      <label class="weui_cell weui_check_label" th:for="${item.getSnackId()}">
        <div class="weui_cell_hd">
          <input type="checkbox" class="weui_check" th:name="'checkboxItem'+
            ${item.getSnackId()}" th:id="${item.getSnackId()}" checked>
          <i class="weui_icon_checked"></i>
        </div>
      </label>
      <div class="weui_cell_bd weui_cell_primary">
        <figure class="item">
          <div class="item-warp">
            <a class="pic" th:href="@{/snack/snackDetail}+
                ${item.getSnackId()}">
              <img th:each="snack:${snack_list}" th:if="${snack.getSnackId()}
               eq ${item.getSnackId()}" th:src="${snack.getPicString()}"
               width="110" height="105">
            </a>
            <figcaption class="detail">
              <div class="info">
                <strong class="title" th:text="${item.getSnackName()}">大白兔
                  </strong>
                <em class="desc" th:text="${item.getSnackPrice()}+'/颗'">
                  0.5元/颗</em>
                <div class="price">
                  ¥<strong th:text="${item.getSnackPrice()} *
                       ${item.getSnackNumber()}">0.5</strong>
                </div>
              </div>
            </figcaption>
          </div>
          <div class="buy">
            <span class="sub icon icon-122" th:name=
                "${item.getSnackId()}"></span>
            <span class="count" th:text="${item.getSnackNumber()}">1</span>
```

```
            <span class="add normal icon icon-36" th:name=
               "${item.getSnackId()}"></span>
         </div>
       </figure>
     </div>
   </div>


   <div class="hint">
     <span class="price">共<span id="cost" class="cost">0.0</span>元，</span>
     <span id="remark" class="remark">运费 0 元</span>
   </div>
```

在上述文件 shopcart.html 中，通过 JS 函数 getAllInfo()获取当前购物车中的所有商品。函数 getAllInfo()的具体实现代码如下。

```
<script type="text/javascript">
    function getAllInfo() {
        var totalPrice =document.getElementById("amount").innerHTML;
        console.log(totalPrice);
        document.getElementById("totalPrices").value = totalPrice;

        var receiveUsers =document.getElementById("receive_user").innerHTML;
        document.getElementById("receiveUser").value = receiveUsers;

        var receiveAddresss =document.getElementById("address").innerHTML;
        document.getElementById("receiveAddress").value = receiveAddresss;
        var receivePhones =document.getElementById("receive_phone").innerHTML;
        document.getElementById("receivePhone").value = receivePhones;
    }

</script>
```

本项目购物车页面的后端视图由文件 smallschool\src\main\java\com\smallschool\controller\CartController.java 实现，在文件 CartController.java 中定义了操作购物车的方法，主要包括在购物车中实现商品的添加和删除功能。文件 CartController.java 的主要实现代码如下。

```
/*
* 实现商品购物车的添加和删除功能
* */
@Controller
@RequestMapping("/cart")
public class CartController {
    @Autowired
    CartRepository cartRepository;
    @Autowired
    SnackRepository snackRepository;

    @RequestMapping("/addCart")
    @ResponseBody
    public void addCart(@RequestParam(value = "snackId",defaultValue = "")
        String snackId){

        int snack_id =Integer.parseInt(snackId);
        CartEntity cartEntity=cartRepository.findBySnackId(snack_id);
        if (cartEntity != null){
            int snackNum =cartEntity.getSnackNumber();
            cartEntity.setSnackNumber(snackNum+1);
```

```
            cartRepository.save(cartEntity);
        }else {
//Long cartId = Long.parseLong((new Date()).toLocaleString());

            Date date =new Date();
            SimpleDateFormat sdf =new SimpleDateFormat("yyyyMMddHHmmss");
            String dates =sdf.format(date);
//System.out.println("dates:"+dates);
            Long cartId =Long.parseLong(dates);

//System.out.println("cartId:"+cartId);
            assert false;
            cartEntity =new CartEntity();
            cartEntity.setCartId(cartId);
            cartEntity.setSnackId(snack_id);
            SnackEntity snackEntity
                =snackRepository.findById(snack_id).orElse(null);
            cartEntity.setSnackName(snackEntity.getSnackName());
            cartEntity.setSnackPrice(snackEntity.getSnackPrice());
            cartEntity.setSnackNumber(1);
            System.out.println(cartEntity.toString());
            cartRepository.save(cartEntity);
        }
        System.out.println("add success");
    }

    @RequestMapping("/subCart")
    @ResponseBody
    public void subCart(@RequestParam(value = "snackId",defaultValue = "")
         String snackId){

        int snack_id =Integer.parseInt(snackId);
        CartEntity cartEntity=cartRepository.findBySnackId(snack_id);
        if (cartEntity != null){
            int snackNum =cartEntity.getSnackNumber();
            if (snackNum > 1) {
                cartEntity.setSnackNumber(snackNum - 1);
                cartRepository.save(cartEntity);
            }else if (snackNum ==1){
                cartRepository.delete(cartEntity);
            }
        }

        System.out.println("reduce success");
    }
}
```

知识精讲

到此为止，详细讲解了本项目的主页、产品列表、商品详情和购物车页面的实现过程。另外，本项目还包含订单处理、配送、结算支付和会员注册、登录验证等模块。为了节省本书篇幅，将不在书中讲解这些模块的实现过程。这些模块的详细实现过程请读者观看视频教程。

16.5 系统调试

一个项目开发完毕后，我们需要进行详细的调试运行工作来验证，确保没有 Bug 和错误。在本节的内容中，将简要展示运行本项目后的效果。

↑扫码看视频

在 IntelliJ IDEA 中，右键单击文件 D:\smallschool\src\main\java\com\smallschool\SmallschoolApplication.java 然后运行，在浏览器中输入 http://127.0.0.1:7777/后将显示系统主页，效果如图 16-11 所示。产品列表页面如图 16-12 所示。

图 16-11　系统主页

图 16-12　产品列表页面

购物车页面的执行效果如图 16-13 所示。订单列表页面的执行效果如图 16-14 所示。

图 16-13　购物车页面

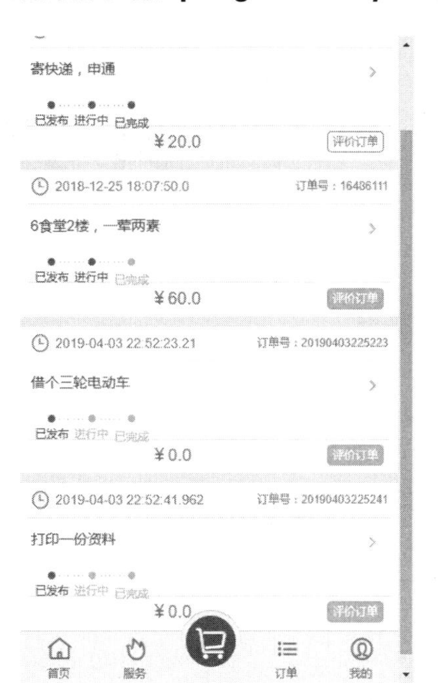

图 16-14　订单列表页面

习题答案

第1章

1. 判断题

(1) 正确
(2) 正确

第2章

1. 选择题

(1) A
(2) A

2. 判断题

(1) 正确
(2) 正确

第3章

1. 选择题

(1) C
(2) A

2. 判断题

(1) 正确
(2) 正确

第4章

1. 选择题

(1) A
(2) A

2. 判断题

(1) 正确
(2) 错误

第5章

1. 选择题

(1) A
(2) B

2. 判断题

(1) 正确
(2) 正确

第6章

1. 选择题

(1) C
(2) B

2. 判断题

(1) 正确
(2) 正确

第7章

1. 选择题

(1) A
(2) A

2. 判断题

(1) 正确
(2) 正确

第8章

1. 选择题

(1) B
(2) A

2. 判断题

(1) 正确
(2) 正确

第 9 章

1. 选择题

(1) A
(2) A

2. 判断题

(1) 正确
(2) 正确

第 10 章

1. 选择题

(1) B
(2) A

2. 判断题

(1) 正确
(2) 正确

第 11 章

1. 选择题

(1) A
(2) A

2. 判断题

(1) 正确
(2) 正确

第 12 章

1. 选择题

(1) A
(2) C

2. 判断题

(1) 正确
(2) 正确

第 13 章

1. 选择题

(1) B
(2) C

2. 判断题

(1) 正确
(2) 正确

第 14 章

1. 选择题

(1) B
(2) A

2. 判断题

(1) 错误
(2) 正确

第 15 章

1. 选择题

(1) A
(2) A

2. 判断题

(1) 正确
(2) 正确

注意：本书上机练习代码文件均提供在本书配套素材文件夹中。